供热技术
——系统节能与应用技术

华热福新（廊坊）科技发展有限公司　**编著**

知识产权出版社
全国百佳图书出版单位
—北京—

图书在版编目（CIP）数据

供热技术：系统节能与应用技术/华热福新（廊坊）科技发展有限公司编著. —北京：知识产权出版社，2023.1

ISBN 978 - 7 - 5130 - 8653 - 0

Ⅰ.①供… Ⅱ.①华… Ⅲ.①供热系统 Ⅳ.①TU833

中国版本图书馆 CIP 数据核字（2022）第 257008 号

内容提要

本书理论结合实际，借助大量图片、数据和案例分析，总结了供热实用技术，从供热系统基础、供热设备性能、供热系统设计、供热系统的动态调节、供热系统节能改造及解决方案、供热系统问题分析、供热的发展七个方面汇总了供热常见问题及其解决方法。

本书作为一本实用工具书，可帮助从事供热工作的技术人员、管理人员、设计人员全面、充分了解供热和节能技术，更好地解决供热系统的问题、提升供热质量。

责任编辑：徐　凡　　　　　　　　责任印制：孙婷婷

供热技术
——系统节能与应用技术
GONGRE JISHU
——XITONG JIENENG YU YINGYONG JISHU

华热福新（廊坊）科技发展有限公司　编著

出版发行：知识产权出版社 有限责任公司	网　　址：http：//www. ipph. cn	
电　　话：010 - 82004826	http：//www. laichushu. com	
社　　址：北京市海淀区气象路 50 号院	邮　　编：100081	
责编电话：010 - 82000860 转 8533	责编邮箱：laichushu@ cnipr. com	
发行电话：010 - 82000860 转 8101	发行传真：010 - 82000893	
印　　刷：北京中献拓方科技发展有限公司	经　　销：新华书店、各大网上书店及相关专业书店	
开　　本：720mm×1000mm　1/16	印　　张：18	
版　　次：2023 年 1 月第 1 版	印　　次：2023 年 1 月第 1 次印刷	
字　　数：270 千字	定　　价：82.00 元	

ISBN 978 - 7 - 5130 - 8653 - 0

编审委员会

编　委：王宝森　霍瑞杰　赵立威　孙　阳

　　　　宁永胜　刘艳朋　郑太浩　王　雷

主　审：姚云龙

前　言

近年来，随着我国城镇化的快速推进，城镇供热行业迅速发展。2001—2020 年，我国北方城镇集中供暖面积从 20 亿平方米增长到 122 亿平方米。与此同时，我国北方供热领域仍然以燃煤热源为主，2016 年底燃煤热电联产面积占总面积的 45%，燃煤锅炉占 32%，其次为燃气供暖，燃气锅炉占比 11%，燃气壁挂炉占比 4%，另外还有电锅炉、各类电热泵、工业余热、燃油、太阳能、生物质等热源形式，共占比 5%。作为能耗大户，供热行业面临重大的战略转变与跨越式发展。一方面，要进行能源侧改革，降低以燃煤燃气为主的化石能源所占供热面积的比例，提高核供热和清洁能源的应用比例；另一方面，要提高运行水平，在不断提高居民生活水平的前提下，降低能耗。

本书以理论知识为基础，以华热福新（廊坊）科技发展有限公司多年积累的经验和实用、成熟的方案为指导，从供热系统基础、供热设备性能、供热系统设计、供热系统的动态调节、供热系统节能改造及解决方案、供热的系统问题分析、供热的发展七个方面汇总了供热常见问题及其解决方法，讲解了供热系统的构成，供热基础知识，供热系统中不同设备的原理和应用方法，供热负荷计算、水力计算、热网系统调控运行方法，以及运行中对问题如何查找、如何处理。同时，为加快行业发展，提高认知，本书还提出了在万物互联、智慧生活的背景下，关于供热自动化建设、智慧供热等问题的认识和看法。

本书作为一本实用工具书，可帮助从事供热工作的技术人员、管理人员、设计人员全面、充分了解供热和节能技术，更好地解决供热系统的问题、提升供热质量。

由于作者水平有限，书中难免有疏漏之处，敬请读者提出意见和建议。

目　录

第1章　供热系统基础

1.1　集中供热

集中供热是指将集中热源所产生的蒸汽、热水通过管网供给一个城市（镇）或者其部分区域以满足生产、采暖和生活所需热量的供热方式。集中供热设施是现代化城市的基础设施之一，也是城市公用事业的一项重要设施。集中供热不仅能给城市提供稳定、可靠的高品位热源，改善人民生活环境，而且能节约能源，减少城市污染，有利于城市美化、有效利用城市空间。所以，集中供热具有显著的经济效益和社会效益。目前，我国的集中供热事业已经有了很大的发展。集中供热最终是为了将热源产生的热量输送到用热单位，确保用热单位得到足够的热量以完成生产、生活所需。其中，居民冬季取暖则要满足用户室内舒适温度（在冬天，人们生活环境的舒适温度是 21～23℃，考虑节能、减排的要求，现阶段应定在 18～22℃），并在对用热单位提供足够热量的同时确保热量生产过程中节能减排，降低污染物的排放。

1.2　供暖系统的组成

供热系统由三大部分组成：热源、热网、热用户，如图 1-1 所示。

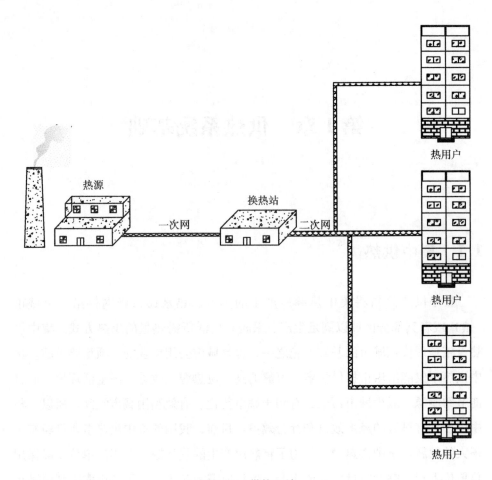

图1-1 供热系统

1.2.1 热源

　　热源在热能工程中泛指能从中吸取热量的任何物质、装置或天然能源。供热系统的热源是指供热热媒的来源。目前应用最广泛的热源是区域锅炉房和热电厂。在此热源内，燃料燃烧产生热水或蒸汽。此外，也可以利用核能、地热、电能、工业余热作为集中供热系统的热源。

　　以下为目前集中供热系统中常见的几种模式。

　　1. 热电联产模式

　　热电联产是指以热电厂为热源的区域供热系统，常见形式是热电厂中汽轮机的抽汽或背压排汽通过热交换器将热量传递给热水,并通过热网输送到各采暖用户。

热电联产模式供热系统的主要组成部分为热电厂(电厂)、首站、一级网主管网、热力站、二级网管网、用户。

2. 燃气热水锅炉模式

燃气热水锅炉是热水锅炉的一种。燃气热水锅炉以燃气(如天然气、液化石油气、人工煤气等)为燃料,通过燃烧器对水加热,将热量传递给热水,实现供暖。燃气锅炉具有智能化程度高、环保、节能、安全、全自动运行等特点。

供热系统的主要组成为燃气热水锅炉房、二级网管网、热用户。

燃气热水锅炉一般启停流程为:①开启流程:前吹扫—捡漏—点火—点火成功;②关闭流程:熄火—吹扫—待机。

燃气热水锅炉房主要组成部分为燃烧器、锅炉控制器、锅炉本体、水泵、水处理等。

3. 电热水锅炉模式

电热水锅炉是以电力为能源,利用电阻发热或电磁感应发热,通过锅炉的换热部位把热媒水或有机热载体(导热油)加热到一定参数(温度、压力)时,向外输出具有额定工质的一种热能机械设备。

电热水锅炉系统主要组成设备有电锅炉、补水箱、蓄热箱、一/二级管网、一/二次循环泵、补水泵、换热器。

其设计理念为:电热水锅炉运行类似燃气锅炉,但在锅炉设计中一般均配置蓄热水箱,以便在后期运行时能够合理利用峰谷电进行蓄热,以做到在后期经济运行。

电热水锅炉系统如图 1-2 所示。

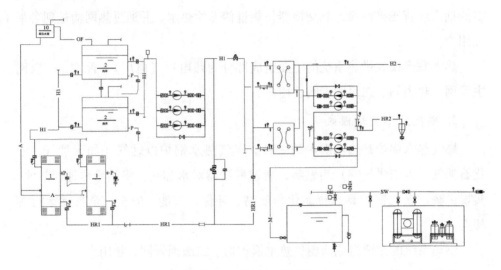

图1-2 电热水锅炉系统

4. 水源/空气源热泵模式

热泵是一种利用高品位能（电能）使热量从低位热源流向高位热源的节能装置。目前应用较为广泛的热泵有两种形式。

1）水源热泵。水源热泵将水作为热泵的低位热源。

2）空气源热泵。空气源热泵将空气作为热泵的低位热源。

热泵机组中的液态制冷剂在蒸发器中吸收水源、空气的低品位热能后，蒸发成低温低压的气态制冷剂，被压缩机压缩成高温高压的气态制冷剂后送入冷凝器。在冷凝器中的高温高压的气态制冷剂经过换热将热量传给循环水，放热后，冷凝成液态重新回到蒸发器中，重复吸热、换热的过程。

热泵供热系统主要组成部分为水源/空气源热泵、二级网管网、用户。

热泵本体主要组成部分为蒸发器、冷凝器、压缩机、节流装置、控制器等。

热泵本体结构如图1-3所示。

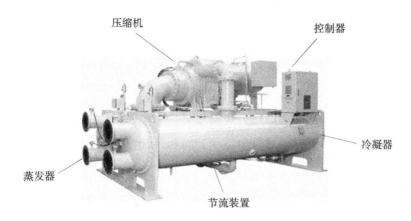

图 1-3　热泵本体结构

5. 低温循环水模式

　　低温循环水供热模式利用汽轮机组低真空运行排汽凝结时放出的热量向外供热，该种供热方式是将凝汽器中乏汽的压力提高即降低凝汽器的真空度，提高冷却水温，将凝汽器改为供热系统的热网加热设备，冷却水直接用作热网的循环水。由于低温循环水供热系统供水温度较低，通常采用直接供热方式供热。低温循环水供热系统如图 1-4 所示。

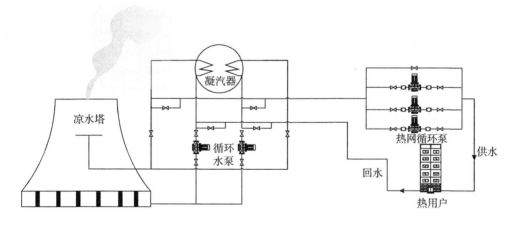

图 1-4　低温循环水供热系统

1.2.2　热网

由热源向热用户输送和分配供热介质的管线系统称为热网，也称热力网。热网又分为一次网和二次网。一次网指由生产热的源头（热源）到热力交换站之间的热力网，二次网指由热力交换站到热用户之间的热力网。

根据连接方式不同，热网分为枝状管网和环状管网。

1. 枝状管网

枝状管网布置简单，供热管道距热源越远直径越小，且金属耗材量小、建设投资小、运行管理简单。但枝状管网不具有后备供热性能，当供热管网某处发生故障时，在故障点之后的热用户都将停止供热。

枝状管网供热系统如图 1-5 所示。

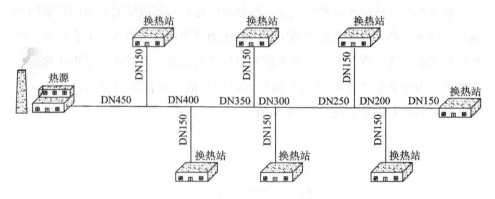

图 1-5　枝状管网供热系统

2. 环状管网

环状管网的特点是网路的输配干线呈环状，它具有很高的后备供热能力，当输配干线某处发生事故时，可以切断故障段后通过关环状管网由另一方向保障供热。

环状管网与枝状管网相比，热网投资大，运行管理更为复杂，且须有较高的自动控制措施。环状管网供热系统如图 1-6 所示。

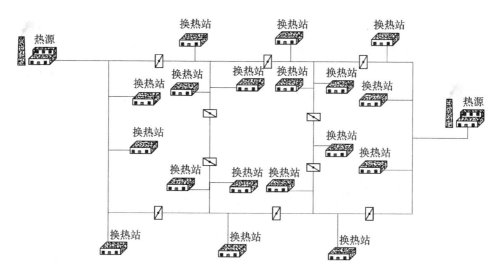

图 1－6　环状管网供热系统

1.2.3　热用户

在集中供热系统中利用热能的用户称为热用户，如室内供暖、通风、空调、热水供应及生产工艺用热系统等。热用户是热量被消耗掉的场所，室内供暖中的热用户为消耗能的建筑。用户入口的检查井后的所有设备均属热用户。这一点对在采取分户采暖之前的供暖系统是毫无疑问的。需要明确说明的是，分户采暖后建筑物内的管网（检查井之后至居民住宅采暖入口之前的管网）也应属于热用户，而不属于热网。在检查井之前的管网与设备（包括检查井与井内的设备）才应归属于热网。

用户端室内系统枝状管网分类如下。

1. 单管系统（顺流式）

单管系统（顺流式）是热水经立管或水平供水管顺序流过多组散热设备，并按顺序地在各散热设备中冷却的系统。单管系统（顺流式）具体特点如下。

1）该系统通过每组散热器的水流量为系统总的水流量。

2）不能单独调节每个散热器的散热量。

3）如果系统中任何一个散热器的阀门关闭，则整个系统的流量都为零，同时，还必须停止水泵的运行。

4）采暖水每经过一组散热器温度都会降低，这就造成了系统末端的散热器的供水温度降低很多，所以，如果整个系统散热器相同，末端散热器的散热量远小于起始散热量。为弥补这个缺陷，只能靠增加末端散热器面积来增加散热量。

其系统图如图1-7所示。

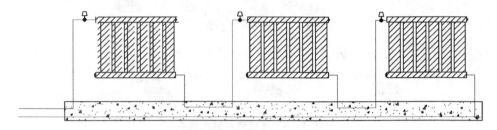

图1-7 单管系统（顺流式）

2. 单管系统（跨越式）

单管系统（跨越式）散热器都并联在一个单管供暖管道上，一部分流过散热器（采暖流量），另一部分从散热器旁通（旁通流量）。单管系统（跨越式）具体特点如下。

1）系统中的总流量对于散热器来说分为两部分。

2）流过散热器的采暖流量水温会降低，与温度没变化的旁通流量混合，混合后的采暖水流过后续的散热器水温也会有所降低。为获得相同的采暖功率，也需要增加散热器的散热面积。

3）其优点是每个散热器可以进行调节。

其系统图如图1-8所示。

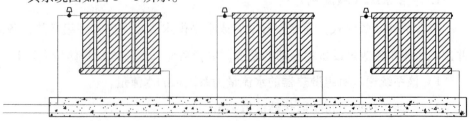

图1-8 单管系统（跨越式）

3. 双管系统

双管系统是热水经立管或水平供水管平行地分配给多组散热设备，冷却后的回水自每个散热设备直接沿回水立管或水平回水管流回热源的系统。

双管系统可单独调节各房间的散热器，但有可能会出现水力失调，因此在散热器回水或供水管上要装调节阀。

双管系统分同程和异程两种，判断同程系统和异程系统时有个简单的方法：散热器的供水管和回水管往后走时是同一个方向的是同程，相反方向的是异程。

其系统图如图 1 - 9 所示。

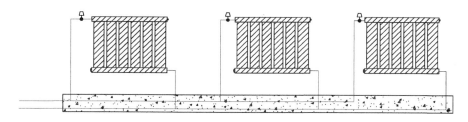

图 1-9　双管系统

（1）双管异程系统

双管异程系统采暖水流过每个散热器的管道长度均不相同，所以造成采暖水流过每个散热器的沿程阻力不同。在采暖调试时，需要对采暖系统进行水力平衡调节。其系统图如图 1 - 10 所示。

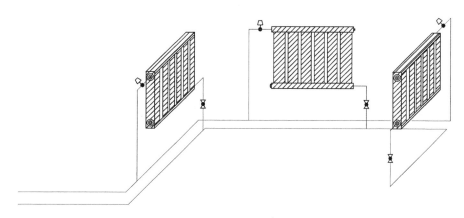

图 1-10　双管异程系统

（2）双管同程系统

与双管异程系统相比较，双管同程系统采暖水流过每组散热器的管道长度均相等。虽然在系统安装时会增加一条管道的造价，但不需要安装其他的平衡设备（前提是每个末端的负荷一样大），当系统可以组成一个闭合环路时，就可以省去第三条管路。其系统图如图1－11所示。

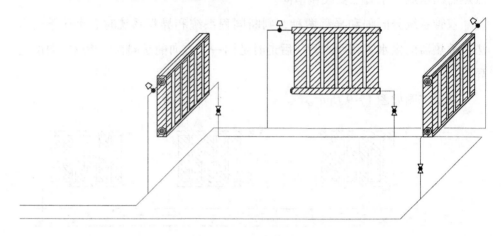

图1－11　双管同程系统

1.3　目前国内常见的集中采暖方式

目前国内市场采暖方式可大致分为两种，即局部分户供暖和集中供暖，两种方式可针对不同地区、各种条件进行规划设计。

1. 局部分户供暖

局部分户供暖将热源和散热设备合并成一个整体。局部分户供暖包括中央空调、电热膜、燃气壁挂炉、电红外线、用户小型热泵类设备。局部分户供暖控制简单，可根据用热需要自主调整，运行经济。但目前市场分户供暖设施产品多样化，产品质量参差不齐，部分偏僻地区相关配套设施不完善，设计安装缺乏标准，同时由于产品的更新换代较快，存在严重的新产品认知不足问题。

2. 集中供暖

热源和散热设备分别设置，热源通过热媒管道向各个房间或各个建筑物供给热量的供热系统称为集中供暖系统。以热水或蒸汽作为热媒的集中供热系统可以较好地满足人们生活、工作及生产对室内温度的要求，并且卫生条件好，减少了对环境的污染，广泛应用于营房建筑供热工程。集中供暖用户共用一个热源且远离居民区，排放物对居民影响较小，且热源可独立进行排放物治理，整个系统由专业的供热技术人员进行操作，避免了因对设备认知问题造成的误操作事故。但是，集中供热也存在弊端，例如：一次能源利用率低（现存主要供热热源为燃煤大型落地锅炉，一次能源的利用效率多集中在 30% ~ 50%；同时对环境形成较大的排放污染），大系统存在的计量收费的难题（由于传统的垂直单管或双管系统的先天不足，很难实现对用户的用热情况进行计量并收费，现推广的分户系统也需要增加很多投资，因此，造成的直接后果就是用户对能源消耗情况漠不关心，供热企业负担沉重）；整体维护成本较高；供暖时间和室内温度的调节不能根据用户的意愿进行相应的调节。

1.4　供热系统基础名词解释

1）供热：向热用户供应热能的技术。

2）维护结构系统：分割建筑室内与室外，以及建筑内部使用空间的建筑部件。

3）导热系数：在稳态条件和单位温差作用下，通过单位厚度、单位面积匀质材料的热流量。

4）热阻：表征维护结构本身或其中某层材料阻抗传热能力的物理量。

5）传热阻：表征维护结构本身加上两侧空气边界层作为一个整体的阻抗传热能力的物理量。

6）传热系数：在稳态条件下，维护结构两侧空气为单位温差时，单位时间内通过单位面积传递的热量，传热系数与传热阻互为倒数。

7）延迟时间：维护结构内侧空气温度稳定，外侧受室外综合温度或室外空气温度周期性变化的作用，其内表面温度最高值（或最低值）出现时间与室外综合温度或室外空气温度最高值（或最低值）出现时间的差值。

8）供热工程：生产、输配和应用中低品位热能的工程。

9）集中供暖：从一个或多个热源通过热网向城市、镇或其中某些区域热用户供热。

10）区域供热：城市某一个区域的供热。

11）城市供热：若干街区及整个城市的供热。

12）热电联产：由热电厂同时生产电能和可用热能的联合生产方式。

13）供热能力：供热设备或供热系统所能供给的最大热负荷。

14）供暖半径：热源至最远热力站或热用户的沿程长度。

15）供暖面积：供暖建筑物的建筑面积。

16）供热介质：在供热系统中用以传送热能的中间媒介物质。

17）高温水：温度超过 100℃ 的热水。

18）低温水：温度低于 100℃ 的热水。

19）供水：供给热力站或热用户的热水。

20）回水：返回热源或热力站的热水。

21）饱和蒸汽：温度等于对应压力下饱和温度的蒸汽。

22）过热蒸汽：温度高于对应压力下饱和温度的蒸汽。

23）凝结水：蒸汽冷凝形成的水。

24）补给水：由于水温降低，系统漏水和热用户用水需从外界补充的一部分水。

25）供水压力：热水供热系统中供水管内的压力。

26）回水压力：热水供热系统中回水管内的压力。

27）供热系统：热源通过热网向热用户供应热能的系统总称。

28）闭式热水供热系统：热用户消耗热网热能而不直接取用热水的供热系统。

29）开式热水供热系统：热用户消耗热网热能而且还直接取用热水的供热系统。

30）热负荷：供热系统的热用户（或用热设备）在单位时间内所需的供热量，包括供暖（采暖）、通风、空调、生产工艺和热水供应热负荷等。

31）供暖设计热负荷（采暖设计热负荷）：与供暖室外计算温度对应的供暖热负荷。

32）供暖期供暖平均热负荷：供暖期内不同室外温度下的供暖热负荷的平均值，对应于供暖期室外温度下的供暖热负荷。

33）热指标：单位建筑面积、单位体积与单位室内外温度下的热负荷或单体产品的耗热量。

34）供暖面积热指标：单位建筑面积的供暖热负荷。

35）耗热量：供暖系统中不同类型的热用户系统（或用热设备）在某一段时间内消耗的热量。

36）日负荷图：供热系统一日中热负荷随时变化状况的曲线图，图中横坐标为小时（时间），纵坐标为日耗热量。

37）热网（热力网）：由热源向热用户输送和分配供热介质的管线系统。

38）一级管网：由热源至热力站的供热管道系统。

39）二级管网：由热力站至热用户的供热管道系统。

40）枝状管网：呈树枝状布置的管网。

41）环状管网：干线构成环状的管网。

42）供热管线：输送供热介质的管道及其沿线的管路附件和附属构筑物的总称。

43）干线：热源至各热力站（或热用户）分支管处的所有管线，包括主干线和支干线。

44）主干线：由热源至最远热力站（或最远热用户）分支管处的干线。

45）支干线：除主干线以外的干线，即从主干线上引出的至热力站（或热用户）分支管处的管线。

46）支线：自主干线或支干线引出至一个热力站（或一个热用户）的管线。

47）管道热损失：在一定条件下管道向周围环境散失的热量。

48）热补偿：管道热胀冷缩时防止其变形或破坏所采取的措施。

49）热力站：用来转换供热介质种类，改变供热介质参数、分配、控制及计量，供给热用户热量的设施。

50）中继泵站：热水热网中设置中继泵的设施。

51）混水装置：在热水供热系统中使局部系统的部分回水和热网供水相混

和的设备和器具。

52）调压孔板：热水供热系统中用来消耗多余作用压头的孔板。

53）换热器：两种不同温度的流体进行热量交换的设备。

54）供暖热用户（采暖热用户）：供暖期为保持一定的室内温度，从热源获取热量的采暖装置。

55）调节阀：通过改变阀门开度来调节或限制供热介质参数和流量的阀门。

56）自力式调节阀：工作时不依赖外部动力的自动调节阀。

57）流量调节阀：通过控制调节段压差恒定来控制流量恒定的调节阀。

58）热网水力计算：为使热网达到设计（或运行）要求，根据流体力学原理，确定管径、流量和阻力损失三者之间关系所进行的运算。

59）最大允许流速：为保证管道内介质正常流动，防止噪声、振动或过速冲蚀，在水力计算时规定介质流速不得超过的限定值。

60）最不利用户环路：热水热网设计时选用的从热源到热用户允许平均比摩阻最小的环路。

61）平均比摩阻：供热管路平均单位长度沿程阻力损失。

62）经济比摩阻：用技术经济分析的方法，根据在规定的补偿年限内总费用最小的原则确定的平均比摩阻。

63）比压降：供热管路单位长度的总阻力损失。

64）管路阻力特性系数：单位水流量情况下用户内部系统的阻力损失。

65）水压图（热水网路水压图）：在热水供热系统中用以表示热源和管道的地形高度、用户高度及热水供热系统运行和停止工作时系统内各点测压管水头高度的图形。

66）静水压线：热水供热系统循环水泵停止运行时网络上各点测压管水头高度的连接线。

67）动水压线：热水供热系统循环水泵运转时网路上各点测压管水头高度的连接线。

68）资用压头：供热系统中可利用的供热介质的压头，对闭式热水供热系统而言为某点的供回水压力差。

69）水力工况：热网中各管段流量和各节点压力分布的状况。

70）水力失调：热水热网各热力站（或热用户）在运行中的实际流量与规定流量之间的不一致现象。

71）泵系统：由泵、交流电动机、调速装置、传动机构、管网按流程要求组成的总体。

72）管网：由直管道、弯头、阀门、锥管及工艺所必需的其他辅助设备按流程要求所组成的总体。

73）泵系统运行效率：泵系统运行时管网末端输出的有效功率与电源开关输出端的有功功率的百分比。

74）泵运行效率：泵在运行时，实际输出功率与输入功率的百分比。

75）管网能量损耗：流体在流经管网过程中由于泄漏和阻力损失所消耗的能量。

76）低温热水地面辐射供暖：以温度不高于 60℃ 的热水为热媒，使其在加热管内循环流动以加热地板，通过地面以辐射和对流的传热方式向室内供热的供暖方式。

1.5　供热常用单位解析

1.5.1　热量单位解析

1. 热量的定义

热量是指在热力系统与外界之间依靠温差传递的能量。热量是一种过程量，所以热量只能说"吸收"或"放出"，其常用单位有焦耳（J）和卡路里（cal），国际通用单位为焦耳（J）。在供热系统中经常用到如吉焦（GJ）、兆焦（MJ）、千卡（kcal）等。为更加深入地了解热量的概念，需了解比热容，即 1kg 物质每升高（降低）1℃ 所需要（失去）的热量称为物质的比热容。

［例］计算将 1kg 的水从 18℃ 升高到 60℃ 所需的热量。

根据 $Q=cm\Delta t$ 可求出其需要的热量为 175 854J。式中，c 为水的比热容，

$J/(kg \cdot ℃)$；m 为水的质量，kg；Δt 为温度的升高（降低）量，℃。

2. 热量单位换算

1 蒸 t/h = 60×10^4 kcal/h	1 蒸 t/h = 0.7MW	1kJ = 1×10^3 J
1GJ = 1×10^9 J	1W = 1J/s	1J = 0.24cal
1kcal/h = 1.163W	1kcal = 1×10^3 cal	1kW · h = 860kcal

3. 热量的传递方式

热量的传递方式主要有三种，即热量传导、热对流、热辐射。

物体各部分之间不发生相对位移时，依靠分子、原子及自由电子等微观粒子的热运动产生的热量传递称为导热或热量传导。热量传导是固体中热传递的主要方式。在不流动的液体或气体层中层层传递，在流动情况下往往与对流同时发生。

流体各部分之间发生相对位移、冷热流体相互混掺所引起的热量传递过程为热对流。热对流是流体（液体和气体）热传递的主要方式。

物体由于具有温度而向外发射能量的现象即为热辐射。

4. 热量在供热系统中的应用

热量核算步骤如下。

第一步：根据不同地区、房屋建筑形式等确定热设计负荷（如需要准确数值需要对建筑物的耗热量进行详细计算，其中包括墙体结构、门窗结构、冷风侵入、冷风渗透等）。

第二步：确定建筑物的供暖面积，通过面积与热负荷计算严寒期建筑物的耗热量。

第三步：选取合适的热源，根据热源的燃料形式即可计算整个采暖期的耗热量和燃料消耗。

[例] 某一小区供暖面积为 10 万 m^2，小区建筑设计热负荷为 70W，该地区采暖期为 4 个月，该小区需要配置产热量多大的热源？每个采暖季平均耗热量为 35W，需要消耗燃气（标气、标煤、电）各多少？

热源配置：$70W/m^2 \times 10$ 万 $m^2 = 7MW$，即在不考虑备用炉的情况下，需要至少配置 1 台 7MW（10 蒸 t/h）的锅炉。

燃气消耗：$35 \times 10 \times 10^4 \times 24 \times 120 \times 3600 \times 0.24 \div 8500 \div 1000 m^3 =$
$1\,024\,602 m^3$

燃气锅炉效率按照95%考虑，即整个采暖季共用$1\,078\,528 m^3$。

燃煤消耗：$35 \times 10 \times 10^4 \times 24 \times 120 \times 3600 \times 0.24 \div 7000 \div 1000 kg =$
$1\,244\,160 kg$。

燃煤锅炉效率按照70%考虑，即整个采暖季共用$1\,777\,371 kg$。

电量消耗：$35 \times 10 \times 10^4 \times 24 \times 120 \times 3600 \times 0.24 \div 860 \div 1000 kW \cdot h =$
$10\,126\,884 kW \cdot h$。

电锅炉的效率按照95%考虑，即整个采暖季共用$10\,659\,878 kW \cdot h$。

5. 各地区不同供热形式能耗约束值及引导值

建筑供暖能耗指标约束值及引导值（燃煤为主）见表1-1。

表1-1　建筑供暖能耗指标约束值及引导值（燃煤为主）

| 城市 | 建筑供暖能耗指标/[kgce/(m²·a)] | | | |
| | 约束值 | | 引导值 | |
	区域集中供暖	小区集中供暖	区域集中供暖	小区集中供暖
北京	7.6	13.7	4.5	8.7
天津	7.3	13.2	4.7	9.1
石家庄	6.8	12.1	3.6	6.9
太原	8.6	15.3	5.0	9.7
呼和浩特	10.6	19.0	6.4	12.4
沈阳	9.7	17.3	6.4	12.3
长春	10.7	19.3	7.9	15.4
哈尔滨	11.4	20.5	8.0	15.5
济南	6.3	11.1	3.4	6.5
郑州	6.0	10.6	3.0	5.6
拉萨	8.4	15.2	3.6	6.9
西安	6.3	11.1	3.0	5.6
兰州	8.3	14.8	4.8	9.2
西宁	10.2	18.3	5.7	11.0
银川	9.1	16.3	5.7	11.0
乌鲁木齐	10.6	19.0	6.9	13.3

建筑供暖能耗指标约束值及引导值（燃气为主）见表1-2。

表1-2　建筑供暖能耗指标约束值及引导值（燃气为主）

城市	建筑供暖能耗指标/[Nm³/(m²·a)]					
	约束值			引导值		
	区域集中供暖	小区集中供暖	分栋分户供暖	区域集中供暖	小区集中供暖	分栋分户供暖
北京	0	10.1	8.7	4.9	6.6	6.1
天津	8.7	9.7	8.4	5.1	6.9	6.4
石家庄	8.0	9.0	7.7	3.9	5.3	4.8
太原	10.0	11.2	9.7	5.3	7.3	6.7
呼和浩特	12.4	13.9	12.1	6.8	9.3	8.6
沈阳	11.4	12.7	11.1	6.8	9.3	8.6
长春	12.7	14.2	12.4	8.5	11.7	10.9
哈尔滨	13.4	15.0	13.1	8.5	11.7	10.9
济南	7.4	8.2	7.1	3.6	4.9	4.5
郑州	7.0	7.9	6.7	3.1	4.2	3.8
拉萨	10.0	11.2	9.7	3.9	5.3	4.8
西安	7.4	8.2	7.1	3.1	4.2	3.8
兰州	9.7	10.9	9.4	5.1	6.9	6.4
西宁	12.0	13.5	11.8	6.1	8.3	7.7
银川	10.7	12.0	10.4	6.1	8.3	7.7
乌鲁木齐	12.4	13.9	12.1	7.3	10.0	9.3

建筑耗热量指标的约束值及引导值见表1-3。

表1-3　建筑耗热量指标的约束值及引导值

城市	建筑折算耗热量指标/[GJ/(m³·a)]	
	约束值	引导值
北京	0.26	0.19
天津	0.25	0.20
石家庄	0.23	0.15
太原	0.29	0.21
呼和浩特	0.36	0.27
沈阳	0.33	0.27

城市	建筑折算耗热量指标/[GJ/(m³·a)]	
	约束值	引导值
长春	0.37	0.34
哈尔滨	0.39	0.34
济南	0.21	0.14
郑州	0.20	0.12
拉萨	0.29	0.15
西安	0.21	0.12
兰州	0.28	0.20
西宁	0.35	0.24
银川	0.31	0.24
乌鲁木齐	0.36	0.29

不同供暖形式过量供热率 α 值见表 1-4。

表 1-4　不同供暖形式过量供热率 α 值

建筑供暖系统类型	过量供热率 α/%
区域集中供暖	20
小区集中供暖	15
分栋供暖	5
分户供暖	0

管网热损失率的约束值及引导值见表 1-5。

表 1-5　管网热损失率的约束值及引导值

建筑供暖系统类型	管网热损失率/%	
	约束值	引导值
区域集中供暖	5	3
小区集中供暖	2	1
分栋分户供暖	0	0

建筑供暖系统热源能耗指标的约束值及引导值见表 1-6。

表1-6　建筑供暖系统热源能耗指标的约束值及引导值

建筑供暖系统类型	燃煤热源能耗指标/Nm³		燃气热源能耗指标/Nm³	
	约束值	引导值	约束值	引导值
区域集中供暖	22	18	27	20
小区锅炉房或分布式 热电联产等集中供热	43	38	32	29
分栋分户供暖	—	—	32	30

全国主要城市采暖期耗热量指标及采暖设计热负荷指标见表1-7。

表1-7　全国主要城市采暖期耗热量指标及采暖设计热负荷指标

城市	采暖期天数/d	采暖室外计算温度/℃	采暖室外平均温度/℃	节能建筑		现有建筑	
				耗热量指标 q_h/(W/m²)	设计量指标 q_h/(W/m²)	耗热量指标 q_h/(W/m²)	设计量指标 q_h/(W/m²)
北京	120	−9	−1.6	20.6	28.37	31.82	43.82
天津	119	−9	−1.2	20.5	28.83	31.54	44.36
石家庄	112	−8	−0.6	20.3	28.38	31.23	43.66
太原	135	−12	−2.7	20.8	30.14	32.00	46.37
沈阳	152	−19	−5.7	21.2	33.10	32.61	50.91
大连	131	−11	−1.6	20.6	30.48	31.69	46.89
长春	170	−23	−8.3	21.7	33.83	33.38	52.04
哈尔滨	176	−26	−10.0	21.9	33.69	34.41	52.93
济南	101	−7	−0.6	20.2	31.38	29.02	45.08
青岛	110	−6	−0.9	20.2	31.38	28.35	44.04
郑州	98	−5	−1.4	20.0	30.77	27.71	42.20
西安	100	−5	−1.4	20.0	31.38	27.71	42.20
呼和浩特	166	−19	−6.2	21.3	32.57	32.76	50.09
乌鲁木齐	162	−22	−8.5	21.8	33.54	32.91	50.63

北方各省份调研建筑面积、加权平均耗热量和度日数见表1-8。

表 1-8　北方各省份调研建筑面积、加权平均耗热量和度日数

省、自治区、直辖市	调研建筑面积/万 m²	平均耗热量/(GJ/m²)	平均度日数
黑龙江	1 989	0.487	4886
吉林	9 647	0.356	4223
辽宁	8 100	0.318	3375
北京	87 000	0.288	2166
河北	12 765	0.342	2263
山西	6 237	0.356	2579
内蒙古	43 709	0.500	4112
山东	6 017	0.346	1960
河南	9 797	0.372	1901
陕西	6 225	0.280	1924
甘肃	1 204	0.420	3162
总计	192 690	0.355	2788

1.5.2　流量单位解析

1. 流量的定义

流量是指单位时间内流经封闭管道或明渠有效截面的流体量，又称瞬时流量。当流体量以体积表示时称为体积流量；当流体量以质量表示时称为质量流量。单位时间内流过某一段管道的流体的体积称为该横截面的体积流量，简称为流量，通常用 Q 来表示，常用单位为吨/时（t/h）、立方米/时（m³/h）。

流量的计算公式为 $Q = SV^2$。式中，S 为管道或者明渠有效截面积，m²；V 为水流流经管道或者明渠的速度，m/s。

2. 常用流量单位转换

$1m^3/h = 1t/h$　　　　　$1t/h = 1000kg/h$　　　　　$1m^3/h = 1000L/h$

3. 流量在供热系统中的应用

在供热系统中，为了满足用户的用热需求，经常要用到流量一词，其使用情况如下。

1）泵类铭牌。循环泵铭牌标定额定流量 m³/h。

2）锅炉额定流量。不同蒸发量的锅炉、不同设计供回水温度，其额定流

量不同，常用锅炉每 1 蒸 t 的额定流量为：95℃/70℃ 额定流量为 24m³/h；115℃/70℃ 额定流量为 13.3m³/h；130℃/70℃ 额定流量为 10m³/h。

3）在不同供热系统及不同平衡状态下的流量要求各不相同，例如：

管网无平衡：3.5 ~ 4kg/（h·m²）；

管网楼间平衡：3 ~ 3.5kg/（h·m²）；

管网单元平衡：2.5 ~ 3kg/（h·m²）；

管网户间平衡：2 ~ 2.5kg/（h·m²）。

4）管网失水（补水）量。热网的补水量应该小于热网总循环流量的 0.2%。不同地区一次网及二次网补水量见表 1-9。

表 1-9 不同地区一次网及二次网补水量

地 区	补水比/%		供暖期建筑单位面积补水量/（kg/m²）	
	一次供热管网	二次供热管网	一次供热管网	二次供热管网
寒冷地区（居民建筑）	<1	<3	<15	<30
严寒地区（居民建筑）			<18	<35

5）管网失调度。在热水供热系统运行过程中，往往由于各种原因，网路的流量分配不符合各用户的要求，进而造成各热用户的供热量不符合要求。而热水供热系统中各热用户的实际流量与要求流量之间的不一致性称作该用户的水力失调，它的水力失调程度可用实际流量与规定流量的比值来衡量。即

$$\chi = V_s/V_g \qquad\qquad (1-1)$$

式中，χ 为水力失调度；V_s 为热用户的实际流量；V_g 为热用户的规定流量。

引起热水供热系统水力失调的原因是多方面的，如开始网路运行时没有很好地进行初调节、热用户的用热量要求发生变化等。这些情况是难以避免的。由于热水供热系统是一个具有许多并联环路的管路系统，各环路之间的水力工况相互影响，系统中任何一个热用户的流量发生变化，必然会起其他热用户的流量发生变化，即在各热用户之间流量重新分配，引起了水力失调。

6）不热问题分析。根据供热效果，即具体不热位置，可采用便携式流量计对相关管道进行瞬时流量的测量，通过流量值的大小和负荷面积大小判断不热问题是否为流量不足造成，然后再分析、判断造成流量不足的原因，如管道

堵塞、水力失调等。

4. 供热系统设备水质要求及化验频次

热水锅炉采用锅外处理的水质检验项目频次见表 1-10。

表 1-10　热水锅炉采用锅外处理的水质检验项目频次表

水样	序号	项　　目	标准值	检验频次
给水	1	浊度/FUE	≤5.0	2 周
	2	硬度/(mmol/L)	≤0.6	4 小时
	3	pH/25℃	7.0~11.0	4 小时
	4	溶解氧/(mg/L)	≤0.1	2 周
	5	油/(mg/L)	≤2.0	—
	6	全铁/(mg/L)	≤0.3	2 周
锅水	1	pH/25℃	10.0~11.0	4 小时
	2	磷酸根/(mg/L)	5.0~50.0	投加阻垢剂时检验
	3	全碱度/(mmol/L)	6.0~24.0	4 小时
	4	酚酞碱度/(mmol/L)	4.0~16.0	4 小时

蒸汽锅炉（额定压力取值 $1.0MPa < p \leqslant 1.6MPa$）水质检验项目频次见表 1-11。

表 1-11　蒸汽锅炉（额定压力取值 $1.0MPa < p \leqslant 1.6MPa$）水质检验项目频次表

水样	序号	项目	标准值	检验频次
给水	1	浊度/FUE	≤5.0	2 周
	2	硬度/(mmol/L)	≤0.03	4 小时
	3	pH/25℃	7.0~9.0	4 小时
	4	溶解氧/(mg/L)	≤1.0	4 小时
	5	油/(mg/L)	≤2.0	—
	6	全铁/(mg/L)	≤3.0	2 周
	7	电导率	$\leqslant 5.5 \times 10^2$	4 小时
锅水	1	全碱度/(mmol/L)	6.0~24.0	4 小时
	2	酚酞碱度/(mmol/L)	4.0~16.0	4 小时
	3	pH/25℃	10.0~11.0	4 小时
	4	溶解固形物/(mg/L)	3.5×10^3	—
	5	磷酸根/(mg/L)	10.0~30.0	投加阻垢剂时检验

注：额定蒸发量小于 10 蒸 t/h 的锅炉发现局部氧化腐蚀，需要除氧处理。

1.5.3 温度单位解析

1. 温度的定义

温度的微观概念表示物质内部大量分子热运动的强烈程度，常用 t 来表示，常用单位有摄氏度（℃）、开尔文（K）、华氏度（℉），其中开尔文（K）为国际通用单位。

2. 常用温度单位间的转换

$1℃ = 33.8℉ = 274.15K$　　$1℃ = 1 + 273.15K = 274.15K$

$1℃ = (9/5 × 1) + 32℉ = 33.8℉$

3. 温度在供热系统中的应用

（1）温度补偿

温度补偿的工作原理是根据室外空气温度的变化、未来天气预报的预报值和设定的时间段选择合适的调节曲线，自动调节一次网的有效供水流量来控制二次网的供水温度，以满足用户侧热负荷的变化要求，从而实现供暖系统供水温度的补偿，达到既能节约能源又能保证用户舒适度的目的。为了实现根据室外空气温度的变化及未来数小时天气的变化来计算所需的供热量，应在供暖系统换热站增加温度补偿控制模块，实现根据室外温度和未来天气的变化实施按需供热，实现节能。带有温度补偿的换热站示意图如图 1-12 所示。

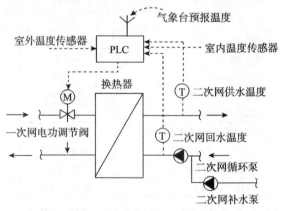

图 1-12　带有温度补偿的换热站示意图

（2）温度计安装位置图

温度计安装位置图如图 1 - 13 所示。

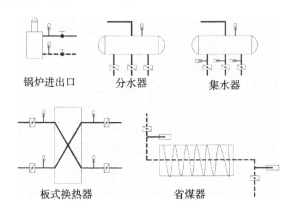

锅炉进出口　　　　分水器　　　　　　集水器

板式换热器　　　　　　　省煤器

图 1 - 13　温度计安装位置图

（3）温度、流量、热量、循环泵参数、电流等数据联用综合分析

由于换热器热损失较小，计算时忽略换热器的热损失，根据热量守恒原理进行计算分析，一次网输送的热量全部由二次网输出，即一次网和二次网的热量一致。

［**例**］某换热站一次网供水温度 75℃，回水温度 50℃，二次网供水温度 55℃，回水温度 45℃，循环泵额定流量 300m³/h，额定扬程 30m，工频 40Hz 运行，实际电流 50A，实际扬程 20m。通过以上数据计算当前状态下的循环泵效率。换热站系统如图 1 - 14 所示。

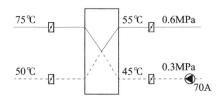

图 1 - 14　换热站系统

第一步：计算二次网实际循环流量。

实耗功率为 $N_{实耗} = \sqrt{3}UI\cos\varphi$（$\cos\varphi$ 代表电动机功率的修正系数，一般取 0.8）

净功率为 $N_净 = GH \times 2.778$

效率为 $\eta = N_净/N_实耗$

实耗功率为 $N_实耗 = \sqrt{3}UI\cos\varphi = 1.732 \times 380 \times 50 \times 0.8\text{W} = 26326.4\text{W}$

净功率为 $N_净 = GH \times 2.778$

变频与转速的关系为

$$n = 60f(1 - S_n)/P$$

式中，n 为水泵转速，r/min；f 为电流频率，Hz；P 为电动机的极对数；S_n 为电动机额定转差，即定子旋转磁场与转子转速之差的比值，一般为 5。

根据转速与流量关系比例定律，可知流量为 240m³/h，净功率为

$$N_净 = GH \times 2.778 = 240 \times 20 \times 2.778\text{W} = 13334.4 \text{（W）}$$

即

$$\eta = N_净/N_实耗 = 13334.4\text{W}/26326.4\text{W} = 50.6\%。$$

第二步：计算一次网循环流量。

一次网循环流量计算公式为

$$Q = 4.187 \times 10^3 \times G \times (t_g - t_h)/3600\text{W}$$

代入数据

$4.187 \times 10^3 \times G \times (75 - 50)/3600\text{W} = 4.187 \times 10^3 \times 240 \times (55 - 45)/3600\text{W}$

即

$$G = 96\text{m}^3/\text{h}$$

（4）依据回水温度调节水力平衡

1）调节原理

当供热系统在稳定状态下运行时，如不考虑管网沿途损失，则管网热媒供给室内散热设备的热量应等于散热设备的散热量，也等于供暖用户的热负荷。而管网供给室内散热设备的热量等于其流量、供回水温差及热水比热的乘积。当实际流量大于设计流量时，供回水温差减小，回水温度高于规定值；当实际流量小于设计流量时，供回水温差增大，回水温度低于规定值。因此，只要把各用户的回水温度调到相等（当供水温度相等时）或供回水温差调到相等（管道保温效果差，供水温度略有不同），就可以使各热用户得到和热负荷相适应的供热量，达到均匀调节的目的。这种调节方法是一种最简单、最原始、

最耗时的调节方法，可用于任何供暖系统。

2）调节过程

第一步，调节温度的确定。当热源供热量大于等于用户热负荷，循环泵流量大于设计流量时，考虑到循环泵节能运行，此时用户回水温度应调节到温度调节曲线对应的回水温度；当热源供热量大于等于用户热负荷，循环泵流量小于设计流量时，供回水平均温度应调节到温度调节曲线对应的供回水温度平均温度值；当热源供热量小于用户热负荷时，用户回水温度调节到略低于总回水温度。

第二步，操作步骤。由于供热系统有较大的热惯性，温度变化明显滞后。调节系统流量后，系统温度不能及时反映流量的变化，所以阀门开度的调整量具有一定的经验性。测量温度要在全部用户调节完毕后间隔一段时间进行。间隔时间和系统的大小有关，当总回水温度稳定在某一数值不变时即可进行下一轮调整。首先，记录各用户回水温度，并和总回水温度作比较。温度高得越多，阀门关得越小。用户间回水温度差别相同的条件下，管径越大，关得越多。第一轮调整时，近端用户阀门关闭应过量。调整后记录各用户阀门关闭圈数。第一轮调整完毕，待总回水温度稳定不变后记录各用户回水温度，和调节前作比较，再和总回水温度作比较，进行第二轮调整。第一轮和第二轮的间隔时间应大于第一轮调整后最远用户回水返回热源所需时间的2倍以上，并按照管网流速和最远用户管长进行估算。如此反复进行。

（5）通过温度数据判断设备问题

通过温度及压力综合判断换热器问题。换热器一/二次网供回水温度趋势如图1-15所示。

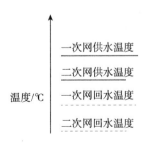

图1-15 换热器一/二次网供回水温度趋势

换热器阻力应该控制在 5m 以内，同时，温度满足如下条件：一供 > 二供 > 一回 > 二回。如换热器阻力过大，且同时一次网回水温度高于二次网供水温度，需要考虑换热器是否结垢严重或者设备匹配不符。目前，由于换热器设备参差不齐，国产换热器阻力均较小，控制在 5m 以内甚至更小，但进口、合资换热器目前阻力均较大。

1.5.4　压力单位解析

1. 压力、绝对压力、相对压力的定义

压力指发生在两个物体的接触表面的作用力，或气体对于固体和液体表面的垂直作用力，或液体对于固体表面的垂直作用力。

绝对压力指垂直作用于器壁单位面积上的力，用来表示压力（压强）的大小。绝对压力值以绝对真空作为起点。

相对压力是指用压力表、真空表、U 形管等仪器测出来的压力，又叫表压，相对压力以大气压力为起点。

相对压力与绝对压力之间关系为

$$P_{绝对} = B + P_{相对}$$

即相对压力与绝对压力之间相差 1 个标准大气压。

压力值的国际通用单位为帕斯卡（Pa），而在供热系统之中常用到的单位主要有毫米水柱（mmH_2O）、标准大气压（atm）、千克力（kgf）、巴（bar）、兆帕（MPa）。其中最常用单位为兆帕。

2. 常用压力单位间的转换

$1MPa = 10kg/cm^2 = 1 \times 10^6 Pa$　　　$1kg/cm^2 = 10mH_2O$　　　$1kg/cm^2 = 10^5 Pa$

$1Pa = 1N/m^2$　　　　　　　　　　　$1kg = 9.8N$　　　　　　　$1MPa = 10bar$

3. 压力在供热系统中的应用

（1）供热系统定压

供热系统定压的几种方式包括补水泵定压、高位水箱定压、氮气定压、空气囊定压、蒸汽定压。其中补水泵定压为目前供热系统常用定压方式。

补水泵定压原则是以补水泵所在位置为 0 基准点，以本系统中最高点建筑到 0 基准点之间的高度差为回水定压压力值，同时在定压时需设置定压设备高于理论值的 5m 左右。

（2）压力在水压图中的用途

供热系统水压图如图 1 - 16 所示。

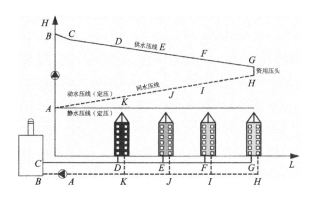

图 1 - 16　供热系统水压图

图 1 - 16 中，在液体管网系统中连接着许多用户。这些用户对流体的流量、压力及温度（如热水管网）的要求可能各有不同，且所处的地势高低不一。在管网的设计阶段必须对整个管网的压力状况有整体的考虑。因此，通过绘制流体网络的压力分布图（水压图），可全面地反映管网和各用户的压力状况，并确定使它实现的技术措施。在运行中，通过网路的水压图，可以全面了解整个系统在调节过程中或出现故障时的压力状况，从而揭示关键性的影响因素并采取必要的技术措施以保证安全运行。此外，各个用户与管网的连接方式及整个管网系统的自控调节装置都要根据网路的压力分布或其波动情况来选定，即需要通过对水压图的分析作为决策依据。

（3）不同散热设备的承压能力

热水供热系统在运行或停止运行时，系统内热水的压力必须满足下列基本技术要求：在与热水网路直接连接的用户系统内，压力不应超过该用户系统用热设备及其管道构件的承压能力。例如，供暖用户系统一般常用的柱形铸铁散热器承压能力为 0.4MPa。因此，作用在该用户系统最底层散热器的表压力，不论在网路运行或停止运行时都不得超过 4bar。常用换热器与散热器的工作压力见表 1 - 12。

表 1-12　常用换热器与散热器的工作压力

换热器类型	管壳式	波纹管式	板式	半即热式
工作压力/MPa	≤10	≤8	≤2.5	≤1.6
散热器类型	铸铁式	钢制	铝制	金属复合
工作压力/MPa	0.4~0.8	0.6~1.2	0.8~1.2	1

在高温水网路和用户系统内水温超过100℃的地点，热媒压力应不低于该水温下的汽化压力。不同水温下的汽化压力见表 1-13。

表 1-13　高温水汽化压力（表压）

水温/℃	100	110	120	130	140	150
汽化压力/mH_2O	0	4.6	10.3	17.6	26.9	32.6

从运行安全角度考虑，还应留有 30~50kPa（3~5mH_2O）的富余压力。

与热水网路直接连接的用户系统，不论在网路循环水泵运转或停止工作时，其用户系统回水管出口处的压力必须高于用户系统的充水高度，以防止系统倒空吸入空气，破坏正常运行和腐蚀管道。

网路回水管内任何一点的压力都应比大气压力至少高出 50kPa（5mH_2O），以免吸入空气。

在热水网路中热力站或用户引入口处，供回水管的资用压差应满足热力站或用户所需的作用压头。

（4）压力读数与地势之间的关系

压力读数与地势之间的关系如图 1-17 所示。

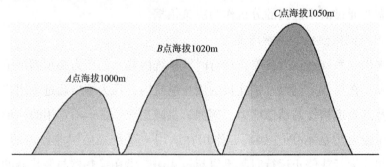

图 1-17　压力读数与地势之间的关系

[**例**] 图 1-17 中，压力表在 B 点显示压力 0.6MPa，如将此压力表放置在 A 点和 C 点，此时压力表读数为多少？（不考虑其他因素影响）

根据 MPa 与 mH_2O 之间的换算，$1MPa = 100mH_2O$，压力表读数满足"上减下加"原则，即在 A 点读数为 0.8MPa，在 C 点读数应该为 0.3MPa。

（5）压力表判断系统问题

通过压力表判断管道堵塞位置如图 1-18 所示。

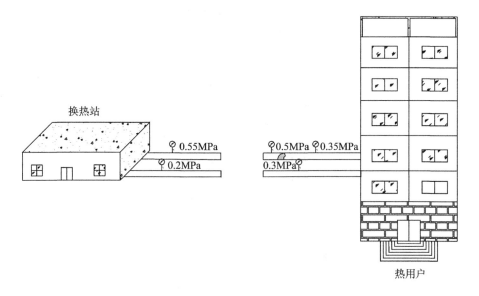

图 1-18　通过压力表判断管道堵塞位置

图中，锅炉房出口压力为 0.55MPa，进口压力为 0.2MPa，到不热楼（区域）通过安装压力表显示供水压力为 0.35MPa，回水压力显示为 0.3MPa。由此可见，供水管道阻力损失为 0.2MPa，回水管道压力损失为 0.1MPa，由于供热系统中管道设计供回水管径及循环流量一致，且通过水压图均可明显反应，供水管道和回水管道压损应为一致，由此可见，目前供水管道压损过大，由此判断供水管道存在循环不畅问题，此时需要考虑是否存在阀门开启不全、堵塞温度等问题。如果检查阀门无问题，此时需要对区域进行管道测压，找出压降过大的管段即为堵塞管道（注意测压时位置高度的影响，所有压力值须为同一基准线）。

需注意，在安装压力表测试压力时，首先关闭回水管道阀门，此时压力表显示为安装压力表位置供水压力值；打开回水管道阀门关闭供水管道阀门，此时显示为安装压力表位置回水压力值。

（6）压力表安装位置

压力表安装位置如图 1－19 所示。

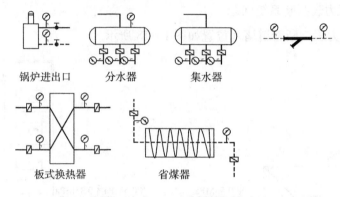

图 1－19　压力表安装位置

1.5.5　电力单位解析

1. 电压、电流、电阻、电功率定义

电流是指单位时间里通过导体任一横截面的电量，通常用字母 I 表示，它的单位是安培（A），也是指电荷在导体中的定向移动。

电压是衡量单位电荷在静电场中由于电势不同所产生的能量差的物理量，其大小等于单位正电荷因受电场力作用从 A 点移动到 B 点所做的功，电压的方向规定为从高电位指向低电位的方向。电压的国际单位为伏特（V），常用的单位还有千伏（kV）、毫伏（mV）、微伏（μV）等。此概念与水位高低所造成的"水压"相似。

电阻是指电荷在导体中运动时，会受到分子和原子等其他粒子的碰撞与摩擦，碰撞和摩擦的结果形成了导体对电流的阻碍，这种阻碍作用最明显的特征是导体消耗电能而发热（或发光）。物体对电流的这种阻碍作用称为该物体的电阻，其常用单位为欧姆（Ω）、千欧（kΩ）、兆欧（MΩ）、太欧（TΩ）。

电功率指每单位时间发电机所产生的电能流经电路所做的功。它的国际单位为瓦特。当电流通过一个电路时，它能够将电能转换成机械能，或是发热。用电器正常工作的电压叫作额定电压，用电器在额定电压下正常工作的功率叫作额定功率，用电器在实际电压下工作的功率叫作实际功率。国际单位制单位为瓦特（W），常用的单位还有毫瓦（mW）、千瓦（kW）。

电流、电压、电阻、电功率之间的关系如下。

$$U = RI \qquad （欧姆定律） \qquad (1-2)$$

$$P = UI \qquad （电功率） \qquad (1-3)$$

式中，P 为功率。从 $U = RI$，可推导出

$$P = RI^2 \qquad (1-4)$$

$$W = UIt \qquad （能量） \qquad (1-5)$$

式中，W 为电阻 R 消耗的能量；t 为时间。

用万用表测量电压、电流、电阻的连接方式如图 1-20 所示。

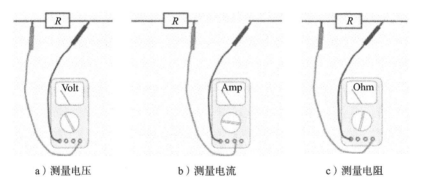

a）测量电压　　　　　　b）测量电流　　　　　　c）测量电阻

图 1-20　用万用表测量电压、电流、电阻的连接方式

2. 电路知识在供热系统中的应用

电力在供热系统中是整个供热的动力源头，其驱动各类风机、泵类工作，驱动各类数据的传输，采用电锅炉等用电设备直接供热。而在供热系统中，设备实际的电压、电流、功率是分析问题的一项重要数据，例如，循环泵的实际电流大小直接反映了泵的出力情况，根据实际电流与电压可以估算出泵的实际流量（具体见 1.5.3 小节）。而实际电流如果超过额定电流便会出现电动机过热问题，甚至导致电动机烧毁。

不同供暖期建筑物水泵耗电量约束值及引导值见表 1-14。

表 1-14　不同供暖期建筑物水泵耗电量约束值及引导值

供暖期/月	管网水泵耗电量指标/[kW·h/(m²·a)]	
	约束值	引导值
4	1.7	1.0
5	2.1	1.3
6	2.5	1.5
7	2.9	1.8
8	3.3	2.0

1.6　供热能耗计算方法

1. 耗热量计算

1）当日耗热量 = 当日累计耗热量 - 前日累计耗热量。

2）当日单位耗热量 = 当日耗热量÷面积；累计单位耗热量 = 累计耗热量÷面积。

3）平均单位耗热量 = 当日累计耗热量÷供暖天数÷面积。

4）估计耗热量 = 当日单位耗热量×120 天。

5）累计蒸汽热量 = 累计蒸汽量×蒸汽焓值 kJ（kg）/1000。蒸汽焓值根据蒸汽温度和蒸汽压力由《水和水蒸气热力性质图表》查得，焓值约为 2778.4kJ/kg。

6）当日蒸汽量 = 当日累计蒸汽量 - 前日累计蒸汽量。

当日蒸汽耗热量 = 当日蒸汽量×蒸汽焓值/1000。

7）当日耗煤量 = 当日累计耗煤量 - 前日累计耗煤量。

8）当日单位耗煤量 = 当日耗煤量÷面积；累计单位耗煤量 = 累计耗煤量÷面积。

9）平均单位耗煤量 = 当日累计耗煤量÷供暖天数÷面积。

10）估计耗煤量 = 当日单位耗煤量×120 天。

[例]

燃气供热：燃气的热值为 8500kcal/m³，以建筑单位面积平均热负荷 45W/m²，供暖面积 100m²，供暖期 120 天计算，整个采暖季的耗气量应为

$$45 \times 100 \times 120 \times 24 \times 3600 \times 0.24 \div 8500 \div 1000 m^3 = 1317 m^3$$

即在此条件下该建筑的供热需要消耗 1317m³ 的标准燃气，单平米耗气量为 13.17m³。

注：此计算不考虑锅炉的效率。

燃煤供热（标煤）：标准煤的热值为 7000kcal/kg。还以上述建筑数据为例进行计算。

$$45 \times 100 \times 120 \times 24 \times 3600 \times 0.24 \div 7000 \div 1000 kg = 1599.6 kg$$

单平米耗煤量 16kg，燃煤锅炉效率按照 70% 考虑，即整个采暖季的燃煤单平米消耗约为 22.8kg。

电供热：电采暖利用电能转换为热能计算，不考虑其他因素影响，1kW·h 电可以转换为 3600kJ 的热量（860kcal）。以上述建筑耗热量及面积、天数计算，整个采暖季需要耗电量为

$$45 \times 100 \times 120 \times 24 \times 3600 \times 0.24 \div 860 \div 1000 kW \cdot h = 13020 kW \cdot h$$

空气能类电热设备需要考虑能效比。

2. 耗水量计算

1）当日失水量 = 当日累计失水量 - 前日累计失水量；或当日失水量 =（当日累计供水量 - 前日累计供水量）-（当日累计回水量 - 前日累计回水量）。

2）当日供水量 = 当日累计供水量 - 前日累计供水量。

3）当日单位耗水量 = 当日失水量 ÷ 面积；累计单位耗水量 = 累计失水量 ÷ 面积。

4）平均单位耗水量 = 当日累计失水量 ÷ 供暖天数 ÷ 面积。

5）估计耗水量 = 当日单位耗水量 × 120d。

[例] 水量核算。

供热系统的合理失水量为整个系统循环流量的 0.2%，如 10 万 m² 供热面积其合理的运行流量为 400t/h，则整个小区合理的失水量应该控制在 0.8t/h 以下。

供暖系统各种设备每供 1kW 热量的水容量见表 1－15。

表 1－15　供暖系统各种设备每供 1kW 热量的水容量 V_0

供暖系统设备和附件	V_0/L	供暖系统设备和附件	V_0/L
长翼型散热器（60 大）	16.00	板式散热器 600×（400～800）	2.4
长翼型散热器（60 小）	14.60		
四柱 813 型	8.40	板式散热器（不带对流片）600×（400～800）	2.6
四柱 760 型	8.00		
四柱 640 型	10.20	扁管散热器（带对流片）（416～614）×1000	4.1
四柱 700 型	12.70		
M－132 型	10.60	扁管散热器（不带对流片）（416～614）×1000	4.4
圆翼型散热器 d500	4.00		
钢制柱型散热器（600×120）	12.00	空气加热器、暖风	0.4
钢制柱型散热器（640×120）	8.20	室内机械循环管理	6.9
钢制柱型散热器（620×135）	12.40	室内重力循环管路	13.8
钢制片闭式对流散热器 150×80	1.15	室外管网机械循环	5.2
钢制片闭式对流散热器 240×100	1.13	有鼓风设备的火管锅炉	13.8
钢制片闭式对流散热器 300×809	1.25	无鼓风设备的火管锅炉	25.8

3. 耗电量计算

1）当日耗电量＝当日累计耗电量－前日累计耗电量。

2）当日单位耗电量＝当日耗电量÷面积；累计单位耗电量＝累计耗电量÷面积。

3）平均单位耗电量＝当日累计耗电量÷供暖天数÷面积。

4）估计耗电量＝当日单位耗电量×120d。

[例] 电量核算。

泵、风机等类用电：供热系统中电量的核算可以按照各类设备的标定功率进行计算，如设备变频运行则需要对设备的电流进行卡值或者变频器读取，例如，循环泵额定功率为 37kW，变频 40Hz 运行，变频器读取电流为 54A，则 120d 的供暖期此泵的实际耗电应为 $54÷2×120×24kW·h＝77\ 760kW·h$（实际电流为实耗功率的 1.9 倍，这里按照 2 倍计算），如工频运行则可按照 37kW 进行计算。

1.7 现场压力示数及温度示数的安装位置

现场压力示数及温度示数的安装位置如图1-21所示。

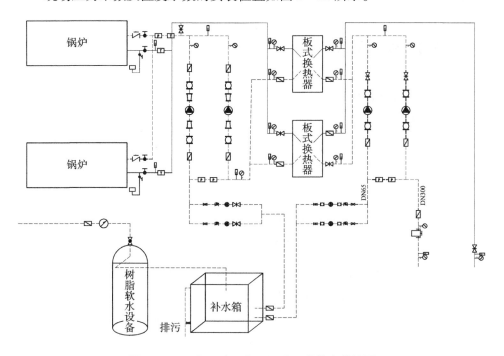

图1-21 现场压力示数及温度示数的安装位置

根据图1-21中供热系统，在对站内设备运行进行查看时需要查看数据位置，见表1-16。

表1-16 对站内设备运行进行查看时需要查看的数据位置

序号	压力值查看位置		温度值查看位置		循环泵	站外基础设备情况
1	一次网	二次网	一次网	二次网		
2	锅炉进出口	换热器进出口	换热器进出口	换热器进出口	转向	管道管径匹配
3	循环泵进出口	循环泵进出口	每台锅炉进出口	分集水器	变频器显示电流	匹配面积
4	过滤器进出口	过滤器进出口	旁通管前后	旁通管前后	变频器显示频率	地势楼高
5	换热器进出口	分集水器				井室情况

表1-16为供热系统中需要查看的重要数据的位置，其中锅炉进出口压差

合理范围为 5~8m，板式换热器进出口压差合理范围为 3~5m，其他位置压力在无地势高度等影响下压力值基本一致，同时需要核算循环泵的参数在现有管网、面积情况下是否能够满足要求，补水泵定压值是否满足地势楼高要求，并室各类设备设计是否合理等。

1.8 供热基础数据

供热基础数据包括以下各项。

1）室内采暖达标温度（20±2）℃。

2）建筑面积采暖热负荷 25~50kcal/（h·m²）（30~58W/m²）。

3）建筑面积采暖所需合理流量 2.5~3.5kg/（h·m²），节能建筑 1~2kg/（h·m²）。

4）严寒期外网总供回水温度 55~70℃。

5）热网的补水量应小于热网循环量的 0.2%。

6）1 蒸 t 的热量可供 1~1.5 万 m² 的建筑面积（节能建筑 2~3 万 m²）。

7）每万平米建筑面积循环泵电动机功率一般在 3~5kW。

8）一些先进的供热企业热网循环水泵采暖期每平方米面积的耗电量只有 0.7~1.2 元，但许多企业却为先进企业的 3~4 倍，电能浪费非常严重。

9）热水锅炉的内阻一般为 5~8mH₂O。

10）锅炉流量变动范围为 ±10%，即为额定流量的 90%~110%；

11）板式换热器系统阻力应为 3~5mH₂O。

12）供热采暖一次网供回水温差以 40~50℃ 为宜，目前行业普遍维持在 20~35℃；二次网温差以 20~25℃ 为宜，目前国内行业运行水平在 15~20℃。

13）主干线、支干线的经济比摩阻在 30~70Pa/m 为宜，支干线、支线应按其资用压力确定其管径，但热水流速不大于 3.5m/s，同时比摩阻不应大于 300Pa/m。

14）民用建筑室内管道流速不宜大于 1.2m/s。

15）室内系统最不利环路比摩阻取 60~120Pa/m 为宜，最不利环路与各并联环路之间的计算压力损失相对差额不应大于 ±15%；整个热水供暖系统

（室内）总的计算压力损失宜增加 10% 的附加值。

16）连续运行比间歇运行锅炉运行效率高（原哈尔滨建筑工程学院供热研究室 1983 年冬季进行了一台往复炉排热水炉间歇运行测试，升温第一小时的锅炉效率为 57%，第二小时为 64.5%，第三小时稳定后，效率才稳定在 76%）。

17）锅炉负荷率高则锅炉效率高：

锅炉负荷率 40%：锅炉效率 38%；

锅炉负荷率 58%：锅炉效率 73.3%；

锅炉负荷率 68%：锅炉效率 81.8%；

18）热网寿命应为 30 年，国外为 30 ~ 50 年。

19）生活热水定为大于 55℃ 是考虑细菌的存在；小于 60℃ 是考虑结垢。

20）150℃ 以下的介质，保温好的管网，降温不大于 0.5℃/km。

21）水泵效率 η 为 75% ~ 85%，$1\text{m} \cdot \text{m}^3/\text{h} = 2.78\text{W}$ 即每小时将 1t 水提升 1m 的净功率为 2.78W

$$轴功率 = 净功率 \div \eta$$

$$电动机功率 = 1.05 ~ 1.2 轴功率$$

22）聚氨脂保温的质量：抗压强度 0.2MPa 以上，密度 50 ~ 60kg/m³，吸水率 ≤0.2 kg/m²，闭孔率 >40%，厚度偏差 ±5%，偏心小于 5%。

23）采暖热负荷与室内外温度成正比：

$$\frac{Q_1}{Q_2} = \frac{t_\text{n} - t_\text{w1}}{t_\text{n} - t_\text{w2}} \tag{1-5}$$

特例：当 $t_\text{n} = 18℃$，$t_\text{w1} = -11℃$，$t_\text{w2} = -10℃$ 时

$$\frac{Q_1}{Q_2} = \frac{18 - (-11)}{18 - (-10)} = \frac{29}{28} = 1.036 \tag{1-6}$$

即室外温度每降低 1℃，热量需增加 3.6%。

同理，室内温度每增加 1℃，热量需增加 3.6%（不同地区数据不同）。

24）散热器散热量与热水温度的关系：

大 60 暖气片，$Q = 2.04\Delta t^{1.28}$（Δt 为散热器平均温度与室温的差）。

当 $\Delta t_1 = 64.5℃$ 时，$Q_1 = 422\text{W}/$ 片。

当 $\Delta t_2 = 54.5℃$ 时，$Q_2 = 340W/片$ 即热媒温度每降 10℃，散热量降 20%，也即热媒温度每降 1℃，散热量降 2%。（四柱 813，$Q = 0.627\Delta t^{1.302}$，当 $\Delta t_1 = 64.5$ 时，$Q_1 = 142W/片$，$t_2 = 54.5℃$ 时 $Q_2 = 114.3W/片$，结果一样）

25）室温升高 1℃（或室外降低 1℃）平均水温要增高 2℃左右。

26）世界卫生组织（WHO）于 1993 年发表了一个噪声限值指南，住宅小区噪声分贝（dB）限值见表 1-17。

表 1-17　住宅小区噪声分贝限值

	限值/dB	
	白天	夜间
室内	50	30
室外	55	45

27）冷负荷指标：一般为 $30 \sim 50W/m^2$，最大 $70W/m^2$。

28）分户热计量建筑物热入口系统阻力（因户内装了热能表，其阻力约为 30kPa）为 50kPa 左右。

29）地板采暖与常规散热器相比，具有较大的蓄热能力，具体表现为换热的迟滞，从系统启动到达要求室温，散热器需 1~2h，而地板采暖需要 3~5h。

30）地板采暖与常规散热器采暖相比，在人体舒适度相同的情况下室温低 2~3℃。

31）热源内部虽然管子很短，但要注意弯头、阀门等局部阻力件较多，泵的进、出口连接管应比泵的进口口径大一号到两号。热源内部的连接管口径尽量大些，建议比摩阻在 30~70Pa/m，使热源内部阻力小于 0.15MPa。

32）地板采暖供水温度一般在 35~50℃（最高温度不超过 60℃），供回水温差一般不超过 10℃；一般散热器采暖设计供回水为 80℃/55℃，实际运行供水一般在 55~70℃，供回水温差在 15℃左右。

33）计算全面地面辐射供暖系统的热负荷时，室内计算温度的取值应比对流采暖系统的室内计算温度低 2℃，或取对流采暖系统计算总热负荷的 90%~95%。

34）地表面平均温度计算值应符合表 1-18 的规定。

表 1-18　地表平均温度

区域特征	适应范围/℃	最高限值/℃
人员经常停留区	24~26	28
人员短期停留区	28~30	32
无人停留区	35~40	42

35）低温热水地面辐射供暖系统的工作压力不应大于 0.8MPa；当建筑物高度超过 50m 时，宜竖向分区设置。

36）恒温阀的主要参数：公称压力 1MPa；最大压差 0.1MPa；调节刻度 0~5；温度调节范围为 8~28℃。产品执行标准《散热器恒温控制阀》（JG/T 195—2007）。

37）压力与饱和水温度的关系见表 1-19。

表 1-19　压力与饱和水温度的关系

压力/MPa	饱和水温度/℃	压力/MPa	饱和水温度/℃
0.1	100	0.4	143
0.2	120	0.5	152
0.3	133	0.6	160

第 2 章　供暖设备性能

供热系统是由各个设备联合组成的，主要组成部分有热源、管道、换热器、水泵、阀门附件、水处理设备和末端设备。供热系统各设备关系如图 2-1 所示。

2.1　热源

在热能供应范畴中，将天然或人造的含能形态转化为符合供热系统要求参数的能量的热能设备与装置，通称为热源。常见热源有以下几种。

1. 热电厂

热电联产是指发电厂既生产电能又利用汽轮发电机做过功的蒸汽对用户供热的生产方式，即同时生产电能、热能的工艺过程。

在单独的电力生产中，热电厂通常将发电后剩余的热量通过冷却塔、烟道或通过其他方式释放到自然环境中，这些能量作为废热被丢弃，造成了一定程度上能源的浪费。

相反，在热电联产中，这些热能则被投入到工业生产或居民供热系统中使用。这一方面显著提高了燃料的有效利用率（最高可达 90%），另一方面增强了城市基础设施功能，具有十分可观的经济效益和社会效益。热电联产流程如图 2-2 所示。

热电厂
燃煤锅炉房
燃气锅炉房
分户燃气独立热源
电锅炉
空调、热泵
电热膜/电缆加热

板式换热器
- 传热系数高
- 对数平均温差大、末端温差小
- 占地面积小
- 容易改变换热面积或流程组合
- 重量轻
- 价格低
- 清洗便捷
- 热损失小

管式换热器

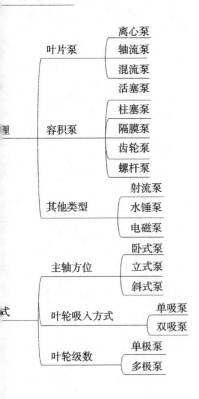

理
- 叶片泵
  - 离心泵
  - 轴流泵
  - 混流泵
- 容积泵
  - 活塞泵
  - 柱塞泵
  - 隔膜泵
  - 齿轮泵
  - 螺杆泵
- 其他类型
  - 射流泵
  - 水锤泵
  - 电磁泵

式
- 主轴方位
  - 卧式泵
  - 立式泵
  - 斜式泵
- 叶轮吸入方式
  - 单吸泵
  - 双吸泵
- 叶轮级数
  - 单极泵
  - 多极泵

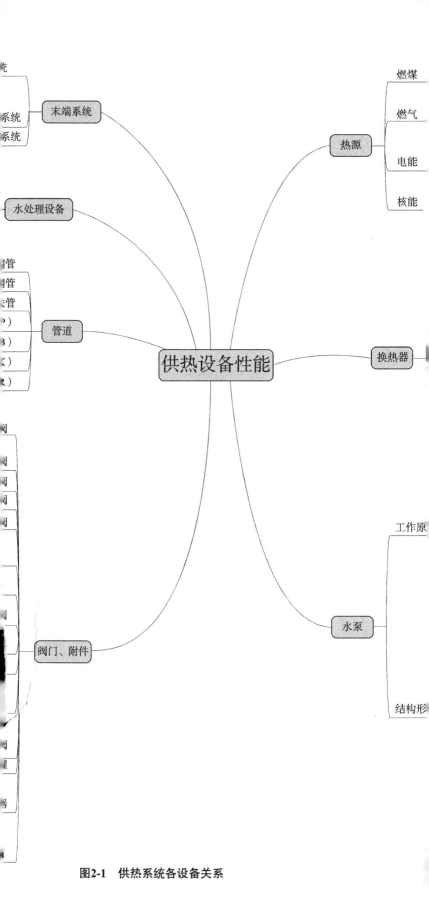

末端系统
系统
系统

水处理设备

管道
管
管
管
）
）
）
）

热源
燃煤
燃气
电能
核能

供热设备性能

换热器

水泵
工作原
结构形

阀门、附件

图2-1 供热系统各设备关系

铸铁散热器

钢制散热器

铝制散热器 — 散热器系

铜铝复合散热器

地板辐射采暖

风机盘管

脉冲磁场水处理

化学助剂

螺旋除污器

真空脱气脱氧机

无缝铁

有缝铁

铸铁

交联铝塑复合管（XPA

聚丁烯管（P

交联聚乙烯管（PE-

无规共聚聚丙烯管（PP-

阻力小、没有方向性、结实耐用、型号多、启闭时间长、笨重 — 闸阀

制造简单、维修方便、结实耐用、有方向性、阻力较大、密封性不强 — 截止

体积小、密封好、易操作、维修困难 — 球

结构简单、体积轻巧、阀板易受冲蚀 — 蝶

具有调节性 — 调节

具有调节曲线、有开度指示、需要配备智能调节仪表、调节烦琐 — 平衡阀（静态

具有流量刻度指示、调节时互不影响、有效地解决水力失调问题 — 流量阀（动态

启闭式

升降式 — 止回

用于末端散热设备 — 恒温控制

根据工作压力选取安全阀的公称压力 — 安全

波纹管式减压阀

活塞式减压阀

薄膜式减压阀 — 减压作用、不应直接按照管径选取 — 减压

垂直安装 — 排气

易安装到系统末端最高处 — 集气

Y形除污器

锥形除污器 — 防止杂质进入系统 — 除污

直角式除污器

开式膨胀水箱

闭式膨胀水箱 — 膨胀水

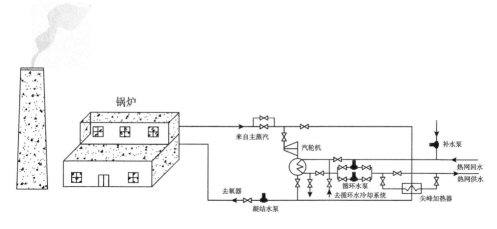

图 2 - 2　热电联产流程

2. 燃煤锅炉

燃料经破碎机破碎至合适的粒度后，经给煤机从燃烧室布风板上部给入，与燃烧室炽热的沸腾物料混合，被迅速加热，燃料迅速着火燃烧，在较高速气流的作用下，充满炉膛，并有大量的固体颗粒被携带出燃烧室，经气固分离器分离后，分离下来的物料通过物料回送装置重新返回炉膛继续参与燃烧。经分离器导出的高温烟气在尾部烟道与对流受热面换热后，通过除尘器由烟囱排出。以上所述的煤、风、烟系统称为锅炉的燃烧系统，即一般说的"炉"。

另一方面，锅炉给水经水泵送入省煤器预热，再进入汽包，然后进入下降管、水冷壁被加热并蒸发后又回到汽包，经汽水分离后蒸汽进入过热器升温后，通过主蒸汽管道送到用户处。上述为汽水系统，即一般说的"锅"。燃煤锅炉运行如图 2 - 3 所示。

3. 燃气锅炉

燃气锅炉工作原理如下：由天然气在炉内燃烧释放出来的热量加热锅内的水，水在锅（锅筒）中不断被炉里气体燃料燃烧释放出来的能量加热，温度升高并产生带压蒸汽或热水。燃气锅炉运行流程如图 2 - 4 所示。

燃气锅炉运行系统分为烟风系统和水系统。烟风系统运行流程为：燃料燃烧—炉膛—二回程烟管（三回程烟管）—节能器—冷凝器—烟道；水系统运行流程为：锅炉原水—软化水箱—锅炉—蒸汽或水—蒸汽或供暖管道。

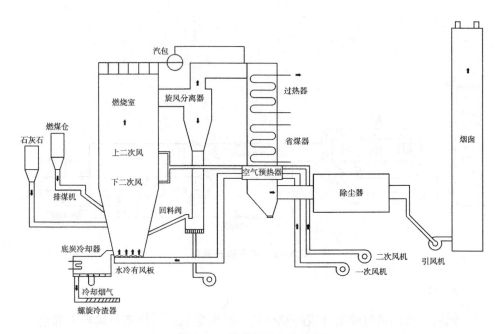

图 2 - 3　燃煤锅炉运行流程

燃气锅炉运行流程如图 2 - 4 所示。

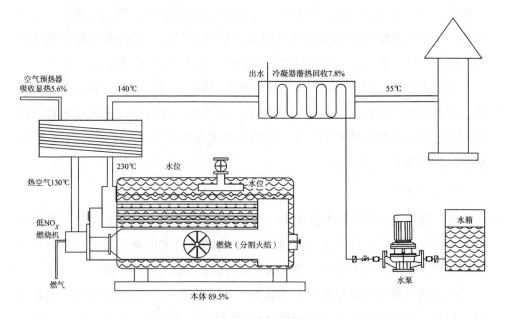

图 2 - 4　燃气锅炉运行流程

4. 壁挂炉

壁挂炉以天然气、人工煤气或液化气作为燃料，燃料经燃烧器输出，在燃烧室内燃烧后，由热交换器将热量吸收，采暖系统中的循环水在途经热交换器时，经过往复加热不断将热量输出给建筑物，为建筑物提供热源。

当壁挂炉点火开关进入工作状态时，先启动风机使燃烧室内形成负压差，风压开关把指令发给水泵，水泵启动后，水流开关把指令发给高压放电器，其启动后将指令发送给燃气比例阀，燃气比例阀开始启动。

5. 电锅炉

电锅炉是以电力为能源，利用电阻发热或电磁感应发热，通过锅炉的换热部位把热媒水或有机热载体（导热油）加热到一定参数（温度、压力）时，向外输出具有额定工质的一种热能机械设备。

电锅炉本体主要由电锅炉钢制壳体、电脑控制系统、低压电气系统、电加热管、进出水管及检测仪表等组成。

6. 空气源热泵

利用空气源热泵系统内密闭工质（冷媒）的物理特性，通过工质的物态变化，蒸发器从空气中吸取热量，冷凝器在水中释放热量，即压缩机从蒸发器中吸入低温低压气体制冷剂，通过做功将制冷剂压缩成高温高压气体，高温高压气体进入冷凝器与水进行热量交换，制冷剂在冷凝器中冷凝成低温高压液体而放出大量的热量，水吸收其放出的热量而温度不断上升。然后，低温高压液体经膨胀阀节流降压后，在蒸发器中通过风扇的作用蒸发，吸收周围空气中的热量，制冷剂变成低温低压气体后又被吸入压缩机中压缩。空气源热泵运行流程如图 2-5 所示。

7. 水源热泵

地下水源热泵的热源是从水井或废弃的矿井中抽取的地下水。经过换热的地下水可以排入地表水系统，但对于较大的应用项目通常要求通过回灌井把地下水回灌到原来的地下水层。水质良好的地下水可直接进入热泵换热，之后将井水回灌地下，这样的系统称为开式系统。由于可能导致管路阻塞甚至腐蚀，通常不建议在地源热泵系统中直接应用地下水。

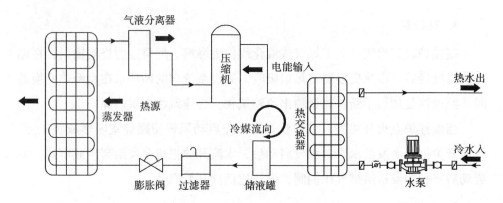

图 2－5　空气源热泵运行流程

水源热泵运行流程如图 2－6 所示。

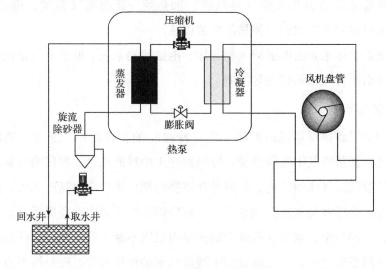

图 2－6　水源热泵运行流程

8. 地源热泵

土壤热交换器地源热泵是利用地下岩土中热量闭路循环的系统，通常称为闭路地源热泵，以区别于地下水热泵系统，或直接称为地源热泵。它通过循环液（水或以水为主要成分的防冻液）在封闭地下埋管中的流动实现系统与大地之间的传热。

9. 电辅热

电辅热又称为电热膜电暖气供热，其原理是通过加热铺设在室内的电热膜，再将热量以远红外的形式辐射出去或直接通过电热膜将热量传导出去，采用这两种方式达到提升室内温度的效果。

10. 核能供热

核能供热是以核裂变产生的能量为热源的城市集中供热方式。它是解决城市能源供应、减轻运输压力和消除烧煤造成环境污染的一种新途径。

核能供热目前有核热电站供热和低温供热堆供热两种方式。核热电站与火力热电站工作原理相似，只是用核反应堆代替矿物燃料锅炉。热电站反应堆工作参数高，必须按照核电厂选址规程建在远离居民区的地点，从而使其供热条件在一定程度上受到限制。核能供热流程如图 2-7 所示。

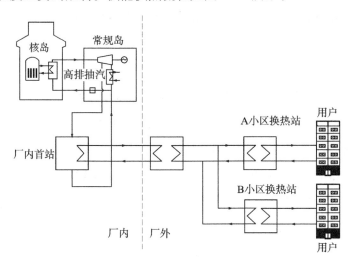

图 2-7　核能供热流程

2.2　锅炉

锅炉是一种能量转换设备，它是利用燃料燃烧释放的热能或其他热能将工质水或其他流体加热到一定参数的设备。按照燃料分类，锅炉可分为燃气锅炉、燃油锅炉、燃煤锅炉和燃生物质锅炉四种。

1. 铭牌参数

锅炉铭牌如图 2-8 所示。

图 2-8 锅炉铭牌

锅炉铭牌参数包括型号（锅炉类型、燃料种类）、热功率、设计供回水温度、压力等。

燃煤锅炉作为典型的锅炉类型有产生热能的数量和质量两个方面的指标，如燃煤蒸汽锅炉的主要指标是生产蒸汽的数量和蒸汽的压力，而燃煤热水锅炉的主要指标是热水的流量和热水的压力、温度。

燃煤锅炉的参数有以下几点。

1）锅炉蒸发量/供热量。燃煤蒸汽锅炉蒸发量是指每小时所产生的蒸汽数量，用以表示其产汽的能力，用符号 d 表示，单位是 t/h。而燃煤热水锅炉用额定供热量表示，是指锅炉在确保安全的前提下长期连续运行每小时输出热水的有效供热量，这和锅炉的热量计算有关，单位是 MW。

2）锅炉压力。燃煤锅炉的压力是指垂直作用在单位面积上的力，通常叫压力（实际上是压强）。

绝对压力是指以压力为零作为测量起点的实际压力，其数值就是表压力加 0.1013MPa（大气压力）。负压指压力低于大气压力（俗称真空）。通常负压燃烧的锅炉正常燃烧时，打开炉门会感觉到周围空气吸向炉膛，这是炉膛内有负压的缘故。一般炉膛出口保持负压 2~3mmH₂O。

3）温度。燃煤锅炉温度是指物体冷热的程度，通常用符号 t 表示。测量温度常用的单位是摄氏度。在锅炉热量计算中，常用热力学温度，单位符号为 K。

燃煤蒸汽锅炉的额定蒸汽温度是指锅炉输出蒸汽的最高工作温度；燃煤热水锅炉的额定热水温度是指锅炉输出热水的最高工作温度。一般锅炉铭牌上载明的蒸汽温度是以摄氏度表示的。

2. 常见问题

（1）流量匹配问题

额定流量计算：

95℃/70℃：24t/h；

115℃/70℃：13.3t/h；

130℃/70℃：10t/h；

正常阻力范围为 5 ~ 8mH$_2$O。

在正常流量情况下，锅炉的阻力为 5 ~ 8m，板换的阻力为 3 ~ 5m，根据 $\Delta P = SV^2$（ΔP 代表阻力，V 代表流量），当流量增加到正常流量的 1.5 倍时，则阻力增加到正常值的 2.25 倍（特别是高温炉按低温运行，阻力增加更大）。热水系统运行如图 2 – 9 所示。

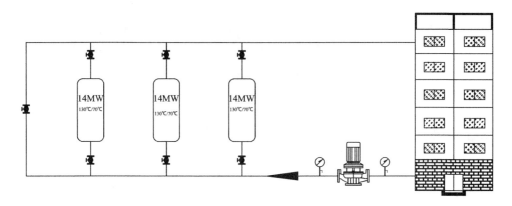

图 2 – 9　热水系统运行

减小阻力的办法是给锅炉加一根旁通管，旁通管上装一个手动调节阀，旁通管可根据需要根据旁通管通过的流量按照比摩阻 300Pa/m 选择管径。

（2）回水温度低问题

提高锅炉供回水温度，可提高锅炉效率 5% ~ 10%。锅炉设计供回水温度一般是 95℃/70℃、115℃/70℃ 和 130℃/70℃，而直供系统实际运行供回水温度一般都在 60℃/40℃ 以内，可利用锅炉加旁通管和泵的方法将锅炉出水加压回到锅炉进水以提高到所设定的进水温度。锅炉炉温提高即提高了锅炉效率和出力。

［例］一热网 60 万 m^2，热源为 3 台 14MW、130℃/70℃ 热水锅炉。存在

的问题是热源内阻过大，热效率低。其示意图如图2-10所示。

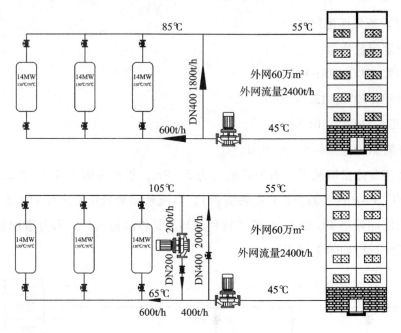

图2-10 热网示意图

2.3 换热器

换热器是一种在两种或两种以上不同温度的流体间实现物料之间热量传递的节能设备，其使热量由温度较高的流体传递给温度较低的流体，使流体温度达到流程规定的指标，以满足工艺条件的需要，同时也是提高能源利用率的主要设备之一。

1. 铭牌参数

换热器铭牌如图2-11所示。

图2-11 换热器铭牌

换热器铭牌参数包括以下几项。

1）换热量。简单地说，换热器的换热量就是换热器内部通过不同介质的相互接触所能带走的热量。

2）换热面积。换热面积是板式换热器的额定换热面积，即正常操作的情况下冷热流体的换热面积。

3）板片、垫片。板式换热器有两个很重要的元件，分别是板片和垫片。这两个元件的材质和规格型号的不同会造成工艺流程不同。板片主要分为钛合金、不锈钢、哈氏合金等，属于比较好的材质。垫片的材质大多由石棉、氟橡胶等食用专用垫片材质所构成，根据材质不同，有不同要求。

4）设计温度。每种材质都会有耐温性，例如，不锈钢材质的温度在 $-20 \sim 180℃$，温度过高会影响板片的工艺，也会影响垫片的变形程度。

5）设计压力。设计压力根据工艺所决定，如果压力太大就会造成设备的损坏，板式换热器大部分所接受的压力工艺不是特别大，不能超过额定工艺，否则会造成设备损坏，还会对板片及垫片带来不可逆的损坏。

2. 分类

（1）板式换热器

板式换热器是由一系列具有一定波纹形状的金属片叠装而成的一种新型高效换热器。各种板片之间形成薄矩形通道，通过板片进行热量交换。板式换热器是液 - 液、液 - 汽进行热交换的理想设备。

板式热交换器构造如图 2 - 12 所示。

（2）管式换热器

管式（又称管壳式、列管式）换热器是最典型的间壁式换热器，它在工业上的应用有着悠久的历史，并且至今仍在所有换热器中占据主导地位。

管式换热器构造如图 2 - 13 所示。

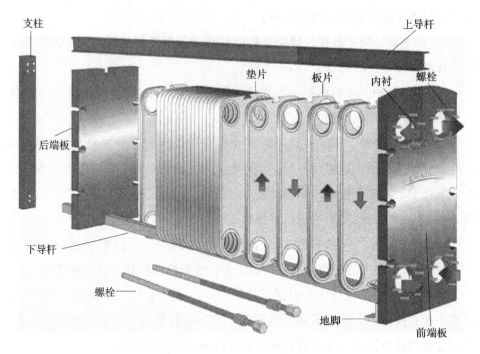

图 2 – 12 板式热交换器构造

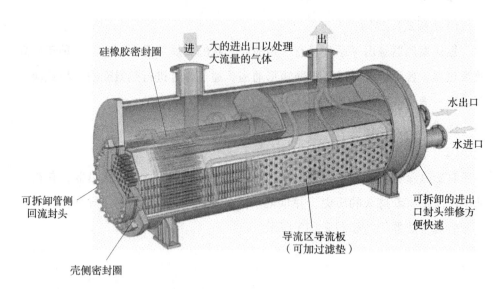

图 2 – 13 管式换热器构造

3. 板式换热器与管式换热器比较

（1）传热系数高

由于不同的波纹板相互倒置，构成复杂流道，使流体在波纹板间流道内呈旋转三维流动，能在较低的雷诺数下产生紊流，所以传热系数高，一般认为是管壳式的 3 ~ 5 倍。

（2）对数平均温差大，末端温差小

在管式换热器中，两种流体分别在壳程和管程内流动，总体上是错流流动方式，对数平均温差修正系数小，而板式换热器多是并流或逆流流动方式，其修正系数通常在 0.95 左右。

此外，冷、热液体在板式换热器内的流动平行于换热、无旁流，因此使得板式换热器的末端温差小，水 – 水换热可低于 1℃，而管壳式换热器一般为 5℃。

（3）占地面积小

板式换热器结构紧凑，单位体积内的换热面积为壳管式的 2 ~ 5 倍，也不像壳管式那样要预留出管束的检修场地，因此实现同样的换热量，板式换热器占地面积约为壳管式换热器的 1/10 ~ 1/5。

（4）容易改变换热面积或流程组合

只要增加或减少几张板片，即可达到增加或减少换热面积的目的，改变板片排列或更换几张板片，即可实现所要求的流程组合，适应新的换热工况，而管壳式换热器的传热面积几乎不可能增减。

（5）重量轻

板式换热器的板片厚度仅为 0.4 ~ 0.8mm，管壳式换热器的换热管厚度为 2.0 ~ 2.5mm，壳管式的壳体比板式换热器的框架重得多，板式换热器一般只有壳管式重量的 1/5 左右。

（6）价格低

采用相同材料，在相同换热面积下，板式换热器价格比管壳式低 40% ~ 60%。

（7）容易清洗

板式换热器只要松动压紧螺挂，即可打开板束，卸下板片进行机械清洗，在需要经常清洗设备的场合使用十分方便。

（8）热损失小

板式换热器只有传热板的外壳板暴露在大气中，因此散热损失可以忽略不计，不需要保温措施，而管壳式换热器热损失大，必须保温。

4. 换热器设计

估算传热面积，并初选换热器型号，确定两流体在换热器中流动通道。设计步骤如下。

1）根据传热任务，计算传热量。

2）确定流体在换热器两端的温度，计算定性温度，并确定流体物性。

3）根据两流体的温度差，确定换热器的型式。

4）计算平均温度差，并根据温度差校正系数不小于 0.8 的原则，确定壳程数或调整加热介质或冷却介质的终温。

5）依据总传热系数的经验范围或生产实际情况，选取总传热系数。

6）由总传热速率方程估算传热面积，并确定换热器的基本尺寸或按系列标准选择设备规格。

换热器传热面积 F 计算：

$$F = \frac{Q}{KB\Delta t_{pj}} \tag{2-1}$$

式中，Q 为传热量，W；K 为传热系数，W/（m^2·℃）；B 为水垢系数，汽 - 水，$B = 0.85 \sim 0.9$，水 - 水，$B = 0.7 \sim 0.8$，Δt_{pj} 为对数平均温度差，℃。Δt_{pj} 为

$$\Delta t_{pj} = \frac{\Delta t_a - \Delta t_b}{\ln \dfrac{\Delta t_a}{\Delta t_b}} \tag{2-2}$$

一/二次网温度示意图如图 2 - 14 所示。

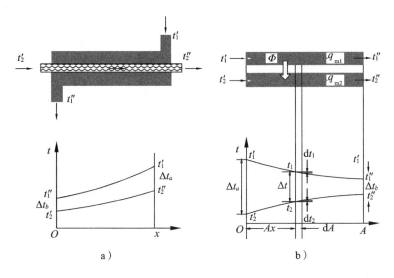

图 2 – 14　一/二次网温度示意图

5. 换热器的其他问题

1）选用换热面积时，应尽量使换热系数小的一侧得到大的流速，并且尽量使两流体换热面两侧的换热系数相等或相近，以提高传热系数。

2）含有泥沙、脏污的流体宜通入容易清洗或不易结垢的空间。

3）板式换热器二次网正常阻力范围为 $3 \sim 5mH_2O$，板式换热器一次网正常阻力范围为 $1 \sim 2mH_2O$。

4）国内品牌每平方米板式换热器能带外网面积 $500 \sim 700m^2$，国外品牌每平方米板式换热器能带外网面积 $800 \sim 1000m^2$。

5）换热器的总台数不应多于 4 台，全面使用的换热系统中，换热器的台数不应少于 2 台。

6）一台换热器停止工作时，运行的换热器的设计换热量应保证基本供热量的需求，寒冷地区不应低于设计供热量的 65%，严寒地区不应低于设计供热量的 70%。

2.4　水泵

水泵通常用于提升液体、输送液体或使液体增加压力，即把原动机的机械能变为液体能量从而达到抽送液体的目的。

网路循环水泵是驱动热水在热水供热系统中循环流动的机械设备。水泵各部件构成如图2-15所示，材料表见表2-1。

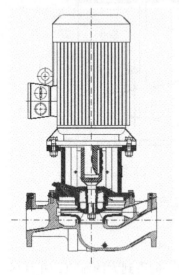

图2-15 水泵各部件构成

表2-1 材料表

序号	零件名称	材料
1	泵体	铸铁 HT200
2	叶轮	铸铁/不锈钢 HT200/ZG07Cr19Ni9
3	泵头	铸铁 HT200
4	机械密封	石墨/碳化硅
5	防护板	不锈钢 06Cr19Ni10
6	轴	不锈钢 20Cr13
7	放气组合件	不锈钢 06Cr19Ni10
8	O形圈	丁腈橡胶 NBR
9	螺堵	不锈钢 06Cr19Ni10

2.4.1 水泵分类

泵的种类繁多、结构各异，分类的方法也很多，常见的分类方法有以下几种。

（1）按泵工作原理分类

1）叶片泵。叶片泵将泵中叶轮高速旋转的机械能转化为液体的动能和压能。由于叶轮中有弯曲且扭曲的叶片，故称叶片泵。根据叶轮结构对液体作用力的不同，叶片泵可分为以下几种。

① 离心泵。靠叶轮旋转形成的惯性离心力而抽送液体的泵。

② 轴流泵。靠叶轮旋转产生的轴向推力而抽送液体的泵，属于低扬程、大流量泵型，一般的性能范围：扬程1～12m，流量0.3～65m³/s，比转数500～1600。

③ 混流泵。叶轮旋转既产生惯性离心力又产生轴向推力而抽送液体的泵。

2）容积泵。利用工作室容积周期性的变化来输送液体的泵，有活塞泵、柱塞泵、隔膜泵、齿轮泵、螺杆泵等。

3）其他类型泵。有射流泵、水锤泵、电磁泵等。

（2）离心泵按结构形式分类

1）按主轴方位分类

①卧式泵。主轴水平放置。

②斜式泵。主轴与水平面呈一定角度放置。

③立式泵。主轴垂直于水平面放置。

2）按叶轮的吸入方式分类

①单吸泵。液体从一侧流入叶轮，存在轴向力，单吸叶轮。

②双吸泵。液体从两侧流入叶轮，双吸叶轮。不存在轴向力，泵的流量几乎比单吸泵增加一倍。

3）按叶轮级数分类

①单级泵。泵轴只装一个叶轮。

②多级泵。同一泵轴上装有两个或两个以上叶轮，液体依次流过每级叶轮，级数越多，扬程越高。

2.4.2　铭牌参数

水泵的铭牌如图 2－16 所示。

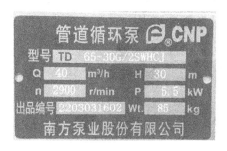

图 2－16　水泵的铭牌

水泵性能参数见表 2－2。

表 2-2　水泵性能参数

型号	配用电机/kW	Q /(m³/h)	90	120	150	180	210	240	270	300	330	360
TD200-16/4	18.5		22.6	22.4	22.2	21.7	20.7	19.4	18.1	16.0	14.0	11.5
TD200-19/4	22.0		24.4	24.3	24.2	23.7	23.0	22.0	20.9	19.0	17.6	15.0
TD200-24/4	30.0		26.1	26.0	25.8	25.7	25.4	25.1	24.6	24.0	23.1	21.5
TD200-31/4	37.0	H/m	35.4	35.3	35.0	34.5	33.9	33.2	32.2	31.0	29.3	27.6
TD200-36/4	45.0		39.6	39.4	39.1	38.8	38.5	37.9	37.0	36.0	34.7	33.0
TD200-47/4	55.0		50.6	50.5	50.2	49.8	49.5	48.9	48.0	47.0	44.9	42.4
TD200-53/4	75.0		55.7	55.7	55.7	55.5	55.3	54.8	54.0	53.0	51.6	50.0

水泵的主要性能参数有以下几项。

1）扬程。指单位重量液体经过泵后所获得的机械能，单位为 kPa、mbar、mH$_2$O 等。

2）流量。在单位时间内通过泵体的流体体积或质量，单位为 m³/h、l/s、kg/h 等。

3）轴功率。由电动机或传动装置传到泵轴上的功率，单位为 kW。

4）效率。泵的输出功率（有效功率）与输入功率（轴功率）之比。

5）泵的必需气蚀余量。泵在工作时液体在叶轮的进口处因一定真空压力会产生气体，汽化的气泡在液体质点的撞击运动下，对叶轮等金属表面产生剥蚀，从而破坏叶轮等金属，此时真空压力叫汽化压力。汽蚀余量是指液体从泵吸入口至压力最低点的压力降。泵的必需气蚀余量用 NPSH 表示，单位为 kPa。

6）水泵特性曲线。泵在一定的转速下，流量与其他基本性能曲线参数之间的关系。

水泵参数曲线如图 2-17 所示。

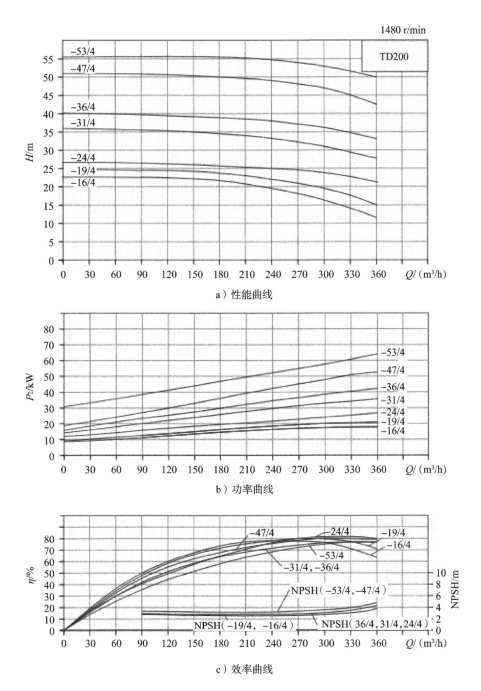

a) 性能曲线

b) 功率曲线

c) 效率曲线

图 2-17 水泵参数曲线

2.4.3 运行

1. 水泵的选型与水泵工作点

水泵参数选型是水泵厂家提供的，用于给出不同型号水泵所适用的工作范围，通过参数选型可以确定所选择的水泵型号。

当水泵安装在系统上之后，系统的阻力 S 与系统流量 Q 决定了水泵在其特性曲线上的哪一点工作。系统的压力降 ΔP 与阻力 S、流量 Q 之间的关系如图 2-18 所示。

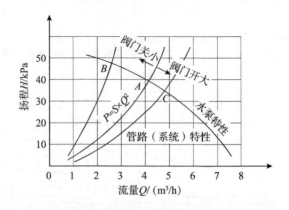

图 2-18 系统的压力降 ΔP 与阻力 S、流量 Q 之间的关系

如果系统阻力 S 发生变化，泵的特性不会变化，但泵的工作点将发生变化。如图 2-18 所示，当调节阀关小时，系统阻力将增加，水泵的工作点将从 A 移到 B。

2. 水泵运行工况的调节

系统在实际运行中，其流量往往是变化的。流量的变化必然会引起水泵工作点的变化。水泵串联增加扬程，流量不变。水泵并联增加流量，扬程不变。

水泵串联连接如图 2-19 所示，串联特性曲线如图 2-20 所示，并联连接如图 2-21 所示，并联特性曲线如图 2-22 所示。

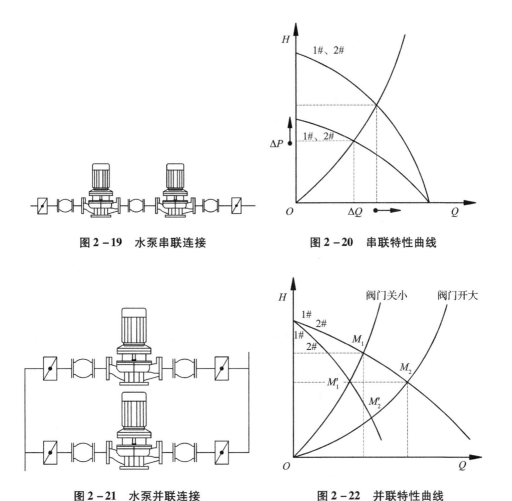

图 2-19　水泵串联连接　　　　图 2-20　串联特性曲线

图 2-21　水泵并联连接　　　　图 2-22　并联特性曲线

变速调节是一种相对节能的调节方式。当水泵转速从 n_1 变化到 n_2 时，相应的流量为 Q_1、Q_2，扬程 H_1、H_2 及功率 P_1、P_2 均发生变化，它们与转速的关系为

$$\frac{Q_2}{Q_1} = \frac{n_2}{n_1} \tag{2-3}$$

$$\frac{H_2}{H_1} = \left(\frac{n_2}{n_1}\right)^2 \tag{2-4}$$

$$\frac{p_2}{p_1} = \left(\frac{n_2}{n_1}\right)^3 \tag{2-5}$$

2.4.4 水泵运行常见问题

1）水泵选大些，变频是否省电。

水泵不同频率的特性曲线如图 2-23 所示，水泵不同频率的效率曲线如图 2-24 所示，水泵不同频率的功率曲线如图 2-25 所示。

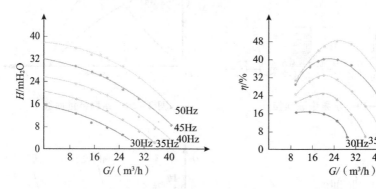

图 2-23 水泵不同频率的特性曲线　　图 2-24 水泵不同频率的效率曲线

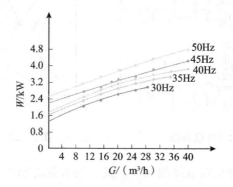

图 2-25 水泵不同频率的功率曲线

通过以上曲线变化可以看出，循环泵变频后随着频率的逐渐降低，会发生如下变化。

① 循环水泵的特性曲线向左下方偏移。

② 效率曲线的轴线向左偏移，效率逐渐快速降低，以 40Hz 变频运行效率比 50Hz 将降低 25% 左右，因此不建议循环泵频率在 40Hz 以下运行；变频越低，效率越低。

③ 功率曲线则随着流量的增加呈上升趋势，也就是耗电量逐渐升高，即在外网阻力较小且没有控制手段的情况下，会出现超流的现象。

2）两台循环泵并联运行，总流量小于单台泵运行的两倍，是否可以说两台泵运行效率低。

尽量不要采取两台泵并联运行。水泵并联特性曲线如图 2 - 26 所示，水泵并联效率曲线如图 2 - 27 所示。

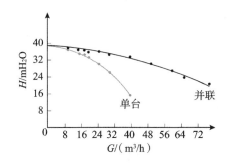 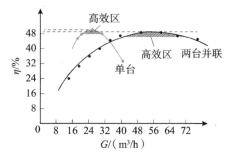

图 2 - 26　水泵并联特性曲线　　　图 2 - 27　水泵并联效率曲线

通过数据及特性曲线可以看出，两台同规格的循环泵并联运行时，在同一扬程下流量叠加，并联后循环泵的效率发生变化，两台泵并联后的高效点稍有降低（2% 左右），但高效区与单台循环泵相比要宽很多（2 倍以上），因此说，在要求同样出力的情况下，两台循环泵并联运行未必比单台循环泵效率低，并很容易在高效区工作。

两台同规格的循环水泵并联运行时，其特性曲线以每个扬程相对应单台水泵流量的两倍（$2G_{B'} = G_B$）为工作点组成。在实际运行时水泵工作点只针对某一特定热网，单台水泵在此管网运行时其工作点在 A 点；当两台泵运行时流量增加（$G_B > G_A$），扬程增加（$H_B > H_A$），造成了水泵工作点的左移，每台水泵工作点在 B' 点（$G_{B'} < G_A$），单台泵的扬程提高、流量降低了。因此两台泵运行的流量小于单台泵运行流量的 2 倍，而非效率所致。各运行状态点如图 2 - 28 所示。

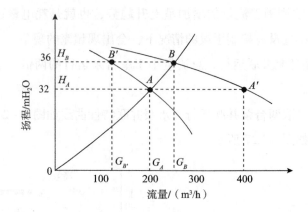

图 2-28　各运行状态点

3) 一台工频泵和一台变频泵并联运行, 是否工频泵出力差多少, 由变频泵就补多少。

随着变频泵频率的降低, 工频泵的出力越来越大, 电流越来越高, 甚至严重超过额定电流, 时间长了有烧泵的危险。变频泵频率 45Hz 以下时, 不但没出力, 反而成了工频泵的旁通 (变频泵未装止回阀时), 也就是说一台工频泵与一台变频泵 (两台泵参数不同) 并联运行是不可取的, 彼此之间会相互影响。

实验数据见表 2-3。

表 2-3　实验数据

总流量 /(m³/h)	1#水泵工频运行				2#水泵变频运行				
	水泵出口压力 /MPa	水泵进口压力 /MPa	扬程/m	电流/A	水泵出口压力 /MPa	水泵进口压力 /MPa	扬程/m	电流/A	变频数 /Hz
27.0	0.59	0.26	33.0	6.5	0.59	0.26	33.0	6.1	50
25.0	0.56	0.27	29.3	7.5	0.56	0.27	29.2	4.3	45
22.5	0.51	0.27	24.5	8.2	0.51	0.28	23.0	3.2	40
20.5	0.49	0.28	21.0	8.5	0.48	0.29	19.0	3.3	35
19.0	0.47	0.29	18.0	8.8	0.47	0.30	16.5	4.0	30
18.0	0.46	0.29	17.0	9.0	0.46	0.31	15.0	5.0	25
17.0	0.45	0.30	15.0	9.1	0.45	0.30	15.0	5.6	20

4) 是否泵的进、出口径是多大, 就选多大的管去连接。

循环泵在安装时, 泵出口需要扩径, 尽量不装止回阀。

通过实验数据可以看出，1#泵出口压力与压力表 A 的差值随着流量的增大而逐渐变大，额定流量时达到 3m，而 2#泵出口压力与压力表 A 的差值几乎为 0，最大仅 0.5m，因此，循环泵在安装时，泵出口需要扩径，尽量不装止回阀。

实验数据见表 2-4。

表 2-4　实验数据

	1#水泵				2#水泵			
管网流量/ (m³/h)	水泵出口压力/ MPa	A 表压力/ MPa	1#泵出表与 A 表压差/ mH₂O	电流/A	水泵出口压力/ MPa	A 表压力/ MPa	2#泵出表与 A 表压差/ mH₂O	电流/A
10.0	0.482	0.478	0.4	6.5	0.490	0.490	0	6.0
15.0	0.468	0.462	0.6	6.3	0.490	0.485	0.5	6.8
20.0	0.460	0.440	2.0	7.0	0.475	0.475	0	7.0
25.0	0.448	0.418	3.0	7.5	0.450	0.448	0.2	8.0
30.0	0.425	0.390	3.5	8.0	0.440	0.440	0	8.2
35.0	0.400	0.358	4.2	8.6	0.430	0.430	0	8.7

注：1#水泵出口装有止回阀、未变径；2#水泵出口变径但未安装止回阀。

2.4.5　总结

1）水泵变频应不小于 40Hz，否则高效点降低 25% 以上。

2）两台水泵并联，比单台泵的运行有一定的优势，且效率并不太低，排斥双泵运行是片面的，泵的运行效率的高低与并联和并联几台没有绝对关系，关键看每台并联泵是不是均在高效区运行。

3）工频泵和变频泵并联运行是不妥当的，工频泵容易烧电机，变频泵容易当旁通；最好每台泵均加变频。

4）依据规划面积选泵时，宜按全负荷和 75% 左右负荷选两台泵，根据不同负荷运行不同的泵，利于运行和节电。

5）水泵进、出口要扩管变径，出口管尽量不装止回阀，这样可节电 10% 以上。

6）多台水泵运行时，负荷设计情况见表 2-5。

表 2 – 5　多台水泵运行时，负荷设计情况

热网规模	热网循环水泵组合	流量/%	扬程/%	耗电量比/%
中小型热水网（循环水量小于200t/h）	一大泵	100	100	100
	一小泵	75	56	42
大型热水网	一大泵	100	100	100
	一中泵	80	64	51
	一小泵	60	36	22
	一大泵	100	100	100
	二小泵	2×60	2×36	2×22

2.5　阀门与设备

1. 闸阀

闸阀是启闭件（闸板）由阀杆带动、沿阀座（密封面）作直线升降运动的阀门。闸阀也叫闸板阀、闸门阀，是一种广泛使用的阀门。阀门结构如图 2 – 29 所示。

其优点：流体阻力小，全开时密封面不受冲蚀，可以在介质双向流动的情况下使用，没有方向性，结实耐用，不仅适合做小阀门，而且适合做大阀门。

其缺点：高度大，启闭时间长，笨重，修理难度大，如果是大口径闸阀，手动操作比较费力。

2. 截止阀

其工作原理与闸阀相近，只是关闭件（阀瓣）沿阀座中心线移动，依靠阀杠压力使阀瓣密封面与阀座密封面紧密贴合，阻止介质流通。它在管路中起关断作用，亦可粗略调节流量。阀门结构如图 2 – 30 所示。

其优点：制造容易，维修方便，结实耐用。

其缺点：截止阀只许介质单向流动，安装时有方向性。它的结构长度大于闸阀，同时流体阻力大，长期运行时，密封可靠性不强。

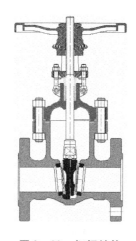
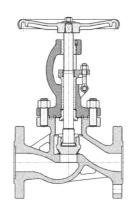

图 2 - 29　闸阀结构　　　　　图 2 - 30　截止阀结构

3. 球阀

球阀是启闭件（球体）由阀杆带动并绕阀杆的轴线作旋转运动的阀门。相比闸阀、截止阀，球阀是一种新型的、逐渐被广泛采用的阀门。阀门结构如图 2 - 31 所示。

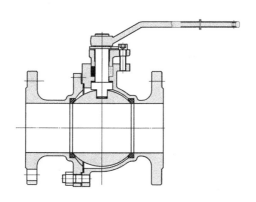

图 2 - 31　球阀结构

其优点：除具有闸阀、截止阀的优点外，还有体积小、密封好（零泄漏）、易操作的优点。

其缺点：维修困难。

4. 蝶阀

蝶阀为启闭件（蝶板）由阀杆带动并绕阀杆的轴线作旋转运动的阀

门。蝶阀也叫蝴蝶阀，顾名思义，它的关键性部件好似蝴蝶迎风，自由回旋。在供热系统中，蝶阀是目前使用最广泛、种类最多的一种阀门。阀门结构如图2-32所示。

其优点：结构简单，体积轻巧，操作方便，密封性好。

其缺点：全开时，阀板（密封圈）受介质冲蚀。

5. 调节阀

调节阀是启闭件（阀瓣）设定使用在全关闭与全开启任何位置，通过启闭件（阀瓣）改变通路截面积以调节流量、压力或温度的阀门，也叫节流阀，是供热系统二次网的常用阀门。阀门结构如图2-33所示。

其优点：具有相对于闸阀、截止阀较好的流量线性调节能力。

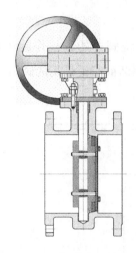 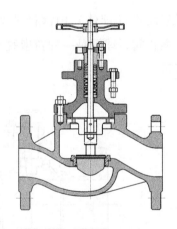

图2-32　蝶阀结构　　　　图2-33　调节阀结构

6. 平衡阀（静态）

平衡阀是改进型调节阀，有方向性，可以水平装，也可以垂直装，流道采用直流式，阀座改为聚四氟乙烯。其克服了流阻大的缺点，同时增加了两个优点：密封更合理、兼有截止功能。平衡阀结构如图2-34所示。

其优点：具有良好的流量调节特性，相对流量与

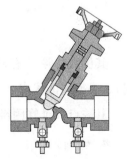

图2-34　平衡阀结构

相对开度呈线性关系；有精确的阀门开度指示，最小读数为阀门全开度的 1%；有可靠的开度锁定记忆装置，阀门开度变动后可恢复至原锁定位置；有截止功能，安装了平衡阀就不必再安装截止阀。

其缺点：调节比较烦琐，需配置智能仪表。由于调节时有相互耦合现象，很难在大网调节平衡。

7. 流量阀（动态）

流量阀是无需系统外部动力驱动，依靠自身的机械结构，在工作压差范围内保持流量稳定的控制阀。按需求设定其流量，并将通过阀门的流量保持恒定，可有效地解决管网的水力失调问题。阀门结构如图 2-35 所示，性能曲线如图 2-36 所示。

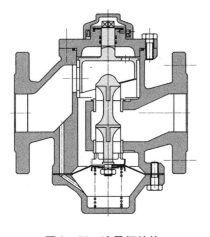 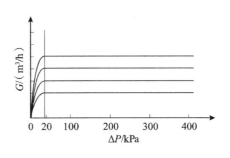

图 2-35　流量阀结构　　　　图 2-36　流量控制阀性能曲线

8. 止回阀

止回阀是启闭件（阀瓣）借助介质作用力、自动阻止介质逆流的阀门，也叫逆止阀、单向阀、单流门，是一种常用的起辅助作用的阀门。止回阀结构如图 2-37 所示。

9. 恒温控制阀

恒温控制阀用于供暖系统中散热器的流量调节。调节温度范围 8~28℃，最大工作压力为 1MPa，最大压差为 0.1MPa。可通过恒温控制阀的流量和压差选择恒温控制阀规格，一般可按接管公称直径直接选择恒温控制阀口径。恒温控制阀结构如图 2 - 38 所示。

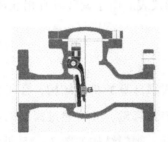
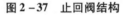
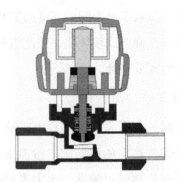

图 2 - 37　止回阀结构　　　　图 2 - 38　恒温控制阀结构

10. 安全阀

应由工作压力决定安全阀的公称压力，由工作温度决定安全阀的使用温度，并选择适应的弹簧，最后根据安全阀的排放量计算出安全阀的喉部喷嘴截面积或喉部直径，进而选取安全阀的公称通径、型号及个数，还应注意根据介质种类决定安全阀的材质和结构形式。安全阀结构如图 2 - 39 所示。

安全阀喉部面积为

$$A = \frac{G}{102.1\sqrt{P}} \qquad (2-6)$$

式中，A 为安全阀喉部面积，cm^2；G 为安全阀额定排放量，kg/h；P 为安全阀的排放压力，MPa。

11. 减压阀

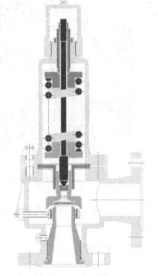

图 2 - 39　安全阀结构

减压阀的型号与规格应根据压差、流量、介质特性等因素计算确定，不应直接按上游或下游管道的管径确定。减压阀结构如图 2 - 40 所示。

减压阀有以下几种。

1）波纹管式减压阀（直接作用式）带有平膜片或波纹管，具有独立结构，无需在下游安装外部传感线。其调节范围大，用于工作温度≤200℃的蒸汽管路上，特别适用于减压为低压蒸汽的供暖系统，是三种蒸汽减压阀中体积最小、使用最经济的一种。

2）活塞式减压阀工作可靠，维修量小，减压范围较大，在相同的管径下容量和精确度更高。与直接作用式减压阀相同的是无需外部安装传感线，适用于温度、压力较高的蒸汽管路上。

3）薄膜式减压阀在相同的管径下，其容量比内导式活塞减压阀大。另外，由于带下游传感线，膜片对压力变化更为敏感。

减压阀使用时需注意的问题。

1）一般宜选用活塞式减压阀，活塞式减压阀减压后的压力不应小于 0.1MPa，如需减至 0.07MPa 以下，应再设波纹式减压阀或用截止阀进行二次减压。

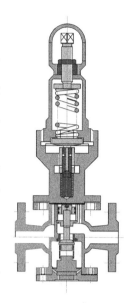

图 2 - 40　减压阀结构

2）减压阀前后压差 ΔP 的选择范围应为：活塞式减压阀应大于 0.15MPa；波纹管式减压阀为 $0.05MPa < \Delta P < 0.6MPa$。

3）减压阀有方向性，安装时应注意不应将方向装反，并应使其垂直地安装在水平管道上，对于带有均压管的减压阀，均压管应连接在低压管道一侧。旁通管是安装减压阀的一个组成部分，当减压阀发生故障需要检修时，可关闭减压阀两侧的截止阀，暂时通过旁通管进行运行。

12. 除污器

除污器防止管道介质中的杂质进入传动设备或精密部位，使生产运行发生故障或影响产品的质量。除污器安装在用户入口供水总管上，以及热源（冷源）、用热（冷）设备、水泵、调节阀入口处。

其结构形式有 Y 形除污器（如图 2 - 41 所示）、锥形除污器、直角式除污器和高压除污器，其主要材质有碳钢、不锈耐酸钢、锰钒钢、铸铁和可锻铸铁等。内部的过滤网有铜网和不锈耐酸钢丝网。

除污器的安装位置有以下几种：①供暖系统入口，装在调压装置之前；②锅炉房循环水泵吸入口；③各种换热设备之前；④各种小口径调压装置。

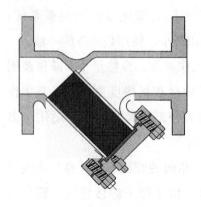

图 2 −41　Y 形除污器

13. 膨胀水箱

供热系统中，一般应设置膨胀水箱来收贮受热后膨胀的水量，同时解决系统定压和补水问题。在多个供暖建筑物的同一供热系统中仅能设置一个膨胀水箱。

（1）膨胀水箱水容积计算

70 ~ 95℃供暖系统：$V = 0.03066V_c$；

60 ~ 85℃供暖系统：$V = 0.02422V_c$；

70 ~ 110℃供暖系统：$V = 0.038V_c$；

70 ~ 130℃供暖系统：$V = 0.043V_c$。

（2）膨胀水箱的分类

膨胀水箱分为开式高位膨胀水箱和闭式低位膨胀水箱两种。

1）开式高位膨胀水箱。开式膨胀水箱结构简单，有空气进入供暖系统会腐蚀管道和散热器。它适用于中小型低温热水供暖系统。

2）闭式高位膨胀水箱。当建筑物顶部安装高度有困难时，可采用闭式低位膨胀水箱气压罐方式（原理如图 2 −42 所示），采用该方式能解决系统中水的膨胀问题，而且可与锅炉自动补水和系统稳压相结合。

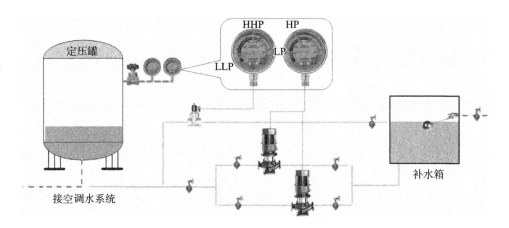

图 2 – 42　闭式低位膨胀水箱气压罐原理

14. 集气罐

集气罐用于热水供暖系统中的空气排除。集气罐一般应设于系统的末端最高处，并使干管反坡设置，水流与空气泡浮生方向一致，有利于排气（结构如图 2 – 43 所示）。供暖水系统中已普遍采用自动排气阀取代集气罐。自动排气阀宜选用黄铜材质，工作压力 1.0 ~ 1.6MPa。选用规格：DN20 管道，排气阀使用 DN15；DN25 ~ DN100 管道，排气阀使用 DN20；DN125 管道，排气阀使用 DN25；大于或等于 DN150 管道，排气阀使用 DN32。自动排气阀必须垂直安装，即必须保证其内部的浮筒处于垂直状态，以免影响排气；排气口有顶排和侧排两种；排气阀与管道上宜设置隔断阀，以保证当需要拆下自动排气阀检修时水系统的密闭。

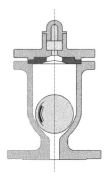

图 2 – 43　集气罐结构

2.6 管道与保温

2.6.1 常见管材

1. 钢管

钢管通常分为无缝钢管、有缝钢管、铸铁管。

（1）无缝钢管

无缝钢管采用碳素钢或合金钢制造，一般以 10 号、20 号、35 号及 45 号低碳钢用热扎后冷拔两种方法生产。无缝钢管的标称以外径及壁厚表示，如 DN133×4 表示外径 133mm、壁厚 4mm。无缝钢管管壁较薄，一般不采用螺纹连接，而采用焊接。

（2）焊接钢管

焊接钢管常称为有缝钢管，材质采用易焊接的碳素钢，根据生产方法的不同分为对焊、叠边焊和螺旋焊。

（3）铸铁管

铸铁管采用铸造生铁（灰口铸铁）以离心浇铸或砂型法铸造而成。由于铸铁管焊接、套丝、煨弯等加工困难，因此它采用承插口及法兰连接两种形式。

城镇供热管网管道应采用无缝钢管、电弧焊或高频焊焊接钢管，具体选型见表 2-6。

表 2-6 城市供热管网管道选型

钢号	设计参数		钢板厚度/mm
	P/MPa	t/℃	
Q235AF	≤1.0	≤95	≤8
Q235A	≤1.6	≤150	≤16
Q235B	≤2.5	≤300	≤20
10，20，低合金钢	可适用于规范适用范围的全部参数		不限

凝结水管道宜采用具有防腐内衬、内防腐涂层的钢管或非金属管道；管径

DN≤40mm 时，应使用焊接钢管；管径 DN50～DN200mm 时，应使用焊接钢管或无缝钢管；管径 DN≥200mm 时，应使用螺旋缝焊接钢管或无缝钢管。

2. 常见室内用管材

常见室内用管材包括交联铝塑复合（XPAP）管、聚丁烯（PB）管、交联聚乙烯（PE－X）管、无规共聚聚丙烯（PP－R）管。

2.6.2　供暖管道的保温

保温材料有以下几种。

1）泡沫混凝土（泡沫水泥）。由普通水泥加入松香泡沫剂制成，多孔，轻。

2）膨胀珍珠岩及其制品。珍珠岩是火山喷出的玻璃质熔岩，透明，呈圆形，似珍珠，故得名。将其粉碎，在高温下焙烧，呈圆形粉末状，很轻，一般以水泥粘合成瓦状。

3）矿渣棉。由矿渣制成，灰色，呈短纤维状，很轻，刺人。

4）玻璃棉。将玻璃在高温下熔化，再以高压蒸汽喷射抽丝而成，呈纤维状，很轻，刺人。

5）岩棉。岩棉由岩石在高温下焙烧制成。呈纤维状，很轻。

6）橡塑。橡塑保温密度小，导热系数小，施工方便，不耐高温，一般适用于65℃以下的低温管道保温。材料为难燃物。

供暖管道和设备有下列情况之一时，应进行保温。

1）管道内输送的热媒必须保证一定的参数。

2）敷设在地沟、技术夹层、闷顶及管道井内或有可能冻结的地方。

3）管道通过的房间或地点要求保温。

4）热媒温度高于80℃的管道、设备安装在有人停留的地方。

5）敷设在非供暖房间内的设备和管道。

6）安装管道、设备散热造成房间温度过高的情况。

7）管道无益热损失较大的情况。

8）保温层厚度按照经济保温厚度计算。

9）蒸汽管道保温层厚度计算按照最不利工况进行。

10）当采用复合保温层时，耐高温应为内层保温，内层保温的外表面温度应小于或等于外层保温的允许使用温度的 0.9 倍。

11）直埋敷设热水管道采用钢管、保温层、外护管紧密结合一体的预制管。

12）管道采用硬质保温材料保温时，直管段每隔 10 ~ 20m 或在弯头处预留伸缩缝，缝内填充柔性保温材料，外防水层采用搭接。

2.6.3 供暖管道的防腐

供暖管道防腐措施如下。

1）地上敷设或管沟敷设的热水管道、季节性运行的蒸汽管道应刷涂耐热、耐湿、防腐性能良好的材料。

2）常年运行的蒸汽管道可不刷涂防腐涂料，常年室外运行的蒸汽管道可刷涂常温耐腐蚀的防腐涂料。

3）架空敷设管道采用镀锌钢板、铝合金板、塑料外护作保护层。

4）明装非保温管道：在正常相对湿度、无腐蚀性气体的房间内，管道表面刷一遍防锈漆及两遍银粉或两遍快干瓷漆；在相对湿度较大或有腐蚀性气体的房间，管道表面刷一遍耐酸漆及两遍快干瓷漆。

5）暗装非保温管道表面刷两遍红丹防锈漆。

6）保温管道的表面刷两遍红丹防锈漆。

2.6.4 管道连接

（1）焊接钢管的连接

管道公称管径小于或等于 DN32 时应采用螺纹连接；管道公称管径大于 DN32 时采用焊接。

（2）镀锌钢管的连接

公称管径小于或等于 DN100 的镀锌钢管应采用螺纹连接，套丝扣时破坏的镀锌层表面及外露螺纹部分应做防腐处理；公称管径大于 DN100 的镀锌钢管应采用法兰或卡套式专用管件连接，镀锌钢管与法兰的焊接处应二次镀锌。

2.7 水处理设备

2.7.1 脉冲磁场水处理器

脉冲磁场水处理器的原理是依靠电磁场力，阻止钙离子与碳酸根离子结合，使颗粒晶体处于极其微小的状态。其原理如图 2-44 所示。

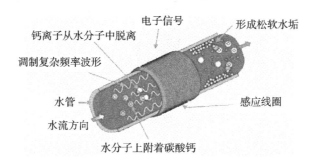

图 2-44 脉冲磁场水处理器原理

2.7.2 化学助剂

化学助剂的原理是：助剂与水中的二价金属离子、二价钙镁离子形成溶于水的螯合物，从而阻止其参加上述氧化还原反应和水垢的形成。其反应原理如图 2-45 所示。

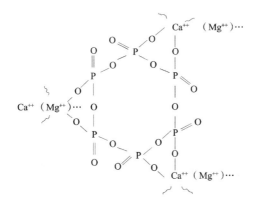

图 2-45 化学助剂反应原理

2.7.3 螺旋除污器

螺旋除污器的原理是：系统运行中，随时将极其微小的颗粒杂质排除系统。其结构如图2-46所示。

图2-46 螺旋除污器结构

2.7.4 真空脱气脱氧机

真空脱气脱氧机的原理是：利用真空脱气原理，将循环水里的游离气体和溶解性气体在线排出系统，解决因为气阻而引起的暖气不热问题。其工作流程如图2-47所示。

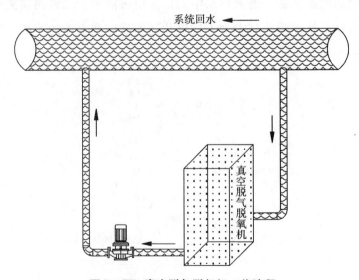

图2-47 真空脱气脱氧机工作流程

2.8 末端系统

2.8.1 散热器系统

散热器是用来传导、释放热量的一系列装置的统称。散热器的特点包括：①金属热强度大，外形美观；②实现对流、辐射两种散热方式，较接近最佳供热方式；③供回水温差大，房间升温较快；④工程造价较便宜；⑤需要占据一定空间位置；⑥热惰性较小；⑦开式系统容易腐蚀。

（1）不同材质散热器的特点

1）铸铁散热器。耐腐蚀性能强，热惰性大，室内温度稳定。铸铁材料导热性能较差，铸铁散热器较重。在开式系统中宜选用铸铁散热器。

2）钢制散热器。目前钢制散热器主要有板式和柱式两种。钢材的韧性较好，便于机械加工成各种具有装饰性的散热器；承压能力较强；导热性能优于铸铁。钢材比铸铁的热惰性小，更便于调节。

3）铝制散热器。导热、耐腐蚀及机加工性能好，重量轻，但价格较高。

4）铜铝复合散热器。将散热器中通风部件与散热部件分别处理可充分发挥铜材耐蚀特长及铝材重量轻、导热好、易成型的特点。不同材质散热器如图 2－48 所示。

图 2－48 不同材质的散热器

（2）散热器的选型原则

对于散热器的选型，首先应根据房间的采暖计算热负荷与散热器的散热量相等的原则，同时考虑居室热舒适性、房间的美观协调来确定散热器的型号及尺寸。然后，通过计算房间所需要的热负荷，正确选择散热器的功率。在选择散热器类型时还应考虑安装位置。散热器的最佳安装位置为窗下或冷墙。在注重散热器装饰性的同时，也要保证散热功能，过细或过度弯曲的管道也会影响散热功能。

（3）散热器的设计

散热器散热片数 n 计算公式为

$$n = \frac{Q_j}{Q_s}\beta_1\beta_2\beta_3\beta_4 \tag{2-7}$$

式中，Q_j 为房间的供暖热负荷，W；Q_s 为散热器的单位散热量，W/片或 W/m；β_1 为组装片数修正系数或长度修正系数（见表 2-7）；β_2 为散热器支管连接方式修正系数（见表 2-8）；β_3 为散热器安装形式修正系数（见表 2-9）；β_4 为进入散热器流量修正系数（见表 2-10）。

散热器的散热量与表 2-7、表 2-8、表 2-9、表 2-10 中的因素有关。

表 2-7 散热器组装片数热量的修正系数 β_1

每组片数	<6	6~10	11~20	21~25
β_1	0.95	1.00	1.05	1.10

表 2-8 散热器连接形式修正系数 β_2

连接形式	同侧 下进上出	同侧 上进下出	异侧 上进下出	异侧 下进上出	异侧 下进下出
β_2	1.20	1.00	1.00	1.10	1.15

表 2-9 散热器安装形势修正系数 β_3

安装形式	β_3
装在墙的凹槽内（半暗装）散热器上部距墙距离为 100mm	1.06
明装但散热器上部灯窗台板覆盖，散热器距窗台板高度为 150mm	1.02
装在罩内，上部敞开，下部距地 150mm	0.95
装在罩内，上部、下部开口，开口高度均为 150mm	1.04

表 2 – 10　散热器进水流量的修正系数

相对流量 = $\dfrac{\text{每平方米散热面积的计算流量}}{\text{测定 KS 值时每平方米散热面积的标准流量}}$		0.5	1.0	3.0	5.0	7.0
水流途径	同侧上进下出	1.10	1.00	0.92	0.95	0.94
	同侧下进上出	1.10	1.00	0.92	0.88	0.86
	异侧下进上出	1.10	1.00	0.90	0.85	0.82
	下进下出	1.10	1.00	0.90	0.85	0.82

注：1. 明装散热器 $\beta_1 = 1.0$。

　　2. 散热器热媒为热水时的选用表只做了不同片数的修正。

（4）散热器布置。

散热器布置应符合下列规定。

1）散热器宜安装在外墙窗台下，当安装有困难时（如有玻璃幕墙、落地窗等），也可安装在内墙，但应尽可能靠近外窗位置。

2）散热器宜明装。暗装时装饰罩应有合理的气流通道、足够的通道面积，并方便维修。

3）幼儿园和有特殊功能要求的建筑的散热器必须暗装或加防护罩。

4）片式组对柱型散热器每组散热器片数不宜过多。铸铁柱型散热器每组片数不宜超过 25 片，组装长度不宜超过 1500mm。当散热器片数过多、可分组串接时，供回水管支管宜异侧连接。粗柱型（包括柱翼型）一组不超过 20 片；细柱型一组不超过 25 片；长翼型一组不超过 7 片。

5）垂直单、双管供暖系统，同一房间的两组散热器可串联连接；贮藏室、盥洗室、厕所和厨房等辅助用室及走廊的散热器亦可同邻室串联连接。热水供暖系统两组散热器串联时，可采用同侧连接，但上、下串联管道直径应与散热器接口直径相同。

6）有冻结危险的楼梯间或其他有冻结危险的场所，应由单独的立、支管供暖。散热器前后不应设置阀门。

7）安装在装饰罩内的恒温控制阀必须采用外置传感器，传感器应设在能正确反映房间温度的位置。

8）在两道外门的外室及门斗中不应设置散热器，以防冻裂。

9）楼梯间或有回马廊的大厅应尽量将散热器分配在底层。多层住宅楼梯间一般可不设置散热器。

10）进深较大的房间内侧分别设置散热器。

11）汽车库散热器宜高位安装。散热器落地安装时宜设置防冻设施。

2.8.2 地板辐射采暖系统

地板辐射采暖是以温度不高于60℃的热水作为热源，热水在埋置于地板下的盘管系统内循环流动，加热整个地板，通过地面均匀地向室内辐射散热的一种供暖方式。

（1）地板辐射采暖系统的特点

1）地板辐射采暖，热量从房间下部向上部传递，改善了室内温度的分布梯度，使室内温度分布均匀，是一种既经济又舒适的采暖方式。

2）可以有效节省能量。人在采暖房间内感受的温度是室内温度和壁面温度综合作用的结果。在室温为18℃的地板采暖房间内人所感受到的舒适程度与在室温为20℃的散热器采暖房间相同。

3）增大了室内有效空间的利用。地板采暖没有散热器及连接管道，因此室内可以自由地装修墙面、地面、摆放家具。

4）供水温度一般为35～60℃，可有效利用低温水废热。

5）无腐蚀，不结垢，管材寿命长。

6）不可维修，一旦系统出现问题，将给用户带来很大的麻烦和损失。

7）占用空间高度，增加地面负载。

8）地板采暖系统投资较高。管道全部布置在地板下，所以对管道的材质和施工质量较高。

9）热惰性大，不适用于采用间歇室供暖的建筑（办公楼、商场、学校）。

（2）地板辐射采暖设计

地板辐射采暖设计的一般规定如下。

1）低温热水地面辐射供暖系统的供回水温度应由计算确定，供水温度不应大于60℃。民用建筑供水温度宜为35～45℃，供回水温差不宜大于10℃，且不宜小于5℃。

2）表面平均温度计算值应符合表 2－11 的规定。

表 2－11　辐射体表面平均温度

区域特征	适宜范围/℃	最高限值/℃
人员经常停留的地面	25～27	29
人员短期停留的地面	28～30	32
无人停留的地面	35～40	42
房间高度 2.5～3.0m 的顶棚	28～30	—
房间高度 3.1～4.0m 的顶棚	33～36	—
距地面 1m 以下的墙面	35	—
距地面 1m 以上 3.5m 以下的墙面	45	—

3）计算全面地面辐射供暖系统的热负荷时，室内计算温度的取值应比对流采暖系统的室内计算温度低 2℃，或取对流采暖系统计算总热负荷的 90%～95%。

4）局部辐射供暖系统在计算负荷时要进行相应的负荷附加，附加系数见表 2－12。

表 2－12　局部辐射供暖系统热负荷的附加系数

供暖区面积与房间总面积比值	0.55	0.40	0.25
附加系数	1.30	1.35	1.50

5）在住宅建筑中，低温热水地面辐射供暖系统应按户划分系统，配置分水器、集水器；户内的各主要房间宜分环路布置加热管。

6）连接在同一分水器、集水器上的同一管径的各环路，其加热管的长度宜接近，并不宜超过 120m，管道之间的距离应不大于 30cm。

7）加热管的布置宜采用回折型（旋转型）或平行型（直列型）。

8）加热管内水的流速不宜小于 0.25m/s。

9）地面的固定设备和卫生洁具下不应布置加热管。

（3）敷设形式与比较

敷设形式包括回字型、平行型和往复型。

回字型通常可以产生均匀的地面温度，并可通过调整管间距来满足局部区域的特殊要求。由于采用螺旋形布管时管路只弯曲了90°，材料所受弯曲应力较小。其布置如图2－49所示，温度分布如图2－50所示。

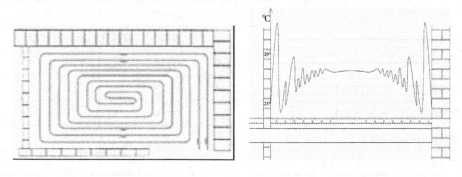

图2－49　回字型敷设布置图　　　　图2－50　回字型敷设温度分布

平行型通常产生的地面温度一端高一端低。另外，以这种方式布管时，管路要弯曲180°，材料所受弯曲应力较大，一般只在较小空间内采用。其布置如图2－51所示，温度分布如图2－52所示。

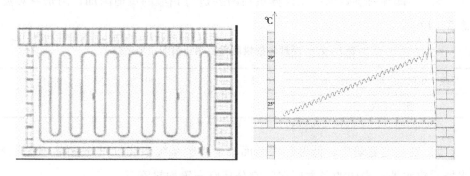

图2－51　平行型敷设布置图　　　　图2－52　平行型敷设温度分布

往复型通常产生的地面温度相对来说较均匀。这种方式布管时，管路要弯曲180°，材料所受弯曲应力较大，一般只在较小空间内采用。其布置如图2－53所示，温度分布如图2－54所示。

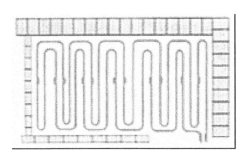

图 2-53　往复型敷设布置图

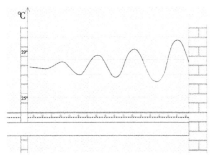

图 2-54　往复型敷设温度分布

2.8.3　风机盘管采暖系统

　　风机盘管主要依靠风机的强制作用，使空气通过加热器表面时被加热，因而强化了散热器与空气间的对流换热器，能够迅速加热房间的空气。但是，由于这种采暖方式只基于对流换热，致使室内达不到最佳的舒适水平，故只适用于人停留时间较短的场所，如办公室及宾馆，而不用于普通住宅。由于增加了风机，提高了造价和运行费用，设备的维护和管理也较为复杂。风机盘管工作流程如图 2-55 所示。

　　风机盘管分卧式（一般用于宾馆房间）和立式（一般用于办公楼），可明装或暗装。风机盘管结构如图 2-56 所示。

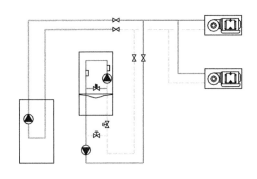

图 2-55　风机盘管工作流程

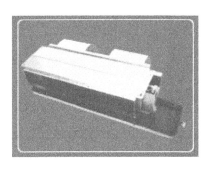

图 2-56　风机盘管结构

　　需注意的是，在同样的壁挂炉输出功率下，空调系统的循环水量要比散热器系统循环水量大。

　　风机盘管系统的特点如下。

1）热惰性小，房间升温速度最快。

2）不占用使用面积。

3）热舒适度最差。

4）对于房间高度有较高要求。

5）与燃气壁挂炉配套使用时，容易出现吹冷风情况。

6）不易维护，工程造价较高。

第3章　供热系统设计

3.1　气象与负荷

3.1.1　气象信息

我国热工气候分为 5 个气候区域，分别为严寒区、寒冷区、夏热冬冷区、夏热冬暖区和温和区。气候分区指标见表 3－1。

表 3－1　气候分区指标

分区指标与设计要求		分区名称				
		严寒区	寒冷区	夏热冬冷区	夏热冬暖区	温和区
分区指标	主要指标	最冷月平均温度不高于 －10℃	最冷月平均温度 －10～0℃	最冷月平均温度 0～10℃ 最热月平均温度 25～30℃	最冷月平均温度高于 10℃ 最热月平均温度 25～29℃	最冷月平均温度 0～13℃ 最热月平均温度 18～25℃
	辅助指标	日平均温度不高于 5℃的天数不少于 145d	日平均温度不高于 5℃的天数 90～145d	日平均温度不高于 5℃的天数 0～90d 日平均温度高于或等于 25℃的天数为 40～110d	日平均温度高于或等于 25℃的天数 100～200d	日平均温度不高于 5℃的天数为 0～90d

严寒区（A区）包括海伦、伊春、海拉尔、满洲里、齐齐哈尔、哈尔滨、牡丹江、克拉玛依、佳木斯等地。

严寒区（B区）包括长春、乌鲁木齐、延边、通辽、通化、四平、呼和浩特、抚顺、沈阳、大同、本溪、阜新、哈密、鞍山、伊宁、西宁等地。

寒冷区包括张家口、酒泉、银川、丹东、吐鲁番、兰州、太原、唐山、阿坝、喀什、北京、天津、大连、阳泉、平凉、石家庄、德州、晋城、天水、西安、宝鸡、拉萨、康定、济南、青岛、安阳、郑州、洛阳、徐州等地。

夏热冬冷区包括南京、盐城、南通、蚌埠、合肥、安庆、武汉、黄石、宜昌、岳阳、长沙、株洲、韶关、南昌、九江、桂林、安康、上海、杭州、宁波、重庆、涪陵、南充、宜宾、成都、绵阳、贵阳、遵义等地。

夏热冬暖区包括福州、厦门、泉州、莆田、龙岩、梅州、河池、柳州、贺州、广州、深圳、湛江、汕头、海口、南宁、北海、梧州等地。

其余地区为温和区，不采用取暖措施。

3.1.2 热负荷

供暖系统向建筑物供给的热量称为供暖系统的热负荷。热负荷是设计供暖系统的最基本数据。根据传热基本理论，要维持室内的一定的温度，就必须使房间的得热量与失热量达到平衡，供暖系统设计热负荷的计算方法就是根据热平衡原理确定的。

热负荷是确定用户热量的根本依据，也是影响热用户室温的根本原因，所以，了解热负荷的构成是研究供热基本问题的关键。热负荷组成如图 3-1 所示。

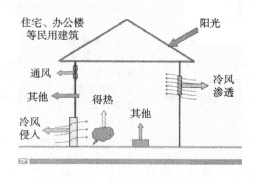

图 3-1 热负荷组成

1. 民用建筑热负荷的组成

民用建筑热负荷包括围护结构耗热量（基本耗热量、附加耗热量）、冷风渗透耗热量（窗）、冷风侵入耗热量（门）、通风耗热量、其他途径散失或获得的热量。

2. 室内供热系统热负荷

室内供热系统热负荷一般需进行精确计算。室内供暖热负荷为

$$Q = Q_1 + Q_2 + Q_3 \tag{3-1}$$

式中，Q 为室内供暖总热负荷，W；Q_1 为房间围护结构耗热量，W；Q_2 为房间通过门、窗缝的冷风渗透耗热量，W；Q_3 为外门开启冷风侵入耗热量，W。其中，Q_1 最主要，称为基本耗热量。

3. 集中供热系统热负荷

对于区域集中供热系统，由于常常缺少单体建筑有关资料，难以用上述方法详细计算各建筑物热负荷。在这种情况下，一般采用概算方法进行计算。

（1）用供暖建筑面积概算热指标

供暖热负荷是随室外温度变化而变化的季节性热负荷，概算热指标为

$$Q_n = q_n A \tag{3-2}$$

式中，Q_n 为供暖设计总热负荷，W；A 为供暖建筑物的建筑面积，m^2；q_n 为建筑面积概算热指标，W/m^2，指每平方米供暖建筑面积的热负荷。

房间基本耗热量的计算公式为

$$Q_n = KF(t_n' - t_w') \tag{3-3}$$

将式（3-2）与式（3-3）相比较，可有下列关系：

$$q_n = \frac{KF(t_n' - t_w')}{A} \tag{3-4}$$

建筑面积概算指标规定值见表 3-2。

表 3 - 2　不同建筑热指标

建筑物类型	采暖热指标/W	
	未采取节能措施	采取节能措施
住宅	58 ~ 64	40 ~ 45
居住区综合	60 ~ 67	45 ~ 55
学校、办公	60 ~ 80	50 ~ 70
医院、托幼	65 ~ 80	55 ~ 70
旅馆	60 ~ 70	50 ~ 60
商店	65 ~ 80	55 ~ 70
食堂、餐厅	115 ~ 140	100 ~ 130
影剧院、展览馆	95 ~ 115	80 ~ 105
大礼堂、体育馆	115 ~ 165	100 ~ 150

（2）供暖体积概算热指标

供暖热负荷也可按建筑体积大小进行概算：

$$Q_n = q_v V_w (t'_n - t'_w) \qquad (3-5)$$

式中，Q_n 为建筑物设计供暖热负荷，W；V_w 为建筑物的外围体积，m^3；q_v 为建筑物供暖体积概算热指标，$W/(m^3 \cdot {}^\circ\!C)$；它表示各类建筑物在室内外温差 $1{}^\circ\!C$ 时，每 $1m^3$ 建筑物外围体积的供暖热负荷。q_v 的影响因素为

$$q_v = \frac{KF}{V_w} \qquad (3-6)$$

式中，K、F 意义同前，表示围护结构的传热系数和传热面积。

由式（3-5）、式（3-6）知：①围护结构愈好，门窗比例愈小，墙愈厚，K 值愈小，q_v 愈小；②q_v 和建筑物外形有关，由几何学知，同面积同体积，正方形和正方体的周长和外表面积最小的原理，建筑物平面为正方形、立面为正方体时其 F/V_w 最小，即单位体积中的围护结构面积最小，此时 q_v 最小；③因 q_v 表示室内外单位温差的热负荷，理论上讲 q_v 与地区冷热无关，但寒冷地区墙厚，当给出 q_v 值的上下限时，应取偏小值。

4. 供暖季总供暖耗热量概算——度日法

以上介绍的是设计供暖热负荷，即每小时在供暖期间的最大热负荷。为了

进行能效分析，常常还需要知道整个供暖期的总耗热量。

南京大学大气科学系为此提出了度日法，以此进行供暖季总耗热量的概算就变得十分方便。计算公式为

$$Q = \frac{24 \times q_{e} D_{18} (t'_{n} - t'_{w})}{t'_{n} - t'_{w}} \tag{3-7}$$

式中，Q 为供暖季每 $1 m^2$ 供暖建筑面积总耗热量，kJ（kcal）；D_{18} 为各地区室内温度以 $18℃$ 为基准的度日数，$℃ \cdot d$；度日的定义是每日的室外平均温度与规定的室内基准温度（如 $18℃$）每日相差 $1℃$ 的数值。

5. 采暖年耗热量

采暖年耗热量 Q 为

$$Q = 0.0864 Q'_{n} \left(\frac{t_{n} - t_{p}}{t_{n} - t'_{w}} \right) N \tag{3-8}$$

式中，Q'_{n} 为供暖设计热负荷，kW；N 为供暖期天数，d；t'_{w} 为供暖室外计算温度，$℃$；t_{n} 为供暖室内计算温度，$℃$，一般取 $18℃$；t_{pj} 为供暖室外平均温度，$℃$；0.0864 为公式化简和单位换算后数值。

3.1.3 热负荷图

热负荷图用来表示整个热源或热用户系统热负荷随室外温度或时间变化。热负荷图形象地反映热负荷变化规律，对集中供热系统设计、技术经济分析和运行管理都很有用处。日热负荷与时间关系如图 3-2 所示，年热负荷如图 3-3 所示，热负荷随室外温度变化如图 3-4 所示，热负荷延续时间如图 3-5 所示。

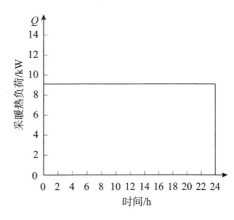

图 3-2 日热负荷与时间的关系

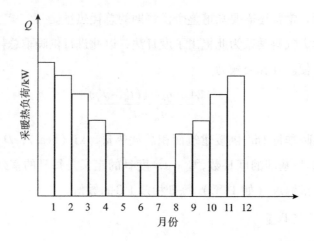

图3-3 年热负荷

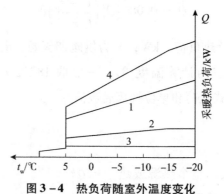

图3-4 热负荷随室外温度变化

1-供暖热负荷随室外温度变化曲线;2-冬季通风热负荷随室外温度变化曲线;
3-热水供应热负荷随室外温度变化曲线;4-总热负荷随室外温度变化曲线

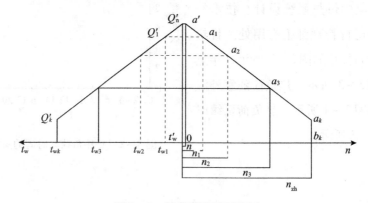

图3-5 热负荷延续时间图

在供暖热负荷延续时间图中，横坐标的左方为室外温度 t_w，纵坐标为供暖热负荷 Q'_n；横坐标的右方表示小时数。横坐标 n 代表供暖期中室外温度 $t_w \leqslant t'_w$（t'_w 为供暖室外计算温度）出现的总小时数；n_1 代表室外温度 $t_w \leqslant t_{w1}$ 出现的总小时数；n_2 代表室外温度 $t_w \leqslant t_{w2}$ 出现的总小时数；n_{zh} 代表整个供暖期的供暖总小时数。

3.2　水力计算

3.2.1　水力计算作用

水力计算的作用有以下几点。

1）绘制热网的水压图，确定供热系统最佳运行工况，分析供热系统正常运行的压力工况，确保热用户有足够的资用压头，系统不超压、不汽化、不倒空。

2）选择用户系统与供热管网的合理链接方式，选定用户入口装置。

3）确定供热系统的循环水泵。

4）确定定压方式、系统加压方式、节能措施，选定补水泵。

5）计算供热管网的建设投资、金属耗量和施工安装工程量。

3.2.2　方法和步骤

水力计算的步骤如下。

1）确定热水网路中各个管段的计算流量。管段的计算流量就是该管段所负担的各个用户的计算流量之和，以此可计算流量确定管段的管径和压力损失，计算流量为

$$G = \frac{Q'}{c(t'_1 - t'_2)} \times 3.6 \qquad (3-9)$$

2）确定热水网路的主干线及其沿程比摩阻。热水网路水力计算从主干线开始计算。网路中平均比摩阻最小的一条管线称为主干线。在一般情况下，热水网路各用户要求预留的作用压差是基本相等的，所以通常从热源到最远用户的管线是主干线。

主干线的平均比摩阻 R 值对确定整个管网的管径起着决定性作用。如选用比摩阻 R 值越大，需要的管径越小，因而降低了管网的基建投资和热损失，但网路循环水泵的基建投资及运行耗电量随之增大，这就需要确定一个经济的比摩阻，使得在规定的计算年限内总费用最小。影响经济比摩阻值的因素很多，理论上应根据工程具体条件，通过计算确定。

根据《城镇供热管网设计标准》（CJJ/T 34—2022），在一般的情况下，热水网路主干线的设计平均比摩阻可取 $30 \sim 70 \text{Pa/m}$ 进行计算。《城镇供热管网设计标准》（CJJ/T 34—2022）建议的数值主要是根据多年来采用直接连接的热水网路系统规定的。对于采用间接连接的热水网路系统，根据北欧国家的设计与运行经验，采用主干线的平均比摩阻值比上述规定的值高，有的达到 100Pa/m。间接连接的热网主干线的合理平均比摩阻值有待通过技术经济分析和运行经验进一步确定。

3）根据网路主干线各管段的计算流量和初步选用的平均比摩阻 R 值，利用附录的水力计算表，确定主干线各管段的标准管径和相应的实际比摩阻。

4）根据选用的标准管径和管段中局部阻力的形式，查附录，可确定各管段局部阻力的当量长度 l_d 的总和及管段的折算长度 l_{zh}。

5）根据管段的折算长度 l_{zh} 及由附录查到的比摩阻，利用公式，计算主干线各管段的总压降。

沿程阻力 ΔP_y 为

$$\Delta P_y = R_{sh}L \tag{3-10}$$

$$\Delta P_y = RL \tag{3-11}$$

局部阻力 ΔP_j 为

$$\Delta P_j = \sum \zeta \frac{\rho v^2}{2} P_a \tag{3-12}$$

$$\Delta P_j = RL_d \tag{3-13}$$

式中，ζ 为管道阻力系数，v 为流速。

总阻力损失 ΔP 为

$$\Delta P = \Delta P_y + \Delta P_j \tag{3-14}$$

$$\Delta P = R(L + L_d) = RL_{zh} \tag{3-15}$$

6）主干线水力计算完成后，便可进行热水网路支干线、支线等计算。计算时应按支干线、支线的资用压力确定其管径，但热水流速不应大于 3.5m/s，同时比摩阻不应大于 300Pa/m（见《城镇供热管网设计标准》（CJJ/T 34—2022）规定）。规范中采用了两个控制指标，实际上是对管径 DN≥400mm 的管道控制其流速不得超过 3.5m/s（尚未达到 300Pa/m），而对管径 DN＜400mm 的管道控制其比摩阻不得超过 300Pa/m（对 DN50 的管子，当 R = 300Pa/m 时，流速 v 约为 0.9m/s）。

为消除剩余压头，通常在用户引入口或热力站处安装调节阀门，包括手动调节阀、平衡阀、自力式压差控制阀、自力式流量控制阀等，用来消除剩余压头，以保证用户所需要的流量。

3.3　水压图

3.3.1　水压图的作用

水力计算只能确定各管段之间的压力损失（压差）值，但不能确定各管段上的压力（压头）值。水压图可以清晰地表示出热水管路中各点的压力。

3.3.2　绘制水压图的步骤

1）以网路循环水泵中心线的高度（或其他方便的高度）为基准面，在纵坐标上按一定的比例尺作出标高的刻度，沿基准面在横坐标上按一定的比例尺作出距离的刻度。

按照网路上的各点和各用户从热源出口起沿管路计算的距离，在 x 轴上相应点标出网路相对于基准面的标高和房屋高度。

2）选定静水压曲线的位置。静水压曲线是网路循环水泵停止工作时网路上各点的测压管水头的连接线，是一条水平的直线。静水压曲线的高度必须满足下列技术要求。

① 与热水网路直接连接的供暖用户系统内，底层散热器所承受的静水压力应不超过散热器的承压能力。

② 热水网路及与它直接连接的用户系统内，不会出现汽化或倒空（下限要求）。选定的静水压线位置靠系统所采用的定压方式来保证。目前在国内的热水供热系统中，最常用的定压方式是采用高位水箱或采用补给水泵定压。同时，定压点的位置通常置设在网路循环水泵的吸入端。

3）选定回水管的动水压曲线的位置。在网路循环水泵运转时，网路回水管各点的测压管水头的连接线称为回水管动水压曲线。在热水网路设计中，如预先分析在选用不同的主干线比摩阻情况下网路的压力状况时，可根据给定的比摩阻值和局部阻力所占的比例，确定一个平均比压降（每米管长的沿程损失和局部损失之和），即确定回水管动水压的坡度，初步绘制回水管动水压线。如已知热水网路水力计算结果，则可按各管段的实际压力损失确定回水管动水压线。

4）选定供水管动水压曲线的位置。在网路循环水泵运转时，网路供水管内各点的测压管水头连接线称为供水管动水压曲线。同理，供水管动水压曲线沿着水流方向逐渐下降，它在每米管长上降低的高度反映了供水管的比压降值。水压图如图 3-6 所示。

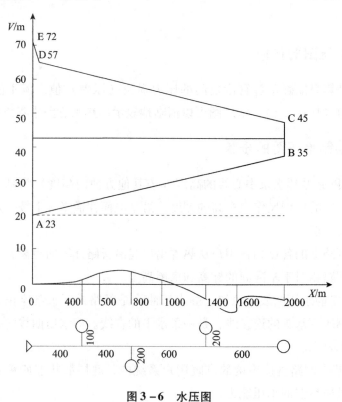

图 3-6 水压图

[例] 如图 3-7 热网，5 栋 6 层楼，每层 3m 高，每栋均为 5 万 m^2，系统阻力为 10m，间距均为 500m。试进行管径及设备选型并画出水压图（局部阻力按沿程阻力的 0.3 倍计算）。

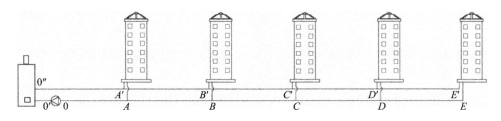

图 3 – 7　热网

水压图如图 3 – 8 所示。流量输配时受沿程阻力和局部阻力的影响，在供水管与回水管之间产生近端压差大、远端压差小的偏差，从而造成近端流量大、远端流量小的问题。不论我们设计得多么仔细和完善，都不能彻底解决这一平衡问题，真正的平衡只能靠设备控制来实现。

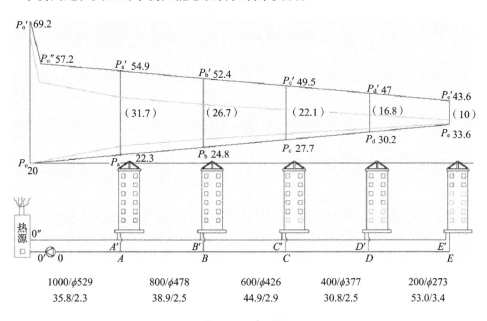

图 3 – 8　水压图

3.4　水力计算实例

某换热站西区供暖面积 16.9m²，供暖半径 600m，图纸有相应管径和长度，对其进行水力计算和设备选型。实际管线分布如图 3 – 9 所示。

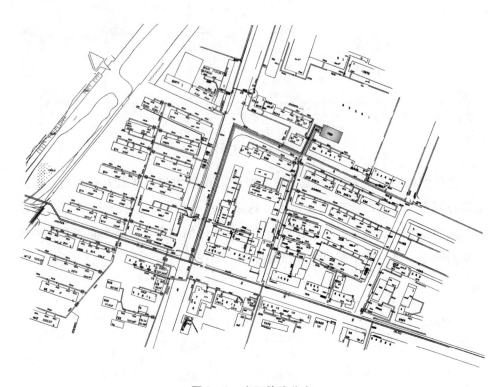

图 3 – 9 实际管线分布

水力计算表见表 3 – 3。

表 3 – 3 水力计算表

管段	面积/km²	流量/(t/h)	管径/mm	比摩阻/(Pa/m)	管长/m	管长合计/m	沿程阻力/m	阻力合计/m	回水阻力合计/m	供水阻力合计/m
L	—	—	—	—	0	0	—	—	20.0	35.0
L1	0	0	0	0	0	20.0	0	0	20.0	30.0
L2	169.03	676.12	400	56.13	52.2	72.2	0.29	0.29	20.4	29.6
L3	131.57	526.28	400	34.01	25.9	98.1	0.09	0.38	20.5	29.5
L4	103.37	413.48	400	20.99	189.3	287.4	0.40	0.78	21.0	29.0
L5	97.08	388.32	400	18.52	4.0	291.4	0.01	0.79	21.0	29.0
L6	89.13	356.52	400	15.61	46.0	337.4	0.07	0.86	21.1	28.9
L7	68.07	272.28	250	107.36	34.6	372.0	0.37	1.23	21.6	28.4

管段	面积 /km²	流量 /(t/h)	管径 /mm	比摩阻 /(Pa/m)	管长/m	管长 合计/m	沿程 阻力/m	阻力 合计/m	回水 阻力 合计/m	供水 阻力 合计 /m
L8	66.76	267.04	250	103.27	59.0	431.0	0.61	1.84	22.4	27.6
L9	23.96	95.84	200	42.92	30.0	461.0	0.13	1.97	22.6	27.5
L10	17.86	71.44	150	108.00	33.9	494.9	0.37	2.33	23.0	27.0
L11	12.98	51.92	150	57.04	33.8	528.7	0.19	2.53	23.3	26.7
L12	6.60	26.40	150	14.75	56.2	584.9	0.08	2.61	23.4	26.6
L13	3.60	14.40	100	36.87	23.5	608.4	0.09	2.70	23.5	26.5

从水力计算表可以看出，部分管段比摩阻在 100Pa/m 以上，管段偏细，注意失调性和管网调节。计算得水压图如图 3-10 所示。

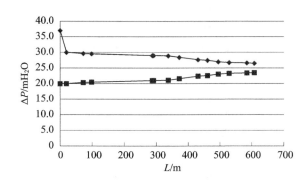

图 3-10　水压图

本供暖区域计算循环水泵流量为 $G = 676 \mathrm{m^3/h}$，计算扬程 $H = 15 \mathrm{mH_2O}$。然后根据水泵说明书选取相应循环水泵型号。本区域最高楼层为 6 层，补水泵扬程按照楼高留取富余量，流量可按照循环水量 3% ~ 5% 选取。补水泵计算流量 $G = 20.28 \mathrm{m^3/h}$，计算扬程 $H = 23 \mathrm{mH_2O}$。然后根据水泵说明书选取相应补水泵型号。

管径与供热面积选取见表 3-4。

表 3 – 4　管径与供热面积的关系表

外径×壁厚/mm	流量/(m³/h)	一次面积/万 m²	二次面积/万 m²
32 × 2.5	0.60	0.06	0.02
38 × 2.5	1.00	0.10	0.03
45 × 3.0	1.65	0.20	0.05
57 × 3.5	3.00	0.30	0.10
73 × 3.5	6.20	0.60	0.20
89 × 3.5	11.00	1.00	0.40
108 × 4.0	19.00	2.00	0.60
133 × 4.0	34.00	3.50	1.00
159 × 4.5	56.00	5.50	2.00
219 × 6.0	130.00	13.00	4.00
273 × 7.0	230.00	23.00	7.00
325 × 8.0	370.00	35.00	12.00
377 × 9.0	540.00	55.00	18.00
426 × 6.0	800.00	80.00	25.00
478 × 6.0	1080.00	110.00	35.00
529 × 7.0	1400.00	140.00	45.00
630 × 7.0	2250.00	225.00	75.00
720 × 8.0	3200.00	320.00	100.00
820 × 8.0	4500.00	450.00	150.00
920 × 8.0	6100.00	600.00	200.00
1020 × 8.0	8000.00	800.00	260.00
1220 × 9.0	12000.00	1200.00	400.00

　　注：表格中相应管径所带流量的大小根据经济比摩阻确定，具体数值还应与管长有关；所带面积的大小根据合理经验值确定，具体数值还应根据管网的失调性确定。

第4章　供热系统的动态调节

供热系统的动态调节主要分为两大项，分别为热源（换热站）的运行调度调节和外网水力平衡的动态调节。

两项调节相辅相成，存在着必然的联系，如两项均能最大程度地制定合理化方案，可对用户的室内温度保障、企业的节能效益、社会的利益需求作出必要的支撑与推动。

4.1　热源（换热站）的运行调度调节

供热运行调节曲线是供热企业指导供热运行的重要技术指导，对企业、对用户的供热质量有着重大影响，与企业的经济运行密切相关，所以供热企业的相关技术人员、生产管理人员、操作人员、维护人员都应掌握其计算方法，研究企业工艺装备和用户采暖情况对其产生的影响。相关责任人员要根据实际情况对其进行完善修正，使其更好地发挥指导生产运行、保障供暖质量、减少能源消耗等方面的作用。

4.1.1　供热运行调节曲线的质调节理论

供热运行的几种调节方式以单位、企业、居民的室内采暖温度达标为供热目的，其运行大体分为 3 种调节方式。

（1）质调节

质调节可分为 2 种模式，一种为单纯质调节方式，另外一种为分阶段改变流量的质调节。

1) 单纯质调节。整个采暖期一直保持供热管网中的流量不变，随着室外温度的变化，通过随时改变供热系统的供回水温度来达到用户室内温度不变的目的。

2) 分阶段改变流量的质调节。本调节模式按照采暖季室外温度的高低，将整个供暖季划分为几个阶段，在室外温度较低的情况下，保持管网中较大的循环流量，在此阶段内为了保持用户室内温度不变，要随室外温度的变化调整供回水温度；在室外温度较高的情况下，运行管网中较小的循环流量，同时亦根据室外温度的变化调整供回水温度。如采用此模式运行，系统在设计循环泵时可按照总负荷选择一台循环泵，然后按照总负荷的75%选择一台循环泵，按照大小泵的模式进行切换运行。

供热质调节的优点为：热网流量稳定，对于采用自力式流量控制阀或自力式差压控制阀平衡控制的热网，其水力工况很稳定，对于采用微机自控的热网，在热负荷变化幅度不很大、不很频繁的情况下，其水力工况也相对较稳定。

其缺点为：首先，在一次热网供水温度发生改变时，其热网前后端供水温度发生改变的时间是不一致的，供热半径越大、管线越长，时间差就越大，多则可达几小时。对于采用自力式流量控制阀或自力式差压控制阀平衡控制的热网，这种时间不一致性是不符合热负荷变化的同时性要求的；对于采用微机自控的热网，其各站自动电控阀门将随着一次热网供水温度及热负荷改变而改变，且相互耦合，产生连锁反应，使热网自控系统产生振荡，不利于热网水力工况的稳定。这都将对供热质量和供热节能运行带来不良影响。

(2) 量调节

采暖期内，保持二次网供回水温度不变，随着室外温度的变化，用调节供水流量大小的方式，达到用户室温基本恒定的调节方式叫作量调节。

供热量调节的优点为：首先，因运行中供水温度恒定不变，调节时只随室外温度变化而改变循环水流量，而管道中流量变化是通过压力波形式传递实现的，传递只是瞬间的事。因此，全热网不论前后端，其热负荷变化无时间差。其次，由热网并联环路特性可知，在热网中各用户分支管路阻力状况（阀门开度）不变时，网路总流量在各分支用户中的分配比例不变，网路总流量增加或减少多少，各分支用户中的流量也都按同一百分比增加或减少。这一点同任一局部热负荷在全热网负荷中占比不变（不随室外温度变化而变化）、热负荷变化为等比例这一特性也是相一致的。可见，当热网平衡以后无需随热负荷变化而随时调整各分支用户阀门开度，热网始终是处于平衡状态的，因此热网采用集中量调节将更有利于系统水力工况的稳定。当然，对于采用自力式流量控制阀或自力式差压控制阀平衡控制的热网是不能应用集中量调节运行的，而只能采用质调节。再次，因热网循环泵均是按设计状态选定的，而供热期室外温度大多高于采暖室外计算温度，集中量调节运行流量大多低于设计流量，故将极大节省输热耗电。

其缺点为：一是因一次网流量变化是连续的，故只能适用于一次网热源为汽水换热的热网（热水锅炉限于自身水循环其流量不能连续变化）；二是因集中量调节对流量和热量的控制全部集中于热源，热网只做平衡容易使用热单位不能完全主动调控运行参数，故对于热电联产热源和热网分属两家的状况，就需要很好地协调这上下游两家企业生产运行；三是要求外网的水力平衡在没有动态平衡阀的情况下能到最大程度的平衡，因为如果外网在一定程度上不平衡，在改变整体的流量后对流量不足用户的改变甚微，需要继续调整，容易造成人工的反复工作，不利于节省人力资源。

（3）间歇调节

采暖期内，运行时二次网的运行流量和供水温度都不变，但运行一段时间后再停运一段时间，随着室外温度的变化，调节运行时间和停运时间，反复上述方式，达到用户室温基本恒定的调节方式叫作间歇调节。

综上所述，质调节比量调节适用范围更广泛，使用效果良好，操作难度相对简单。目前热力企业的大多数外网均处于非完全平衡的状态，当室外温度产生变化而外网并无电动流量调节设备时，质调节能节省大量的人力物力，建议采取此种调节方式。

4.1.2　二次供热曲线的确定及特殊情况下的公式调整

1. 二次网（换热系统）热负荷的确定

在单位时间里所输送的热量称为热负荷。热负荷可用 Q 表示，单位为 kW

或 MW。热负荷的确定原则是在采暖系统无大问题时，在保证热用户室温达标（或室温达到预期）的基础上尽量地减少富余供热量，因此，热负荷的确定是需要持续改进的一项工作。一般来讲，确定热负荷的方法有以下几种。

（1）根据建筑物的设计热负荷确定

将换热系统供热范围内所有采暖建筑物的设计热负荷相加，得出总的热负荷，再加上估算的二次管网热损失（一般取 2% 左右），初步确定，试供后再调整，适用于初次供热的区域。

（2）根据前一采暖期的热负荷确定

根据前一采暖期的热负荷，考虑供热面积增减情况、前一采暖期的供热效果等因素，确定热负荷，适用于前一采暖期已供热的区域。

（3）根据经验热指标确定热负荷

根据采暖建筑物的类型（如厂房、住宅、商场、办公楼等）和本地该类建筑的经验热指标确定热负荷，试供后再调整热负荷为

$$Q = qA \qquad\qquad (4-1)$$

式中，Q 为采暖计算热负荷，kW；q 为采暖计算热指标，W/m^2；A 为采暖建筑物的建筑面积，m^2。

不论用哪种方法确定热负荷，都应在供热过程中密切关注供热效果，误差较大时应尽早调整，以保证供热质量或节约能源。

2. 供回水温度的确定

供回水温度的确定必须以保证供热质量为原则，同时要有利于节约能源。对用散热器采暖的节能建筑，宜按 75℃/50℃ 连续供暖进行设计，且供水温度不宜大于 85℃，供回水温差不宜小于 20℃，但在各地的供暖运行中，发现按此温度供暖用户室温偏高较多，能源消耗较大，很多换热系统的供回水温度还有下降的余地，需根据供暖效果再进行调整。

在常用流量下，若散热器采暖系统靠近供水端的室温普遍偏高，说明供水温度偏高；若靠近供水端的室温普遍偏低，说明供水温度偏低。若采暖系统靠近回水端的室温普遍偏高，说明回水温度偏高；若靠近回水端的室温普遍偏低，说明回水温度偏低。所以，供回水温度的确定原则是同时满足供水端和回

水端的室温都在标准内（或合适的范围内），原因是供水从换热系统输送到各热用户后，供水温度基本一致。近供水端的散热器的散热量对流量变化不敏感，所以确定合适的供水温度非常重要，而近回水端的散热器的散热量对流量变化就比较敏感，因为流量大时，循环就快，进入到末端散热器的水温就相对高些，散热量就大，所以回水温度的高低在很大程度上是由循环水量所决定的。

对地辐射采暖系统，《地面辐射供暖技术规程》（JGJ 142—2004）规定得比较宽松："民用建筑供水温度宜采用35~50℃，供回水温差不宜大于10℃。"

3. 供水流量的确定

在能够保证供热效果的前提下，二次网的供水流量应该尽量小些，这样可以降低二次网循环泵的耗电量。在有变频调节的循环泵上，循环泵运行功率与流量的三次方成正比，即流量增加10%，功率增加33.3%，流量减少10%，功率减少27.1%。在工频运行的循环泵上，流量靠阀门调节来增减，循环泵的运行功率一般会随流量的增减而小幅度地增减，增减的幅度可通过该泵的性能曲线图查到。

若在确定了计算热负荷和供回水温差后，可以用公式来计算热水循环传热：

$$Q = 4187G(t_g - t_h)/3.6 \qquad (4-2)$$

式中，Q 为热水传递的热量，W；G 为循环流量，m^3/h；t_g 为供水温度，℃；t_h 为回水温度，℃。

4. 二次供热运行曲线的计算及绘制

供暖热负荷供热系统调节的主要任务是维持供热房间的室内计算温度 T_n。

当热水网路在稳定状态下运行时，如果不考虑管网沿途热损失，则网路的供热量等于供热用户系统散热设备的散热量，同时也等于供暖热用户的热负荷，即 $Q_1 = Q_2 = Q_3$。

围护结构的基本耗热量公式为

$$Q_3 = K_w \cdot F_w(t_n - t_w) \qquad (4-3)$$

式中，Q_3 为围护结构的基本耗热量，W；K_w 为围护结构的传热系数，$W/(m^2 \cdot ℃)$；F_w 为围护结构的传热面积，m^2；t_n 为采暖室内计算温度，℃；

t_w 为采暖室外计算温度,℃;

散热器的散热量公式为

$$Q_2 = K_s \cdot F_s (t_{pj} - t_n) \qquad (4-4)$$

$$t_{pj} = (t_g + t_h)/2 \qquad (4-5)$$

式中, Q_2 为散热器的散热量,W; K_s 为散热器的传热系数,W/($m^2 \cdot$ ℃);
F_s 为散热器的散热面积, m^2; t_{pj} 为散热器内热水平均温度,℃;

热水循环传热公式为

$$Q_1 = 4187 G (t_g - t_h)/3.6 \qquad (4-6)$$

式中: Q_1 为热水传递的热量,W; G 为循环流量, m^3/h; t_g 为供水温度,℃;
t_h 为回水温度,℃。

散热器的放热方式属于自然对流放热,它的传热系数 $K = a(t_{pj} - t_n)b$,所
以 Q_2 还可以表示为

$$Q_2 = aF \left(\frac{t_g + t_h}{2} - t_n \right) 1 + b \qquad (4-7)$$

在运行调节时,相应的采暖室外计算温度 t_w 下的供暖热负荷与供暖设计
热负荷之比称为供暖相对热负荷比 $\overline{Q}$,而称其流量之比为相对流量之比 $\overline{G}$,则

$$\overline{Q} = \frac{Q_1}{Q_1'} = \frac{Q_2}{Q_2'} = \frac{Q_3}{Q_3'} \qquad (4-8)$$

$$\overline{G} = \frac{G_1}{G_1'} \qquad (4-9)$$

为了便于分析计算,假设供暖热负荷与室内外温差的变化成正比,即把供
暖热指标视为常数,不考虑室外风速风向、太阳辐射热等因素,则

$$\overline{Q} = \frac{Q_1}{Q_1'} = \frac{t_n - t_w}{t_n - t_w'} \qquad (4-10)$$

即相对供暖热负荷比 $\overline{Q}$ 等于相对的室内外温差之比。

通过以上描述可知

$$\overline{Q} = \frac{t_n - t_w}{t_n - t_w'} = \frac{(t_g + t_h - 2t_n)^{1+b}}{(t_g' + t_h' - 2t_n)^{1+b}} = \overline{G} \frac{t_g - t_h}{t_g' - t_h'} \qquad (4-11)$$

式(4-11)是供暖热负荷供热调节的基本公式,式中分母的值为设计工
况下的已知参数。在某一室外温度 t_w 的运行工况下,如果要保持室内温度 t_n

值不变，则应保证相应的 t_g、t_h、$\overline{Q}$、$\overline{G}$ 四个未知数，但只有三个方程式，因此需要引进补充条件，才能求出四个未知值的解。所谓引进的补充条件，就是选定的某种调节方式。可能实现的调节方式分包括：①改变网路中的供回水温度（质调节）；②改变网路中的流量（量调节）；③同时改变网路中的供水温度和流量（质量并调）。如果采用质调节，即增加了补充条件 $\overline{G}=1$，即可以确定相应的 t_g、t_h、$\overline{Q}$ 值。

质调节只改变供热系统的供水温度，不改变网路中的流量，即 $\overline{G}=1$。将 $\overline{G}=1$ 代入式（4-11）即可以得出质调节的供回水温度关系式：

$$t_g = t_n + 0.5(t_g' + t_h' - 2t_n)\,\overline{Q}\,\frac{1}{1+b} + 0.5(t_g' - t_h')\,\overline{Q} \qquad (4-12)$$

$$t_h = t_n + 0.5(t_g' + t_h' - 2t_n)\,\overline{Q}\,\frac{1}{1+b} - 0.5(t_g' - t_h')\,\overline{Q} \qquad (4-13)$$

式中，$0.5(t_g' + t_h' - 2t_n)$ 为用户散热器的设计计算温差；$t_g' - t_h'$ 为用户的设计供回水温差。

散热器传热系数 K 值计算公式中的指数 b 值按用户选用的散热器形式确定，通常按照 b 为 0.3 即 $\dfrac{1}{1+b}=0.77$ 计算。

[例] 试计算设计水温 $95℃/70℃$ 的热水供暖系统采用质调节时，水温的调节曲线。

$$t_n = 18℃，\qquad t_g' - t_h' = 25℃，\qquad t_g' + t_h' = 165℃，\qquad \frac{1}{1+b} = 0.77$$

以哈尔滨市为例：室外计算温度 $t_w' = -26℃$，室外温度 $t_w = -15℃$ 时相对供热热负荷比

$$\overline{Q} = \frac{t_n - t_w}{t_n - t_w'} = \frac{18 - (-15)}{18 - (-26)} = 0.75$$

即

$$t_g = t_n + 0.5(t_g' + t_h' - 2t_n)\,\overline{Q}\,\frac{1}{1+b} + 0.5(t_g' - t_h')\,\overline{Q} = 79.1℃$$

$$t_h = t_n + 0.5(t_g' + t_h' - 2t_n)\,\overline{Q}\,\frac{1}{1+b} - 0.5(t_g' - t_h')\,\overline{Q} = 60.3℃$$

通过以上方式在不同室外温度下均可以计算相对供热热负荷之比，并可计

算所需的供回水温度，形成质调节下的供回水温度曲线。

集中质调节只需在热源处改变网路的供水温度，运行管理简便，网路循环水量保持不变，网路的水力工况稳定。对于热电厂供热系统，由于网路供水温度随着室外温度升高而降低，可以充分利用供热汽轮机的低压抽气，从而有利于提高热电厂的经济性、节约燃料，所以集中质调节是目前最为广泛采用的供热调节方式。

只改变网路的供水流量，不改变网路的供水温度，将供水流量代入供热调节基本公式，可得出量调节的基本公式：

$$t_h = 2t_n + (t'_g + t'_h - 2t_n) \overline{Q} \frac{1}{1 + b} - t'_g$$

$$\overline{G} = \frac{t'_g - t'_h}{t'_g - t_h} \overline{Q}$$

$$\overline{Q} = \frac{t_n - t_w}{t_n - t'_w}$$

［例］已知热水供暖系统的供水温度为95℃/70℃，$t'_w = -9℃$，$t_n = 18℃$，采用量调节，当$t_w = -2℃$时，求t_h和$\overline{G}$。

$$t_h = \left[2 \times 18 + (95 + 70 - 2 \times 18) \times \frac{18 - (-2)}{18 - (-9)} \times \frac{1}{1 + 0.3} - 95 \right]℃ = 43.4℃$$

$$\overline{G} = \frac{95 - 70}{95 - 43.4} \times \frac{18 - (-2)}{18 - (-9)} = 0.38$$

可以看出，随着室外温度的逐渐增高，如果采用量调节，其回水温度会越来越低，且$\overline{G}$也会越来越低，即总体流量将大幅度的降低，而热网运行流量不宜低于最大流量的60%，否则将影响整个热网的稳定运行，导致大幅度的热网失调，导致用户没有循环流量，或者流量过小。但由于室外温度变化的多样化，如果采用量调节，每次的室外温度变化均需要对整个网路的流量进行调节，即对网路的每个楼甚至单元或者户的阀门随时调节，而由于整个网路是一个完整的系统，牵一发而动全身，因此想把整个热网整体调节一遍平衡是十分困难的，况且室外温度每变化一次就需要调节一次，工作量巨大，不易实现。

根据热水传热量公式、质调节公式，以及某市2019年室外采暖参数，可制定运行调度表格，基础数据见表4-1、室外温度与日累计输出热量关系见

表 4 - 2、室外温度与供回水温度关系见表 4 - 3。

表 4 - 1　基础数据

2019 年指标 /(GJ/m²)	供热面积/万 m²	年供暖运 行天数/d	标准温度下 功率/(W·/²)	用户室内 温度/℃	室外平均温度 （供暖期）/℃
0.445	3.7851	150	34.33	18	1.2

表 4 - 2　室外温度与日累计输出热量关系

室外温度/℃	5	4	3	2	1	0	-1	-2	-3	-4	-5	-6
相对负荷比	0.77	0.83	0.89	0.95	1.01	1.07	1.13	1.19	1.25	1.31	1.37	1.43
调度热 指标/(W/m²)	26.57	28.61	30.65	32.70	34.74	36.78	38.83	40.87	42.91	44.96	47.00	49.04
输出功率/MW	1.01	1.08	1.16	1.24	1.31	1.39	1.47	1.55	1.62	1.70	1.78	1.86
日累计输出 热量/GJ	86.88	93.56	100.25	106.93	113.61	120.29	126.98	133.66	140.34	147.03	153.71	160.39
日耗气量/m³	2 856.32	3 076.03	3 295.75	3 515.47	3 735.18	3 954.90	4 174.62	4 394.33	4 614.05	4 833.77	5 053.48	5 273.20
室外温度/℃	-7	-8	-9	-10	-11	-12	-13	-14	-15	-16	-17	-18
相对负荷比	1.49	1.55	1.61	1.67	1.73	1.79	1.85	1.90	1.96	2.02	2.08	2.14
调度热 指标/(W/m²)	51.09	53.13	55.18	57.22	59.26	61.31	63.35	65.39	67.44	69.48	71.52	73.57
输出功率/MW	1.93	2.01	2.09	2.17	2.24	2.32	2.40	2.48	2.55	2.63	2.71	2.78
日累计输出 热量/GJ	167.08	173.76	180.44	187.13	193.81	200.49	207.17	213.86	220.54	227.22	233.91	240.59
日耗气量/m³	5 492.92	5 712.63	5 932.35	6 152.07	6 371.78	6 591.50	6 811.22	7 030.93	7 250.65	7 470.36	7 690.08	7 909.80

表 4 - 3　室外温度与供回水温度关系

Q	0.77	0.83	0.89	0.95	1.01	1.07	1.13	1.19	1.25	1.31	1.37	1.43	1.49
户外温度/℃	5	4	3	2	1	0	-1	-2	-3	-4	-5	-6	-7
地热 t_g/℃	37.6	39.1	40.6	42.1	43.5	45.0	46.5	48.0	49.5	50.9	52.4	53.9	55.4
地热 t_h/v	33.0	34.2	35.3	36.4	37.6	38.7	39.8	41.0	42.1	43.2	44.3	45.5	46.6
Q	0.77	0.83	0.89	0.95	1.01	1.07	1.13	1.19	1.25	1.31	1.37	1.43	1.49
户外温度/℃	5	4	3	2	1	0	-1	-2	-3	-4	-5	-6	-7
散热器 t_g/℃	38.9	40.5	42.1	43.7	45.3	46.9	48.4	50.0	51.6	53.2	54.8	56.4	57.9
散热器 t_h/℃	34.4	35.6	36.8	38.1	39.3	40.5	41.8	43.0	44.2	45.5	46.7	47.9	49.1

供热曲线有如下几种。

室外温度与运行温度的曲线如图 4-1 所示。以竖轴为供回水水温轴，以横轴为室外平均气温轴，建立平面坐标系，把计算得到的供回水温度值作为坐标点标入坐标系中，再用曲线光滑连接即成。

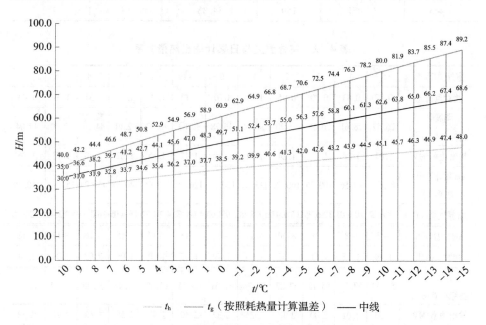

图 4-1　室外温度与运行温度的曲线

室外平均温度与燃气量曲线如图 4-2 所示。

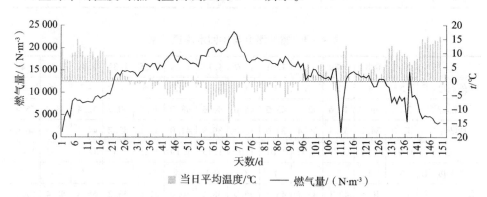

图 4-2　室外平均温度与燃气量曲线

标准温度单平米耗气量如图 4-3 所示。

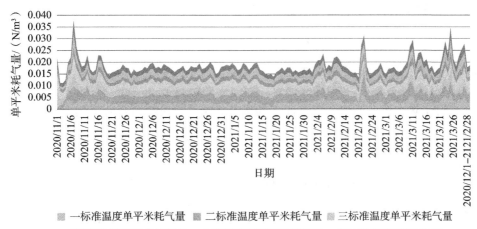

图 4-3　标准温度单平方耗气量

标准温度单平米耗热量如图 4-4 所示。

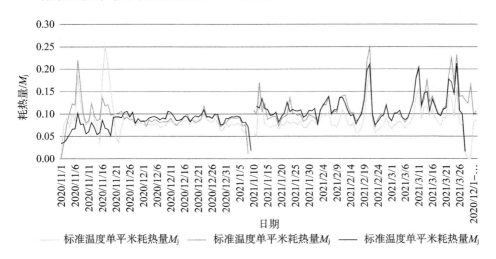

图 4-4　标准温度单平米耗热量

4.2 外网水力平衡的动态调节

4.2.1 一次网运行与调节

对于热力企业而言，没有固定的调节方法，也没有适合所有热力企业的调节方法。将调节方法的特性与资深企业的特点相结合后产生的方式即为最优的方式。

一次网常见的调节方法有电动阀调节、流量阀调节、温度自动调节、压差自动调节。

1）电动阀调节。可远程设定阀门的启闭状态，可设定开度并在有限范围内起到一定的调节作用。其优点为：相对于普通阀门，电动阀调节在一定程度上减少了人力，并且具有一定的调节作用。其缺点为：电动阀用于调节流量时，由于阀门线性的固有因素，调节存在一定的难处，无法准确地找到流量的平衡点。

2）流量阀调节。根据流量计算数值定流量的调节方法。其优点为：调节过程简单，随着室外温度的变化，相应调整供水温度即可。其缺点为：不具备关断功能，阀门长期不动容易出现卡死的现象，大口径阀门的制作工艺相对不达标。

3）温度自动调节。根据设定温度自动调节的方法，设定温度可以是二次供水温度、一次回水温度等。其优点为：实时根据一次网的温度变化保证二次网的设定温度不变。其缺点为：电动阀会长期处于动作状态，尤其是近段压差大区域，由于阀门的线性区间相对较窄，会造成阀门的波动数值调节值过大，易对阀门寿命产生影响。同时，设定的供水温度是否能够达到用户家里合理的温度需进行测试。

4）压差自动调节。压差自动调节在调节一次网的流量分配的同时兼具调节二次网部分参数的作用。一般压差自动调节可分为两类，一类控制水泵的进出口压差或者二次网供回水的压差，用来调控二次网的循环泵频率；另一类控制末端压力表的压差用以调节循环泵的频率。相对来说，控制末端的压差方式更加合理可靠，但传输问题和设备安装问题相对较复杂。

4.2.2 二次网运行与调节

1. 水力失调原因

二次网在运行时必定会存在失调现象，而且设计、施工、运行上均略微存在问题，共同作用后造成失调严重的现象，主要原因如下。

（1）设计原因

设计时计算保守、选型过于偏于安全。

（2）施工原因

未按照设计图纸进行施工，施工工艺不达标。

（3）运行原因

调节理念不合理，有时为满足末端用户温度，在外网未进行调节的情况下，盲目地提高水泵的频率甚至更换大泵，从而造成失调更加严重。

其他原因包括新接入用户或停供用户比例过大造成全网阻力特性改变而导致失调，或大面积热用户私自更改室内设计导致阻力特性改变而失调。

2. 水力失调的分类

水力失调一般分为两种。

（1）水平失调

在供暖系统中由于各立管的循环环路总长度可能相差很大，各支管环路的压力损失难以平衡，导致近支管所在的房间温度偏高，远支管所在的房间温度偏低的现象，称为水平失调。

（2）垂直失调

在供暖建筑物内，同一竖向各房间，不符合设计要求的温度，而出现上下冷热不均的现象，称为垂直失调。

3. 水力失调的解决方法

目前解决户内系统水力失调的方法有如下几种。

1）垂直式单管系统在原系统中加装跨越管。跨越管管径比立管小一规格。六层住宅楼只在六层与五层加装就有一定效果。

2）垂直式双管系统也可按上述办法实施。

3）水平式单管系统在前几组散热器接管上增加跨越管，一般六组以内可在前两组间增加与支管同径的跨越管。

4）在各组散热器上加装恒温阀。

流量输配时受沿程阻力和局部阻力的影响，在供水管与回水管之间产生近端压差大、远端压差小的偏差，从而造成近端流量大、远端流量小的问题。不论设计多么仔细和完善，都不能彻底解决这一平衡问题。真正的平衡只能靠设备控制来实现。

没有重视流量的控制的原因如下。

1）这是一项复杂而又烦琐的工作。

2）调节理念不完善，思路不清晰。

3）平衡所带来的收益并不是显而易见的。

总结：从 2010 年至 2020 年来看，并不昂贵的能源并不能促使人们负责地去关心像平衡这类基本又明显乏味的问题。但随着一类能源价格的不断攀升，供热企业需从根本上着手节能降耗工作，从外网平衡这类细节工作入手，提高企业的盈利能力。

4. 水力失调类型及解析

设供热系统的设计流量为 G_g（m^3/h），实际流量为 G_s（m^3/h），其比值称为供热系统的水力失调度。水力失调度 X 为

$$X = G_s/G_g \qquad (4-14)$$

可演变公式为

$$X = \frac{Q_s}{Q_g} = \frac{G_s(t_g - t_h)s}{G_g(t_g - t_h)g} \qquad (4-15)$$

式中，Q_s 为热用户的设计热量，W；Q_g 为热用户的实际热量，W；t_g、t_h 为热力站（热用户）供水温度和回水温度。

在供热系统中，确定的流量对应于确定的压力，因此常常以流量的变化情况分析水力工况的变动情况。这样水力失调度即可表示供热系统水力失调的程度。当 $X=1$ 时，即设计流量等于实际流量 G_s 时，供热系统处于稳定水力工况。当 $X>1$ 或 $X<1$ 时，供热系统水力工况失调越严重。

根据上述分析，水力失调也可分为以下 3 类。

1）一致失调。供热系统各热用户的水力失调度分别为 X_1，$X_2 \cdots$，X_n，若全部大于 1，或全部小于 1，称为一致失调。凡属于一致失调，其各热用户流量或者全部增大或者全部减小。

2）不一致失调。供热系统各热用户的水力失调度有的大于 1，有的小于 1，称为不一致失调。对于不一致失调，系统热用户流量有的增大有的减小。

3）等比失调。供热系统各热用户水力失调度 $X_1 = X_2 = X_3 = \cdots = X_n$ 等于常数时称为等比失调。凡属等比失调，各热用户流量将成比例地增加或减小。等比失调一定是一致失调，而一致失调不一定都是等比失调。

（1）压差公式

流体在管道中流动时必须克服管道阻力，产生一定的压力损失。流体在管道中的压力损失与管道粗细、管网布置形式和流体的流动速度（或流量）有关，其基本计算公式为

$$\Delta P = SG^2 \qquad\qquad (4-16)$$

$$\Delta H = SG^2 \qquad\qquad (4-17)$$

式中，ΔP，ΔH 分别为以 Pa 和 mH_2O 为单位的管段压降；G 为管段的质量流量，t/h；S 为管网阻力特性系数。

由此可得出如下重要规律。

1）供热系统各用户流量比值仅取决于管网阻力特性系数的大小。管网阻力特性系数一定，各用户流量之比值也一定。

2）供热区域的任一区段阻力特性发生变化，则位于该区段之后的各区段成等比失调。

（2）比率定律公式

变频与转速的关系为

$$n = 60f(1 - S_N)/P \qquad\qquad (4-18)$$

式中，n 为水泵转速，r/min；f 为电流频率，Hz；P 为电动机的极对数；S_N 为电动机额定转差，即定子旋转磁场与转子转速之差比值，一般为 5%。

水泵流量、扬程和功率与转速的关系（比例定律）为

$$n_1/n_2 = G_1/G_2 \qquad\qquad (4-19)$$

$$n_1^2/n_2^2 = H_1/H_2 \qquad (4-20)$$

$$n_1^3/n_2^3 = N_1/N_2 \qquad (4-21)$$

式中，G_1、G_2 为平衡前后的循环流量，kg/h；H_1、H_2 为平衡前后的外管网的压差，mH_2O；N_1、N_2 为平衡前后的耗电功率，kW。

综合等比失调规律与比率定律，可得出以下规律：当外网总流量成倍数或者比例增加后，在等比失调的管网中各节点管段流量、压差、功率亦以比例定律中所示比例增加。

从图 4-5 中各节点流量变化规律可看出，如果在管网未调整的状态下想要使末端流量由原来的 $1kg/(h \cdot m^2)$ 提高至 $2kg/(h \cdot m^2)$，则近段流量（或水泵流量）需提升至原来的 2 倍，由 $4kg/(h \cdot m^2)$ 升至 $8kg/(h \cdot m^2)$。

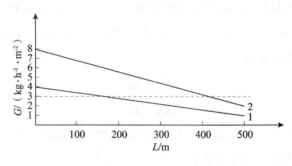

图 4-5　流量变化

从图 4-6 各节点压差变化规律可看出，如果在管网未调整的状态下将末端压差由原来的 1m 提高至 4m，则近段压差需提升至原来的 4 倍，由 7m 升至 28m，方能达到理想效果。

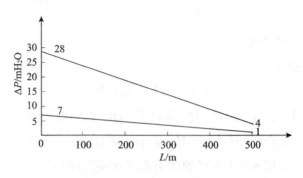

图 4-6　压差变化

5. 大流量运行的水力工况分析

（1）大流量运行方式的形成

供热系统的实际运行流量很难达到设计循环流量，实际运行流量与设计循环流量不符。在流量分配不均的前提下，必然发生冷热不均现象。为克服水力工况的水平失调，目前在实际运行中，主要采取以下几种技术措施。

1）更换大的热网循环水泵。

2）开大热用户进水与（或）回水阀门。

3）加粗末端热用户管道直径。

4）在热用户供回水管道上装设增压泵。

上述技术措施都将增加热网的循环流量。换大水泵，则循环水泵的工作特性曲线提高。由于水泵工作点的改变（假定热网阻力特性曲线未变），系统扬程、流量均要增大，此时各热用户流量呈一致等比增加。开大用户阀门，则加粗末端用户管道直径，其作用相同，都是减小了热网阻力特性系数，即其阻力特性曲线将向右偏移，因而改变了循环水泵运行工作点，同样增大了系统实际运行流量。

（2）大流量运行对水力工况的影响

在末端户不热，无法增加循环流量、增大管径的情况下，往往习惯于装设增压泵。这种技术措施对热网水力工况的影响应特别注意。

在热用户供回水管道上装设增压泵，对整个热网水力工况的主要影响是：①装设增压泵的热用户循环水量增加，供暖效果得到改善，目前采用装设增压泵改善效果的做法普遍，其原因就在于本用户受益显著；②在任一用户处装设增压泵，都会增加热网的总循环水量和干线的压力降，随之，其他用户的资用压头和循环水量将因此减小。由此可见，在热用户装设增压泵，虽然对该用户有利，但对热网的其他用户有害。

在供热系统中，采用增设加压泵措施的热用户越多，热网循环总流量就越大，这将导致系统近端干线压力陡降，系统末端干线的供回水压差过小。

6. 实验基地测试效果分析

针对末端压差不足、流量不能满足所需的问题，如若采取增大循环泵的扬程或增设一台循环水泵的方法，提高总的扬程从而加大末端压差，这种方法是否有效？下面主要针对以下几种情况进行试验研究：①增加总的扬程时，在没有控制手段的情况下，末端压差有无变化；②在蝶阀调平的情况下，末端压差变化情况；③在自力式流量阀控制不全的情况下，末端压差变化情况；④在自力式流量阀控制齐全的情况下，末端压差变化情况。

（1）无控制手段

在系统全无控制的情况下，由于受系统阻力的影响，导致前端压差大，末端压差小，至使前后流量分配不均。提高循环泵扬程的同时，流量也会随之增大，根据热网压降公式 $\Delta P = SG^2$，管段的阻力也会增加。所以，虽然前端压差有所提高，但每段管段的压降也会较之前增大，致使末端的压差相应变化较小，流量相应增加也较小。

（2）蝶阀调节控制

通过蝶阀的多次调节，可使各站流量达到平衡的状态。根据 $\Delta P = SG^2$ 可以得出，要保持各站的流量相同，前端压差大，则阻力系数值也将偏大，即阀门的开度调节时将偏小，末端则相反。提高循环泵频率的同时，各站的流量等量增加，阻力系数值偏大的系统，其增加的扬程也随之偏大，前端所提高的扬程远大于末端部分。但一般情况下，使用蝶阀调整外网流量并不能保证达到理想的平衡状态。当外网的整体的参数产生变化时各站流量亦产生变化，使原本存在失调的外网在一定程度上失调加剧，因失调引起的不热问题不能得到有效解决。

（3）自力式流量阀调节控制（部分安装）

在流量阀控制不全时，没有控制的各站依然存在水力失调现象。在提高循环泵频率的同时，流量增加，和无控制时的变化一致，流量分配不定向，影响已装流量阀支线，压差也不定向变化，因此建议自力式流量控制阀尽量装细装全。

（4）自力式流量阀调节控制（全部安装）

流量阀根据所带负荷调节所对应的刻度值后，各站保持设定的流量不变。即使提高循环泵的频率，流量阀依然能够恒定原有的流量值。所以，根据 $\Delta P = SG^2$ 可以得出前后增加的压差保持一致，为等量增加，能够很好地解决外网的水力失调问题。

一次网运行演示台如图 4 - 7 所示。

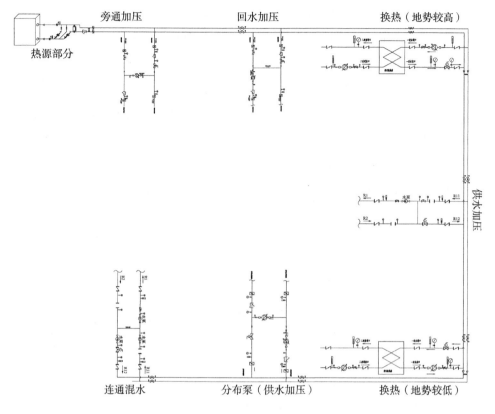

图 4 - 7　一次网运行演示台

测试原理如下。

一次网演示平台模拟一/二次供暖管网运行情况。一次网循环水泵安装变频控制柜，水泵频率的平方比和扬程成正比即 $\dfrac{H_1}{H_2} = \dfrac{f_1^2}{f_2^2}$，可通过调节频率控制扬程变化。各模拟换热站均安装玻璃转子流量计和压力表，可读出各站流量和压差。一次网安装蝶阀和自力式流量阀，可分别调控。

测试步骤如下。

1）开启循环水泵，调频至 40Hz，使一次网正常运行。在蝶阀和自力式流量阀完全打开的情况下（无控制手段的情况下），分别读出各站一次网的流量和压差；提高循环泵的频率到 48Hz，再分别读出示数。

2）频率调至 40Hz，利用蝶阀反复调节，使一次网调节平衡，读出各站流量和压差，调节频率到 48Hz，再分别读出示数。

3）自力式流量阀控制不完全时，前 5 个站流量调节平衡，后 2 个站无控制自力式流量阀全开，再分别记录 35Hz 和 40Hz 的数据（受流量计量程限制，频率升到 40Hz 为适当数值）。

4）自力式流量阀调节，使每站流量设定相同数值，记录流量和压差，升频后再分别记录数据。

5）整理数据，绘制水压图。

由于实验台条件限制，频率改变的大小并不完全相同，但通过多组实验数据的测试，频率大小的改变与各实验结果变化的趋势一致。

无控制手段测试数据见表 4-4。

表 4-4　无控制手段测试数据

测试参数		热力站名称							
		总	1#	2#	3#	4#	5#	6#	7#
40Hz	流量/(m³/h)	28.80	2.80	7.50	4.00	8.10	2.30	3.60	1.20
	供水压力/MPa	0.41	0.40	0.38	0.36	0.33	0.33	0.32	0.32
	回水压力/MPa	0.20	0.21	0.23	0.25	0.28	0.30	0.30	0.30
	压差/MPa	0.21	0.19	0.15	0.11	0.05	0.03	0.02	0.02
48Hz	流量/(m³/h)	33.50	3.50	8.80	5.00	9.40	3.20	4.00	1.60
	供水压力/MPa	0.44	0.43	0.40	0.37	0.32	0.30	0.29	0.29
	回水压力/MPa	0.15	0.16	0.19	0.22	0.25	0.26	0.27	0.27
	压差/MPa	0.29	0.27	0.21	0.15	0.07	0.04	0.02	0.02
压差对比/MPa		0.08	0.08	0.06	0.04	0.02	0.01	0.00	0.00
流量对比/(m³/h)		4.70	0.70	1.30	1.00	1.30	0.90	0.40	0.40

蝶阀调节控制测试数据见表 4 – 5。

表 4 – 5　蝶阀调节控制测试数据

测试参数		热力站名称							
		总	1#	2#	3#	4#	5#	6#	7#
40Hz	流量/(m³/h)	24.00	3.50	3.40	3.40	3.60	3.40	3.50	3.40
	供水压力/MPa	0.40	0.39	0.36	0.33	0.31	0.30	0.30	0.30
	回水压力/MPa	0.18	0.18	0.20	0.24	0.24	0.25	0.25	0.27
	压差/MPa	0.22	0.21	0.16	0.09	0.07	0.05	0.05	0.03
50Hz	流量/(m³/h)	30.00	4.40	4.20	4.40	4.40	4.40	4.30	4.50
	供水压力/MPa	0.45	0.44	0.40	0.34	0.32	0.30	0.31	0.31
	回水压力/MPa	0.11	0.12	0.14	0.21	0.21	0.23	0.24	0.25
	压差/MPa	0.34	0.32	0.26	0.13	0.11	0.07	0.09	0.06
压差对比/MPa		0.12	0.11	0.10	0.04	0.04	0.02	0.04	0.03
流量对比/(m³/h)		6.00	0.90	0.80	1.00	0.80	1.00	0.80	1.10

流量阀调节控制（部分安装）测试数据见表 4 – 6。

表 4 – 6　流量阀调节控制（部分安装）测试数据

测试参数		热力站名称							
		总	1#	2#	3#	4#	5#	6#	7#
35Hz	流量/(m³/h)	21.00	2.40	2.90	3.20	2.90	2.40	4.80	2.60
	供水压力/MPa	0.42	0.42	0.41	0.39	0.37	0.34	0.32	0.32
	回水压力/MPa	0.26	0.26	0.27	0.29	0.29	0.30	0.31	0.31
	压差/MPa	0.16	0.16	0.14	0.10	0.08	0.04	0.01	0.01
40Hz	流量/(m³/h)	24.00	2.80	3.00	3.30	2.90	2.80	5.70	3.50
	供水压力/MPa	0.44	0.42	0.41	0.36	0.34	0.34	0.34	0.33
	回水压力/MPa	0.22	0.22	0.23	0.27	0.29	0.29	0.30	0.31
	压差/MPa	0.22	0.20	0.18	0.09	0.05	0.05	0.04	0.02
压差对比/MPa		0.06	0.04	0.04	−0.01	−0.03	0.01	0.03	0.01
流量对比/(m³/h)		3.00	0.40	0.10	0.10	0	0.40	0.90	0.90

lllll

供热技术——系统节能与应用技术

流量阀调节控制（全部安装）测试数据见表4－7。

表4－7　流量阀调节控制（全部安装）测试数据

测试参数		热力站名称							
		总	1#	2#	3#	4#	5#	6#	7#
40Hz	流量/(m³/h)	21.00	2.80	3.00	3.30	2.90	2.90	3.10	3.20
	供水压力/MPa	0.47	0.46	0.45	0.42	0.40	0.40	0.40	0.39
	回水压力/MPa	0.24	0.24	0.26	0.29	0.30	0.30	0.30	0.31
	压差/MPa	0.23	0.22	0.19	0.13	0.10	0.10	0.10	0.08
45Hz	流量（m³/h）	22.00	3.30	3.00	3.40	3.00	2.90	3.10	3.30
	供水压力/MPa	0.48	0.46	0.46	0.42	0.41	0.40	0.41	0.40
	回水压力/MPa	0.19	0.18	0.20	0.23	0.24	0.25	0.25	0.26
	压差/MPa	0.29	0.28	0.26	0.19	0.17	0.15	0.16	0.14
压差对比/MPa		0.06	0.06	0.07	0.06	0.07	0.05	0.06	0.06
流量对比/(m³/h)		1.00	0.50	0	0.10	0.10	0	0	0.10

实验结论如下。

（1）无控制手段

绘制水压图如图4－8所示。根据水压图的分布情况可以看出，循环水泵从40Hz提频到48Hz，前端压差提高8mH₂O，后面依次降低。到第5站时，压差只提高1mH₂O，最后两站压差无明显变化。可见，外网全无控制时，在总循环水泵的扬程提高不是非常大的情况下，末端的压差几乎未变。结论：一味地增大循环泵的扬程，末端的供暖效果并没有得到改善，而且还造成能源的严重浪费。

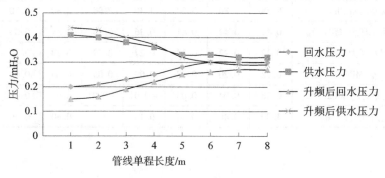

图4－8　水压图

124

（2）蝶阀调节控制

绘制水压图如图 4-9 所示。通过蝶阀将供热管网调节平衡后，频率从
40Hz 提升到 48Hz。可以看出，外网供水压力增大，回水压力降低，供回水间
的压差变大，且前端压差增加 12mH₂O，末端压差升高 3mH₂O，流量等量增
加。可见，加大循环泵的扬程，会引起外网的供回水压力变化，流量也会随之
改变。结论：蝶阀不仅调节难度大，而且一旦外网压力发生变化，调节后的流
量值也会随之改变。

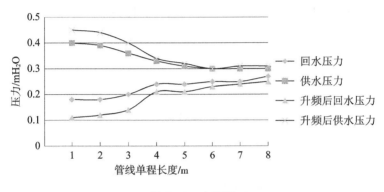

图 4-9　水压图

（3）自力式流量阀调节控制（部分安装）

绘制水压图如图 4-10 所示。在流量阀控制不全的情况下，循环泵的频率
从 35Hz 提升到 40Hz（受流量计量程限制，无法将频率升至过高），循环泵的
扬程提高 6mH₂O，整个热网的压差增减情况出现不定向的现象，同时，由于
末端站没有控制手段，阻力小，循环流量大。可见，流量阀控制不全时，流量

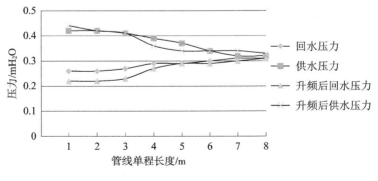

图 4-10　水压图

和压差的变化不定向。结论：对于一个热网而言，流量阀控制手段一定要齐全，否则外网依然处于失控状态。

（4）自力式流量阀调节控制（全部安装）

绘制水压图如图4-11所示。在流量阀控制的条件下，循环泵的频率从40Hz提升到48Hz，通过水压图可以看出循环水泵的总扬程提升6mH$_2$O，后7个站的压差均增加6mH$_2$O左右，流量变化不大，均为设定数值。可见，在这种情况下，压差等量增加，且不会对供水压力有所影响。结论：流量阀可消除外网失调现象，且压差增大不会对设定流量造成影响。

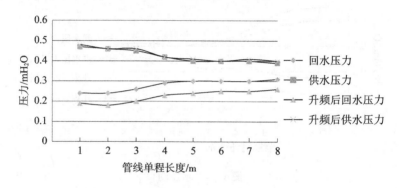

图4-11　水压图

[例] 银川市某热力公司共有供热面积约170×10⁴m²，供暖面积的逐步增大致使系统出现的问题越来越多，能源浪费严重，为解决现有问题，优化整个供热系统，2014年对整个外网进行混水机组改造，经设计，外网共有53个混水站，2014年采暖季运行除和平新村站外均采用混水站。

一次网循环水泵参数为$G=2635\text{m}^3/\text{h}$，$H=35\text{mH}_2\text{O}$，$N=355\text{kW}$。

现利用其检测当系统末端不热时，通过增大循环水泵改善末端效果的可行性。

2014年10月12日开始冷运行，将一次网所有自力式流量控制阀调到最大数值（供热管网为控制的情况下），二次网混水机组不运行，只观察一次网运行数据。

10月15日355kW循环泵单台变频42Hz运行，进口压力为0.16MPa，出口压力为0.3MPa，分水器压力为0.3MPa，电流为450A，实耗功率约为

220kW，外网压差约为 14mH$_2$O，锅炉阻力为 0mH$_2$O（压力表误差）。

下午变频 40Hz 运行两台 355kW 的循环泵，回水压力为 0.14MPa，循环泵出口压力为 0.4MPa，分水器压力为 0.38MPa，两台泵电流分别为 420A、495A，即两台循环泵实耗功率约为 460kW，外网压差约为 24mH$_2$O，锅炉阻力 2mH$_2$O。

此时，对最不利环路居安街混水站进行压力查看，记录数据，见表 4 - 8。

表 4 - 8　压力数据

一台泵运行时			
名称	面积/10^{3}m^2	一次供水压力/MPa	一次回水压力/MPa
公司综合楼	13.0	0.35	0.20
水木兰亭	36.0	0.35	0.2
阳光水岸	42.0	0.36	0.26
中恒南东	21.0	0.40	0.25
美洁花园	11.0	0.38	0.28
地税局、星河	5.0	0.36	0.28
农机、森林海 35#	18.5	0.41	0.33
东华小区	28.0	0.37	0.30
森林海东 1	37.0	0.40	0.31
森林海东 2	74.0	（未测出）	（未测出）
富荣花园	20.0	0.36	0.30
贺兰二小	9.0	0.38	0.36
天骏花园	73.0	0.39	0.35
两台泵运行时			
名称	面积/10^{3}m^2	一次供水压力/MPa	一次回水压力/MPa
公司综合楼	13.0	0.39	0.14
水木兰亭	36.0	未测出	未测出
阳光水岸	42.0	0.35	0.20
中恒南东	21.0	未测出	未测出
美洁花园	11.0	0.35	0.20
地税局、星河	5.0	0.32	0.20
农机、森林海 35#	18.5	0.34	0.25
东华小区	28.0	未测出	未测出
森林海东 1	37.0	未测出	未测出
森林海东 2	74.0	0.32	0.25
富荣花园	20.0	未测出	未测出
贺兰二小	9.0	0.31	0.26
天骏花园	73.0	0.30	0.26

由上述数据可知，当站房内增设一台同样规格的循环泵运行时，系统近端的压差增加的范围很大，但末端压差并没有发生变化。由此可见，目前部分热力单位由于系统末端供热效果不佳而增设一台循环泵的做法是错误的，虽然部分系统可以稍微缓解末端不热的情况，但并未从根本上解决此问题，只是白白浪费电能，致使近端流量变得更大，造成热能的严重浪费。

出现末端压差过小、流量不足的现象时，根本的解决方法是增加控制设备，彻底消除水力失调现象。改造后运行情况如下。

10月20日上午开始进行供暖，将一次网上安装的自力式流量控制阀按照面积调节，变频42Hz运行一台355kW的循环泵，循环泵进口压力为0.19MPa，出口压力为0.4MPa，分水器压力为0.37MPa，电流为540A，由此可见，此时外网压差为18mH$_2$O，锅炉阻力为3mH$_2$O，循环泵实耗功率约为270kW。

此时经查看，系统末端压差见表4-9。

表4-9　系统末端压差

名称	一次供水压力/MPa	一次回水压力/MPa
新胜村	0.38	0.24
贺兰宾馆、育才苑	0.34	0.26
贺兰二小	0.35	0.25
天骏花园	0.35	0.28

天骏花园为一次网的末端，压差为7mH$_2$O，贺兰宾馆、育才苑支线一次网压差为8mH$_2$O，与之前一次网系统末端压差相比增加了3~4mH$_2$O。由此可见，改善系统末端供热效果最好的办法不是增加动力设备，而是采取有效的控制手段，即将系统近端的富余量分配给系统末端来平衡整个系统，才是最有效、最节能、最理想的办法。

4.2.3　系统流量调节

系统流量调节分为初调节和运行调节两种。初调节一般在供热系统运行前进行，也可在供热系统运行期间进行。初调节的目的是将各热用户的运行流量调配至理想流量（即满足热用户实际热负荷需求的流量，当供热系统为设计状况时，理想流量即为设计流量），主要解决系统水量分配不均问题，亦即消除各热用户冷热不均问题。

因此，初调节亦可称为流量的均匀调节。如从供热系统水压图考虑，则初调节的目的，是将供热系统实际运行水压图调整为理想运行水压图（当供热系统为设计状况时，理想运行水压图即为设计水压图）。

供热系统流量的运行调节是指当热负荷随室外温度的变化而变化时，为实现按需供热而对系统流量进行的调节。系统流量运行调节的主要目的是消除系统热力工况的水平失调及垂直失调。

平衡之前的准备如下。

1）准备好平衡所需的报告表格和设备（流量计、温度计、压力表等）。

2）检查静压是否足够，以防止真空和气蚀。

3）检查所有的关断阀是否处于其正常位置（常开的阀门要完全打开，其他阀门要关闭）。

4）检查管路中的旁通支路关闭完全。

5）检查所有水泵运转正常，转向正确。

有下列原因存在，平衡工作不能进行。

1）水中有空气（气堵）。

2）某些过滤器、末端装置或者阀门堵塞（物堵）。

3）控制阀的阀位不在最大的开启位置（全开）。

4）止回阀安装错误等其他类似问题（安装）。

系统水力问题的调节方式如下。

（1）阻力系数法

阻力系数法的基本原理基于一定阻力系数的供热系统必然对应一定的流量分配。应用这种方法进行初调节，要求将各热用户的启动流量和热用户局部系统的压力损失调整到一定比例，以便使它的阻力系数 S（或通导系数，二者互为倒数）达到正常工作时的计算值（或称理想值）。

阻力系数法应用公式为

$$\Delta P = SG^2 \qquad (4-22)$$

热用户局部系统的流量 G 和压力降，可根据供热系统原始资料和水力计算资料求得，因此，热用户局部系统的阻力系数 S 是很容易计算的。粗略看来，这种调节方法简单易行，系统阻力系数 S 不能直接测量，要测量出流量 G 和压力降后间接计算出来。因此，要想把某个热用户局部系统的阻力系数 S 调到理想值，必须反复测量其流量和压力降，反复调节有关阀门才能实现。这种调节方法属于试凑法，现场操作繁琐、费时，实用性不大。

（2）预定计划法

在调节前，将供热系统所有热用户入口阀门关死，让供热系统处于停运状态，然后按一定顺序（或从离热源最远端开始，或从离热源最近端开始）逐个开启热用户入口阀门。阀门开启的条件是，使其通过的流量等于预先计算出的流量。显然，该流量值既不应是理想流量，也不应是设计流量，而是启动流量。

从启动流量的计算过程很容易发现，预定计划法的计算工作量是很大的。当供热系统较大时，即热用户数量较多时，采用手工方法计算启动流量几乎是不可能的。这是该调节方法在实际工程中使用价值不大的主要原因。这种调节方法的另一不足之处是调节前必须关闭所有热用户阀门，这就限制该调节方法只能在供热系统投入运行前进行，而不能在运行过程中进行。这种局限性是由热用户启动流量难以计算决定的。

（3）比例法

比例法的基本原理是当各热用户系统阻力系数一定时，系统上游端的调节将引起各热用户流量成比例地变化。也就是说，当各热用户阀门未调节时，系统上游端的调节将使各热用户流量的变化遵循一致等比的规律。

比例调节法原理简明、效果良好，但略显繁琐。首先，必须使用两套智能仪表，配备两组测试人员，通过报话机进行信息联系；其次，平衡阀重复测量次数过多，调节过程费时费力。但总体讲，这种方法由于有平衡阀和智能仪表做依托，使初调节在实际工程中的应用有了可能性。

（4）温度法

当管网入口没有安装自力式流量阀，或入口安装有普通调节阀，但调节阀两端的压力表不全甚至入口只有普通阀门时，可以采用此方法。

当供热系统为直接连接时，宜采用回水温度调节法减少温度测量的次数。在间接连接的供热系统中，一次管网也可采用回水温度调节法；对于二次管网，由于供水温度难以完全一致，宜采用供回水平均温度调节法。

其调节原理如下。

1）当实际流量大于设计流量时，供回水温差减小，回水温度高于设定值；当实际流量小于设计流量时，供回水温差增大，回水温度低于规定值。

2）因此只要把各用户的回水温度调整到相等，或者供回水温差调整到一致即可。

调节温度由以下方法确定。

1）当热源供热量大于或等于用户热负荷、循环流量大于设计流量时，考虑到循环泵节能运行，此时用户回水温度应调节到温度调节曲线对应的回水温度。

2）当热源供热量大于或等于用户热负荷、循环流量小于设计流量时，供回水平均温度应调节到温度调节曲线对应的供回水温度的平均温度值。

3）当热源的供热量小于用户热负荷时，用户回水温度调节到略低于总回水温度。

回水温度调节法的调节步骤如下。

1）记录各用户回水温度，并和总回水温度做比较。

2）第一轮调整，近端用户阀门应关闭过量，记录各用户阀门的关闭圈数。

3）第一轮调整完毕，待总回水温度稳定不变后记录各用户的回水温度，和调节前做比较，再和总回水温度做比较，进行第二轮调整。

4）按照管网的流速和最远用户管网长度进行估算，反复进行调节。

温度调节法的最大优点是调节过程测量参数单一，只有温度这一个类型参数，不必进行流量、压力的测量。这是因为室内温度只与供回水的平均温度有关，而与流量大小无关。因此，温度调节法只需较少的测试仪表，调节费用相对也比较低。

温度调节法也有明显的缺陷：由于供热系统有较大的热惯性，温度变化明显滞后。当系统流量调节后，系统温度变化缓慢，有时一小时甚至几小时后，温度才能稳定在一个新的工况下。因此，温度的测量常常是过渡数值，不能真实反映调节的实际效果。供热系统越大，这种缺陷越明显。为克服上述缺点，常常需要系统稳定后再测试，这就拖长了调节时间，使这种调节方法又增添了新的不足。

综上所述，温度调节法适用于下列三种情况。

1）供热系统规模较小，温度滞后不太明显。

2）在供热系统中，装配有用户回水温度的计算机自动检测时，可在模拟分析法、模拟阻力法调节的基础上进行微调。

3）在规模较大的供热系统中，对流量进行计算机自动调节控制。其中，被调参数为水温，调节参数为流量。调节过程为：连续检测供回水平均温度或回水温度，并与基准温度相比较，由计算机对供热系统进行整体工况的分析、计算，把与基准温度比较得出的温度偏差，转换为电动调节阀的调节开度，由计算机发出指令，使电动调节阀调到要求开度。水温可以间隔几分钟连续检测，流量则可控制在一小时调节一次，这种采样控制正好适应供热系统的大滞后性。

（5）自力式流量阀调节阀

这种方法的主要特点是依靠自力式调节阀，自动进行流量的调节控制。自力式流量调节阀可分两种，分别是散热器恒温调节阀和自力式流量阀，如图4-12所示。

图 4 - 12　自力式流量阀调节阀

综上所述，各种调节方式适用于不同情况的外网环境，单以目前的我们供热环境、供热人员技术条件水平，自力式平衡调节阀适用于国内的供热行情，同时自力式流量阀调节法也适用于智慧供热系统，能够较好地兼容目前市面上多数智能平衡设备，达到智慧供热的目的。

第 5 章　供热系统节能改造及解决方案

5.1　供热系统节能改造要求

1. 热源节能改造的一般要求

供热系统的节能改造工程实施范围应以一个集中供热系统或建筑小区为单位进行。实施建筑围护结构节能改造应同步进行供热系统节能改造。对节能改造后的供热系统，锅炉房和热力站的供热量应采用热量测量装置加以计量监测。供热系统的节能改造工程应采用成熟的节能技术，采用的锅炉、换热设备、水泵等设备的能效等级应符合现行有关标准的要求。供热面积大于 10 万 m^2 或热力站数量大于 10 个的供热系统，宜设置供热集中控制系统。热电厂首站、锅炉房总出口、热力站一次侧应安装热计量装置。一个供热区域有多个热源时，宜将多个热源联网运行。同一锅炉房向不同热需求用户供热时应采用分时分区控制系统。当供热系统由一个区域锅炉房和多个热力站组成，且供热负荷比较稳定时，宜采取分布式变频水泵系统。

锅炉房直供系统应按下列要求进行节能改造：①当各主要支路阻力差异较大时，宜改造成二级泵系统；②当锅炉出口温度与室内供暖系统末端设计参数不一致时，应改造成混水供热系统或局部间接供热系统；③当供热范围较大，水力失调严重时，应改造成锅炉房间接或直供间供混合供热系统。

循环水泵的选用应符合下列规定：①变流量和热计量系统的循环水泵应设置变频调速装置，循环水泵进行变频改造时，应在工频工况下检测循环水泵的效率；②循环水泵改造为大、小泵配置时，大、小循环水泵的流量宜根据初期、严寒期、末期负荷变化的规律确定；③当锅炉房的循环水泵并联运行台数大于 3 台时，宜减少水泵台数。

2. 热力站节能改造的一般要求

换热器、分集水器等大型设备应进行外壳保温。开式凝结水回收系统应改造为闭式凝结水回收系统。热力站循环水泵应设置变频调速装置。热力站应采用气候补偿系统或设置其他供热量自动控制装置。热力站应对热量、循环水量、补水量、供回水温度、室外温度、供回水压力、电量及水泵的运行状态进行实时监测。

3. 供热管网节能改造的一般要求

判定供热管网输送效率时，应根据管网保温效果、非正常失水控制及水力失调度三方面的勘察结果判定。当系统补水量不符合规定时，应根据查勘结果分析失水原因，并进行改造。现有管网应进行水力平衡调节和管网水力平衡优化。管网进行更新改造时，应进行水力平衡分析。根据水力平衡检测结果，在一级供热管网、热力站、二级供热管网、热力入口处应安装水力平衡装置。供热管网宜采用直埋敷设方式。建筑物热力入口可采用混水技术进行节能改造。

4. 建筑物内供暖系统节能改造的一般要求

室内供暖系统应设置用户分室（户）温度调节、控制装置或设施。室内垂直单管顺流式供暖系统应改为垂直单管跨越式或垂直双管式系统。楼栋内由多个环路组成的供暖系统中，应根据水力平衡的要求，安装水力平衡装置。楼栋热力入口可采用混水技术进行节能改造。供暖系统宜安装用户室温监测系统。

5. 供热系统其他相关指标参考值

供热系统其他相关指标参考值见表 5 - 1。

表 5 - 1　供热系统其他相关指标参考值

序号	节能查勘评估项目	合格指标
1	一次网补水率/%	≤0.5
2	二次网补水率/%	≤1
3	室外管网输送效率	≥0.9
4	循环水泵运行效率	≥0.9×额定效率
5	室外管网水力失调度	0.9~1.2
6	室内温度/℃	$\geqslant T^{\mathrm{n}} - 2$

注：T^{n} 为室内供暖设计计算温度。

5.2　供热系统节能改造方案

5.2.1　分布式变频系统节能改造系统

1. 系统基础知识

分布式变频二级泵技术的供热系统是把传统的供热系统改变成了一种柔性的供热系统。该系统允许根据热量平衡需要，通过各站变频泵任意调节各热力站的运行流量，并且不会出现管道压力大幅度波动的安全问题；其使热网平衡调节变得简单易行，可以节约大量的热能与电能。

分布式变频系统的基本原理是利用分布在用户端的循环泵取代用户端的调节阀，由原来在调节阀上消耗多余的用户入口供回水压差改为用分布式变频泵提供必要的用户入口供回水压差。在分布式变频泵供热系统中，热源循环泵只承担热源内部的循环动力。

热源循环泵扬程只克服热源内部的阻力，热系统主线的总设计流量为系统主线的总设计流量。各换热站的一级循环泵扬程的计算要在整个供热系统水力计算的基础上进行，流量按该换热站一级侧的设计流量选取。二级循环泵的扬程、流量按用户的阻力及设计流量选取。

分布式变频系统原理如图 5 - 1 所示。

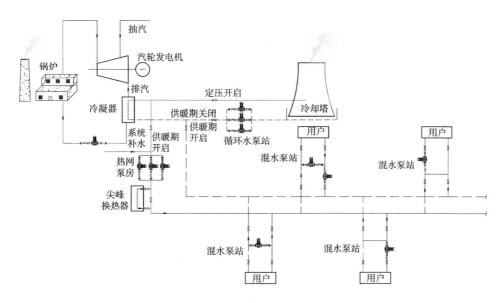

图 5 - 1　分布式变频系统设计原理

2. 分布式变频系统与传统供热系统区别

传统的供热系统中，热源循环泵或首站循环泵承担热源或首站内部阻力和整个热网最不利环路及各用户的入口供回水压差。选择热源循环泵的设计条件一般是满足热网最不利环路入口供回水压差，但是系统中除了最不利环路外，大多数近端用户都采用调节阀消耗多余的用户入口供回水压差，产生大量无用功耗。热源首站由于水泵功率较大，需要配套对应的高压设备，增加了初投资。对于运行管理而言，热网平衡不易调节，且耗电量相对较高。

使用分布式变频系统，热源循环泵或首站循环泵只需要满足热源站内或首站站内的流量和扬程即可，循环水泵功率大幅度降低。分布式系统水压图为负压差水压图，各站内没有剩余压头，各站安装分布式变频循环泵满足该站压差需求和管网阻力即可。运行期各站按需供热，较传统供热系统节电 40% ~ 70%，节热 10% 以上。

3. 传统供热系统相对分布式变频系统的不足

传统供热系统水压图如图 5 - 2 所示。

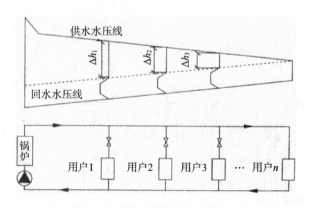

图 5 – 2   传统供热系统水压图

分布式变频泵供热系统的水压图如图 5 – 3 所示。

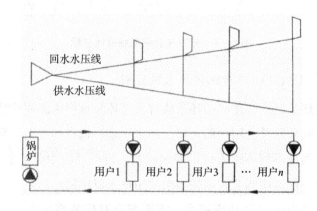

图 5 – 3   分布式变频泵供热系统的水压图

传统供热系统相对分布式变频系统的不足包括以下几点。

1）耗电量偏高。传统供热系统的循环泵根据最远、最不利用户选择，并设置在热源处，以克服热源、热网和用户系统阻力。这种传统设计，会在供热系统的近端用户形成过多的供回水压差。为降低近端用户流量，必须设置调节阀，将多余的供回水压差消掉。传统供热系统中的无效耗电量相当可观，如图 5 – 4 所示。

2）容易失调。由于近端用户出现过多的供回水压差，在缺乏有效调节手段的情况下，近端用户很难避免流量超标，这必然造成远端用户流量不足，形成供热系统冷热不均现象。同时，供热系统的远端易出现供回水压差过小，即

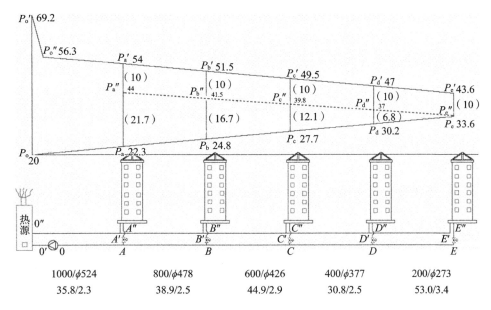

图 5-4   传统供热系统中的无效耗电量

用户供回水压差不足的现象。在这种情况下，为改善供热效果，提高远端用户的用户入口供回水压差，往往采用加大循环泵和（或）在末端增设加压泵的做法，但这易使供热系统流量超标，进而形成大流量小温差的运行方式。

3）无效功大。传统供热系统由于循环泵设置在热源处，提供的动力按热网最大流量设计。分布式变频泵供热系统的热源循环泵只需克服热源内部阻力，克服外网阻力依靠沿途分布的循环泵即可实现。虽然分布式变频泵供热系统采用较多的循环泵，但各个循环泵的功率却减小了。

4. 分布式变频系统的优势

分布式变频系统的优势包括以下几点。

1）适应管网热负荷变化的能力强。分布式供暖由于热力站回水加压泵功率小、扬程低，移动动力强，适应管网热负荷变化的能力也强。

2）降低管网公称压力，减少管网投资。主循环泵只需提供系统循环的部分动力，其余动力由各热力站的回水加压泵进行调节，这使得主循环泵的扬程降低，管网总供水压力降低。管网公称压力降低，使得管网投资减少。

3）增加管网输送效率，降低管网输送能耗。采用分布式变频泵系统时，热力站采用回水加压变频泵进行调节，这种系统的综合动力输送效率较高。

4）采用分布式变频泵供热系统，热源循环泵、一级循环泵和二级循环泵提供的能量均在各自的行程内有效地被消耗掉，因此没有无效的耗电量。由于各用户负荷变化的不一致性，可调节循环泵的转速可以满足热网运行需求。在满足负荷运行时，可以靠温控阀来调节，系统无功消耗减小，运行费用降低。

5）解决一次网水力失调问题，无需调节阀门，水泵可以根据所需进行变频调节。

5. 分布式变频系统设计及注意事项

（1）设计

分布式变频系统应对管网进行设计，计算管网的阻力，选择压差控制点。不同的压差控制点对应不同的设备初投资和管网运行用度，应按照技术经济分析进行选择。

确定主循环泵主要考虑两个方面：一是流量要求，流量应依据锅炉额定流量；二是扬程要求，扬程应满足热源到压差控制点间的管网阻力。

选择分布泵主要考虑该分支用户的阻力、克服系统负压差和循环流量。

（2）注意事项

1）分布式变频系统适合供热半径大和阻力偏大的供热大热网，且热网负荷变动不宜过大。

2）应根据水压图确定循环水泵参数，扬程要留有足够余量。

3）循环水泵应加变频，系统应加流量控制阀，便于控制。

6. 分布式变频系统改造系统图

分布式变频系统改造系统图如图 5-5 所示。

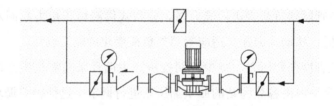

图 5-5 分布式变频系统改造系统图

分布泵前后需要加关断阀门（或电动关断阀门），且分布泵系统需要加装旁通管，旁通管需要关断阀门（或电动关断阀门）。

7. 分布式变频系统实例分析

某热力公司供暖面积约330万 m²，共40个换热站。该热力公司供暖面积涨幅较稳定，每年的供热面积变化不大。

热源参数如下：燃煤锅炉2台，锅炉功率为100t/h，设计供回水温度为130℃/70℃。

循环泵参数如下：流量3600m³/h，扬程90mH₂O，功率1250kW，循环水泵2台。

通过水力计算，得到系统所需总流量4266m³/h，所需水泵扬程83mH₂O。

做水压图，如图5-6所示。

按照传统形式运行，一次网系统每小时耗电约为1230kW。

考虑到运行安全问题及耗电量较高的问题，将该项目改造成分布式水泵供暖形式，在锅炉房内设计一次网压差控制点，主循环泵只负责克服锅炉房内部阻力，循环流量满足系统所有循环流量，其余各换热站根据情况，在一次网上安装相应的循环水泵，扬程和流量需满足本换热站，水压图如图5-7所示。

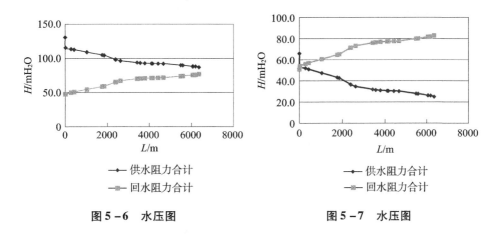

图5-6　水压图　　　　　　　　图5-7　水压图

经过水力计算确定各换热站分布泵选型，选型表见表5-2。

表 5 - 2　选型表

换热站名称	设计面积/万 m²	耗电功率/kW	实际功率/kW
换热站 1	14.00	8.76	11.00
换热站 2	10.00	6.26	7.50
换热站 3	16.70	13.93	15.00
换热站 4	5.00	5.21	7.50
换热站 5	3.00	4.38	5.50
换热站 6	7.40	12.34	15.00
换热站 7	3.70	6.17	7.50
换热站 8	8.70	14.51	15.00
换热站 9	16.40	30.77	37.00
换热站 10	15.00	28.15	30.00
换热站 11	3.60	6.76	7.50
换热站 12	19.30	36.22	37.00
换热站 13	10.90	20.45	22.00
换热站 14	3.20	6.00	7.50
换热站 15	8.00	19.35	22.00
换热站 16	2.50	6.05	7.50
换热站 17	5.40	13.06	15.00
换热站 18	9.40	23.52	30.00
换热站 19	9.50	23.77	30.00
换热站 20	17.50	47.43	55.00
换热站 21	7.00	18.97	22.00
换热站 22	15.60	45.54	55.00
换热站 23	15.70	13.09	15.00
换热站 24	2.40	3.20	4.00
换热站 25	0.13	0.19	0.37
换热站 26	5.20	7.59	11.00
换热站 27	8.70	12.70	15.00
换热站 28	8.00	11.68	15.00
换热站 29	6.60	11.01	15.00
换热站 30	3.40	5.67	7.50

换热站名称	设计面积/万 m²	耗电功率/kW	实际功率/kW
换热站 31	2.50	4.17	5.50
换热站 32	0.60	1.05	2.20
换热站 33	3.70	6.17	7.50
换热站 34	5.10	9.57	11.00
换热站 35	8.80	20.25	22.00
换热站 36	5.00	11.47	15.00
换热站 37	7.00	16.05	18.50
换热站 38	4.50	10.32	11.00
换热站 39	5.60	12.84	15.00
换热站 40	3.50	8.47	11.00

分布式热源循环水泵参数如下：$G = 2000t/h$，$H = 25mH_2O$，实际耗电 $N = 173.75kW$。

由各站表格可知，总耗电功率为 737kW（为设计满负荷运行时耗电情况）。

传统运行方式所需主循环泵大小：$G = 4266/h$，$H = 83mH_2O$，实际耗电 $N = 1230kW$（为设计满负荷运行时耗电情况）。

改成分布泵系统可节约电能

$$(1230 - 737)\ kW \cdot h = 493kW \cdot h \tag{5-1}$$

整个采暖期可节约用电

$$410 \times 24 \times 150kW \cdot h = 1774800kW \cdot h \tag{5-2}$$

5.2.2　混水节能改造系统

1. 混水系统的定义

混水系统通过混水站将外网供热系统分为高温水一次网和低温水二次网两部分。二次网的回水一部分回到一次网变成一次网的回水，另一部分回水通过混水站加压与一次网供水混合变成二次网的供水。

2. 混水系统的优点

混水供热方式没有换热器，也就没有换热器的散热损失，所以混水直供相对于间接供热的热利用率更高。

混水直供热力站没有换热器，在检修期间相对间接供热方式节省大量的维护费用，换热器通常需要每隔一两年做定期的除垢清洗，特别是板式换热器流道间隙窄，容易结垢，换热板间严密性要求高，密封垫在拆装过程中容易损坏，这样造成热力站维修成本增加，经测算平均每年单台换热器维护费用为2500元左右。

因热力站工艺结构上没有换热器，无单独定压系统，混水热力站可节省换热器及变频补水系统的投资。另外，由于设备占地面积少，热力站土建造价明显下降，所以混水热力站相对于间接供热造价明显降低。

3. 混水系统的缺点

因整个系统水质相同，因此锅炉水质不易单独控制。采用的水处理方式不当，或根本没有水处理时，就会造成锅炉腐蚀严重。

因整个系统是连在一起的，运行时系统任何地方失水或倒空（进空气）都会影响全系统的供热，甚至造成全系统无法正常运行。因此，系统运行的稳定性和安全性低，不适合超过 200 万 m^2 的大中型供热系统。

由于在直供混水系统中既存在一级网循环泵，又存在多个热力站的混水泵，这些泵同时串联、并联在同一个大系统中，各台泵的运行工况和各种阀门的调节都会直接影响一级网和二级网的流量和压力的变化。运行时既要保证一级网的水力平衡和理想的水压图状态，又要保证二级网的供热量和供回水压力，因此运行调节难度大。如果没有较好的调控设备和调节手段，就会造成严重的冷热不均或供回水压力不稳定的状态，使供热质量难以保证，且对运行人员的技术水平要求较高。

各热力站混水方式的选择、水泵型号的选择等都应根据现场情况和它在热网中水压图的位置确定，因此设计难度增加，很难找到与理想的设计参数相匹配的循环水泵，进一步增加了运行调节的难度。

4. 混水系统设计注意事项

1）不超压。不超过热用户对于承压能力的要求。

2）不倒空。应满足热用户最高点对定压的要求。

3）水能流。应满足热用户系统对压差的要求。

4）能混水。应满足混水系统回水混合进供水的压力要求。

5）混水系统不宜采用的范围如下：一次网站内压力偏高（大于二次网最大承压能力）的系统不宜采用混水供暖，一次网压力不稳定的系统不宜采用混水供暖（间歇供暖且系统较小的，压力随温度变化较大），失水量大的系统不宜采用混水供暖，技术水平较差的公司不宜采用混水供暖。

6）混水系统混水比根据混水流量与温度确定：

$$U = \frac{G_h}{G_{1g}} = \frac{t_{1g} - t_{2g}}{t_{2g} - t_{2h}} \qquad (5-3)$$

式中，U 为混合比；G_h 为进入混水装置的回水流量，m^3/h；G_{1g} 为混水装置之前热网供水流量，m^3/h；t_{1g} 为热网供水温度℃；t_{2g}、t_{2h} 为混水装置后供回水温度℃；$t_{1g} = t_{2g} + u(t_{2g} - t_{2h})$。

5. 混水系统改造系统图

混水系统水压图如图 5-8 所示。

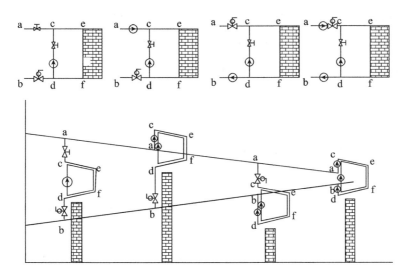

图 5-8　混水系统水压图

混水系统的基本形式如下。

1）水泵旁通加压。适用于二次网所需的供回水压力在一次网供回水压力之间。变频混水泵设置在混水旁通管路上，一次网供水管上装一个流量控制阀，一次网回水管上装一个手动调节阀。利用水泵将二次网的一部分回水加压打入一次网供水中，混合形成二次网供水，二次网的另一部分回水返回一次网回水管。

2）水泵供水加压。适用于二次网所需的供水压力在一次网供水压力以上。变频混水泵设置在二次网供水管上，一次网回水管上装一个流量控制阀，一次网供水管和旁通管上各装一个手动调节阀。调节流量控制阀设定好一次网的流量，同时满足了二次网的系统静压。当一次网供水压力高于二次网回水静压时，可调节一次网供水侧手动调节阀，使其阀后压力与二次网回水静压相平衡，利用水泵将二次网一部分回水及一次网供水同时吸入，混合形成二次网供水，另一部分二次网回水直接返回一次网回水管。当一次网供水压力低于二次网回水静压时，调节旁通管上的手动调节阀，使其阀前压力满足二次网系统静压。

3）水泵回水加压。适用于二次网所需的回水压力在一次网回水压力以下。变频混水泵设置在二次网回水管上，一次网供水管上装一个流量控制阀，一次网回水管上装一个手动调节阀。调节流量控制阀设定好一次网的流量。当一次网回水压力低于二次网所需的供水压力时，可调节一次网回水侧手动调节阀，使其阀前压力满足二次网对供水压力的要求，利用水泵将二次网回水提压，一部分回水和一次网供水混合成为二次网供水，另一部分回水回到一次网。当一次网回水压力高于二次网所需的供水压力时，手动调节阀全开即可。

6. 混水系统实例分析

某供热公司供暖系统为热电联产形式，热网为单热源枝状管网，热源为电厂，该管网于 2010 年建成，设计温度 75℃/55℃，管设计压力 1.3MPa，供暖形式采用低温循环水直供形式，由电厂循环泵提供动力，将低温循环热水供暖到热用户。其主管为 DN800，供暖半径 6000m 左右。管网规划面积 240 万 m^2，入网面积 226 万 m^2，其中旧有建筑面积大约为 130 万 m^2。2010—2011 年采暖期实际供暖面积 140 万 m^2。截至 2021 年，该热力公司实际供暖面积约为 370 万 m^2。

首站循环水泵参数如下：流量 2200m³/h，扬程 65mH₂O，功率 630kW，2010—2011 年采暖季运行两台循环水泵，实际循环流量 4600m³/h，供回水温差 10℃左右。供暖期间系统末端用户不热现象明显，人为放水严重，失水量过大。

2010—2011 年采暖季运行过程中，暴露问题较多，且比较严重，直供系统水力失调现象明显，需要增大循环流量满足末端，但是管网管径固定，增大循环流量势必造成管网阻力增大。经计算，直供系统增加循环流量以后，水泵出口压力约为 5.4MPa，严重超压。该系统也可以进行换热站改造，但是一次网供水温度偏低，不利于换热器换热，热损较大，且初投资很大，综合考虑之下，对该公司进行混水系统改造。

混水改造后设计水压图如图 5 - 9 所示。

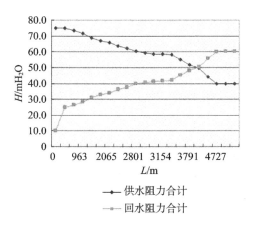

图 5 - 9　混水改造后设计水压图

该水压图一次网循环流量按照 1.5kg/(h·m²) 计算，系统定压不超 0.25MPa，首站内部阻力为 0.15MPa。考虑利用原有水泵，且保证系统正常安全运行，热源出口压力不超过 0.8MPa，使系统内设备在承压范围之内。综合考虑之下，一次网水压图就形成了交叉水压图，根据不同位置压力及压差情况划分混水站，包含旁通加压混水站、供水加压混水站、回水加压混水站及分布式混水站。

改造效果见表 5 - 3。

表 5 - 3　采暖季供暖数据表

采暖季	年份			
	2011—2012	2012—2013	2013—2014	2014—2015
供暖面/万 m^2	168	193	207	226
耗热量/GJ	928 287	991 958	930 009	909 650
平均耗热量/(GJ/m^2)	0.55	0.52	0.45	0.40
补水量/m^3	386 496	375 840	324 576	269 280
平均补水量/(m^3/h)	134.2	130.5	112.7	93.5
耗电量/(kW·h)	2 006 600.0	2 235 662.4	1 839 056.7	1 512 245.2
平均耗电量/(kW·h/m^2)	1.27	1.13	0.89	0.67
平均热指标/(W/m^2)	53.13	49.42	43.20	40.25
采暖期平均室外温度/℃	-3.80	-4.60	-3.24	-3.15

将几个采暖季运行数据持续对比，平均耗热量、平均耗电量及平均补水量均逐年下降，用户满意度提升，热力公司收费率提高。截至 2021 年，该公司实际供暖面积达 370 万 m^2，混水站 110 座，运行效果良好。

混水系统是小规模热电联产设计和改造的优选方向，并且如何利用好混水系统也是值得长期讨论及实践的话题。

5.2.3　高低采暖联供改造系统

1. 系统基础知识

高低采暖联供机组由水泵、电动阀、自力式流量控制阀、止回阀、安全阀、电磁阀、压力表、控制柜等组成。

高低采暖联供机组将高层建筑的高区采暖系统与低区采暖系统直接连接，它无需热交换器，不设高区专用锅炉，不设水箱，该设备直接将热媒供水加压送至高区，同时将高区回水直接连接，避免了热交换器系统大量的热损失。

2. 高低采暖联供系统的优点

1）节约能源。提高热效率，提高了高区热媒参数。

2）运行稳定。高低区互不干扰，并且可根据实际需求确定不同的运行工况。

3）自动化运行。机组自动变频运行，并且自动控制系统监控各设备的工作状态，做到无人值守。

4）占地面积小。一体化机组设计，无需占用高层建筑内的其他面积。

3. 高低采暖联供系统应用范围

高层建筑需分区的采暖系统；多层建筑位于热网末端，供回水压差过小的多层建筑；在同一热网中，地形高差过大，位于最高处的多层建筑。

4. 高低采暖联供系统改造系统图

高低采暖联供系统改造系统图如图 5 – 10 所示。

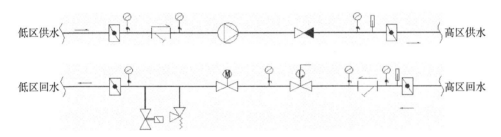

图 5 – 10　高低采暖联供系统改造系统图

5. 高低采暖联供系统案例分析

某锅炉房采用低温水直供方式供暖，且热用户间的地势差较大，锅炉房较热用户最高点低 38m 左右。该锅炉房一期总供暖面积 5.1 万 m^2，楼层最高为 4 层，单层楼高 5m。2019 年采用板式换热系统供暖，一次网供水温度 56℃，一次网回水 35℃，二次网供水 34℃，二次网回水 26℃，但是供暖效果较差，部分用户室温为 5℃左右。

该锅炉房一次网供水温度较低，合理方案是，撤销换热站，采取直供模式。经现场勘查与设计，敲定高低采暖联供机组方案，高低采暖联供机组的关键技术在于回水减压及静压如何解决，因此，该机组需要具备加压和减压的功能。

该锅炉房一期供暖面积 5.1 万 m^2，换热站位于地势 79m 位置，最高楼 4 层，为 A8 号楼图书馆，层高 5m，地势高 108m，加楼房高度，最高点 128m，到站供水压力 0.36MPa，二次网循环效果差，需提高二次网供水压力，以保证系统正常运行，则加压泵扬程为 18mH$_2$O。为避免设计误差，满足末端用户采暖效果达标，循环流量按 $4\text{kg}/(\text{m}^2 \cdot \text{h})$ 计算，流量为 204t/h。

最终水泵选型如下：$G = 200\text{t/h}$，$H = 22\text{mH}_2\text{O}$，$N = 18.5\text{kW}$。

机组设计原理如下。

1）本机组设有手动调频功能，可手动调节泵的频率，使泵的出口压力满足所需压力即可，可节约电能消耗。

2）本机组设有保护功能，当机组停止时一次网电动阀自动关闭，确保低地势超压保护。

3）可根据二次网实供设定循环流量，防止各站之间水力失调。

高低采暖联供机组系统如图 5－11 所示。

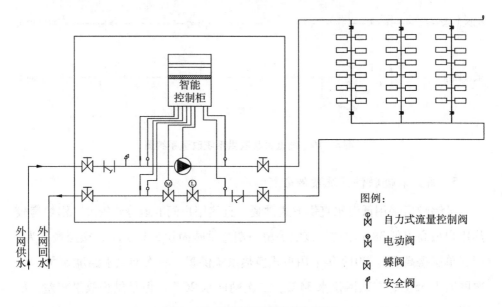

图例：

🔰 自力式流量控制阀

🔰 电动阀

🔰 蝶阀

𝑓 安全阀

图 5－11　高低采暖联供机组系统

机组安装后效果显著，效益分析如下。

1）可彻底解决用户不热问题，提高用户满意度。

2）运行稳定。流量调控便捷，可根据实际需要确定不同的运行工况。

3）自动化程度高。根据系统运行特点设计的自动控制程序，可使变频控制柜自动监控各设备的工作，真正做到无人值守。

4）设备占地面积小。一体化机组设计，可方便地安装于设备间内，无需占用其他建筑面积。

5.2.4　分时、分区供暖改造系统

（1）系统基础知识

分时、分区供热系统是基于用能需求侧管理理论的应用，适用于不同供暖需求、不同用热规律的建筑物。

（2）分时、分区供热系统的优点

自动分时、分区供热系统具备按需供热、防冻保护、全自动调节、手动调节、多时段、故障保护和可通信等优点。

（3）分时、分区供热系统设计原理

通过可编程控制器、传感器和相应的执行机构，自动控制不同供暖需求、不同用热规律建筑物的供热量。

（4）分时分区供热系统改造系统图

分时分区供热系统改造系统图如图 5-12 所示。

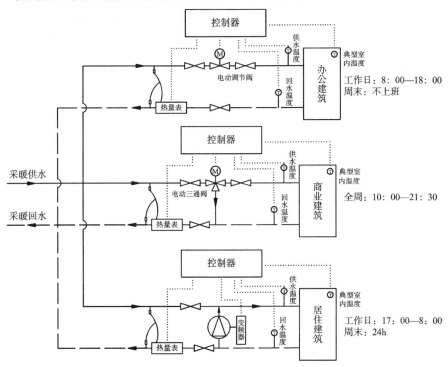

图 5-12　分时分区供热系统改造系统图

（5）分时、分区供热系统案例分析

某商业区办公楼锅炉房规划供暖面积 21 万 m^2，2019—2020 年度实际供暖 9.4 万 m^2。系统为板式换热器间供系统，分为 4 个换热站。现热源提供供暖热量和宾馆生活热水用热。

1）该系统存在的主要问题

该系统存在的主要问题如下：板式换热器偏小；一次网水泵扬程选取偏高，运行时实际阻力偏小，水泵曲线偏移，扬程转化为流量，导致超流的问题，严重时会烧坏电动机；已经供暖的用户室内温度普遍在 25℃ 以上，高出国家规定办公环境温度，浪费热能。室内温度每升高 1℃，北京地区就多耗 5.5% 的热能，现高出国家规定标准 5℃，多耗能 27.5%；未供暖的用户，现在为低温防冻状态，采用主管道蝶阀关小的方式降低流量，效果较差；系统能耗指标较高，实际运行耗热量和耗电量对比与《供热系统节能改造技术规范》（GB/T 50893—2013）对比数值偏高，原因是部分办公楼未入住，调控手段不及时。

2）改造方案

改造方案如下：加大板换的面积；更改循环水泵，更换合适的循环水泵，这样，既能解决超流的问题，也可以节约电能；改为分时采暖系统。

3）分时供暖系统图

分时供暖系统图如图 5-13 所示。

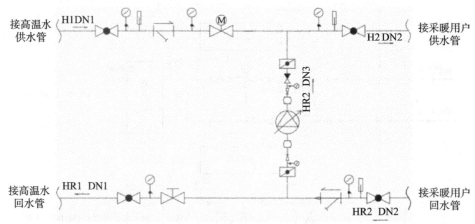

图 5-13　分时供暖系统图

4）分时供暖系统三段调节方式

分时供暖系统三段调节方式如下。

① 停止供暖。夜晚室外温度较高的时间段，可以停止供暖。

② 减少循环流量供暖。室外温度较低的时间段，调节二次网电动阀，用户流量减小，二次网频率降低，旁通水泵不开启，供水温度不变，二次网温度控制一次网电动流量阀，一次网流量减小，调节锅炉负荷。

③ 减少主管网循环流量并和回水混合后供暖，室外温度很低的时间段，如果只减小用户循环流量，末端会出现冻的情况，此时需要大流量低温运行，二次网流量减小，旁通水泵开启，保证大流量低温运行。

④ 对于未入住的办公楼，日间采用第二种调控手段，调节二次网电动阀，降低锅炉负荷和水泵频率。

5）效果

① 节电。更换水泵后耗电量下降，节约电量如下：

$$(11 + 3.5 + 7.5) \times 24 \times 120 \text{kW} \cdot \text{h} = 63\,360 \text{kW} \cdot \text{h} \tag{5-4}$$

② 节热。通过分时供暖自动调节和调整运行方式，每平方米耗气量至少可下降 2m^3，整个采暖季节约耗气量 $188\,000\text{m}^3$。

6）解决问题

① 更换水泵后解决超流现象，提高水泵安全性，不会出现烧电动机的危险。

② 板式换热机组换热效率提高，二次网温度升高，流量可以适当调小，节约能耗。

5.2.5　二次网供暖系统节能改造系统

对于供热系统外网来说，每个热网都先天性存在水力失调现象，这也是热网近热远冷的原因。实现热网平衡是目前供热要解决问题的基础。

1. 供热企业水力失调现状

热水网路的任务是按照热用户的需求，把热源生产的热能输送给各个热用户系统。热水供热系统是一个具有许多并联环路的复杂的水力系统，各环路之

153

间的水力工况是相互影响、相互制约的。任何一个热用户系统的流量发生改变，都将引起其他热用户系统的流量随之发生改变，引起水力失调。

通过对供热管网水力计算可得出为达到系统的最不利用户的流量需求及所需热源循环泵参数。运行时，前端热用户具有的资用压差大，流量就会增多；造成末端没有压差，流量无法满足热用户需求，会出现不热现象。管网运行水压图如图5-14所示。

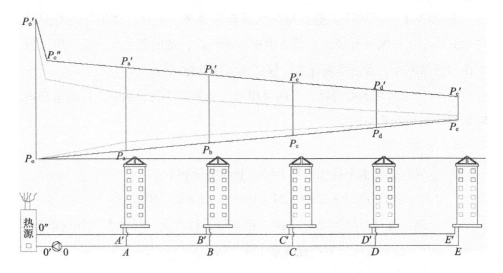

图 5-14　管网运行水压图

热源供出热量与流量是满足整个热网系统的，但是前端用户压差大，造成流量增多，耗热过多，会使系统末端所供热量不足，出现水力失调现象。

2. 二次网平衡技术及节能潜力

对于外网来说，要解决水力失调现象，可在每个支线的回水管上安装平衡设备，可以起到定流量的作用，使流量按需分配，解决了近端流量大、末端流量小的现象，消除系统的水力失调，节约能源。

针对室内系统，可使每组散热器的流量达到平衡的状态。在室内系统的入口回水管上安装平衡设备，根据室内所需的流量设定流量的大小。在每组散热器上安装均流活接，即在普通的活接上安装孔板胶垫，使散热器流量达到平衡，做到循环流量 $1kg/(h \cdot m^2)$。

均流活接安装图如图5-15所示。

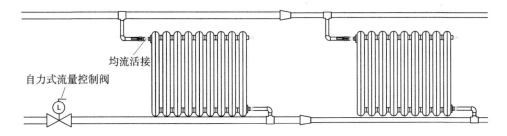

图 5 - 15 均流活接安装图

每组散热器的流量达到平衡时，流量可控制到 $1kg/(h \cdot m^2)$，此时节能潜力如下。

1）节约电能 90% 以上。

2）传统方案的循环流量为 $3.5kg/(h \cdot m^2)$ 左右，本方案的循环流量大约是 $1kg/(h \cdot m^2)$，流量与耗电功率的关系式为

$$N_1/N_2 = G_{13}/G_{23} \tag{5-5}$$

式中，N_1、N_2 为平衡前、后的耗电功率，kW；G_1、G_2 为平衡前、后的循环流量，kg/h。将 $G_1 = 3.5$，$G_2 = 1$ 代入式（5-1），得

$$N_1/N_2 = 12.25 \tag{5-6}$$

即本方案实施以后，循环泵可节约电能 90% 以上，室内可节约热能 20% 以上。

传统方案由于流量控制不到位，近端用户的房间温度均在 20℃ 以上，有的在 25℃ 以上，供热时，房间温度高于所需温度 1℃ 将引起能耗增加，此增加量可由下式估算（瑞典公式）：

$$S\% = \frac{100}{s_C(t_{iC} - t_{eC} - a_i)} \tag{5-7}$$

式中，t_{iC} 为房间设计温度，℃；t_{eC} 为室外设计温度，℃；a_i 为内部得热影响房间温度，以温度值表示，℃；s_C 为季节平均供热量与最大需热量之比，0.4；$S\%$ 为房间温度升高引起的能耗增加量，以季节能耗的百分数计算。

［例］当房间温度 18℃，室外温度 - 9℃（北京地区室外计算温度为 - 9℃），即本方案实施后，室内平均温度可以降低 2℃ 以上，在北京地区可节

约热能 20% 以上，节约钢材 50% 左右，减少投资 50% 以上。

本方案运行的循环流量不到传统方案的 30%，则输送管道的直径可比传统方案小两个规格，从管材重量表可以查得，小两个规格可减小 50% 左右的重量；同时减少了土建、人工等费用，可节约建设投资 50% 以上；由于管径的缩小，可节约用地 30% 以上，减少了用地及空间，也减少了对市政建设的影响。

本方案运行的循环流量不到传统方案的 30%，反过来，同样的外网布置管网，本方案可增大到传统方案 3 倍的供热面积。

3. 二网系统改造方案及投资收益

（1）楼间的平衡方案

此安装方案在单体建筑热入口回水管上安装一个流量控制阀，按循环流量 $3.5 kg/(h \cdot m^2)$ 调节。此方案节电 33%，节电费 0.4 元/m^2；室温平均降低 0.5℃，节热 5%，节热费 1 元/m^2；装阀投资 0.5 元/m^2，一个采暖期节能费减投资为 0.9 元/m^2，即一个采暖期就可收回装流量阀的投资，并获利 0.9 元/m^2。

（2）单元间的平衡方案

此安装方案在每个单元热入口回水管上装一个流量控制阀，按循环流量 $3 kg/(h \cdot m^2)$ 调节。此方案节电 57.8%，节电费 0.69 元/m^2；室温平均降低 1℃，节热 10%，节热费 2 元/m^2；装阀投资 0.7 元/m^2，一个采暖期节能费减投资为 2 元/m^2，即一个采暖期就可收回装流量阀的投资，并获利 2 元/m^2。

（3）户间的平衡方案

由此案在每户热入口回水管上安装一个锁闭流量阀，按循环流量 $2.5 kg/(h \cdot m^2)$ 调节。此方案节电 75.6%，节电费 0.91 元/m^2；室温平均降低 1.5℃，节热 15%，节热费 3 元/m^2；装阀投资 1.4 元/m^2，一个采暖期节能费减投资为 2.51 元/m^2，即一个采暖期就可收回装流量阀投资，并获利 2.51 元/m^2。

（4）暖器间的平衡方案

此安装方案在每户入口回水管安装一个锁闭流量阀，流量按 $1.5 kg/(h \cdot m^2)$ 调节并锁闭；在每个散热器回水管装一个均流阀，将流量调均。此方案节电

94.7%，节电费 1.13 元/m²；室温平均降低 2℃，节热 20%，节热费 4 元/m²；装阀投资 2 元/m²，一个采暖期节能费减投资为 3.13 元/m²，即一个采暖期就可收回装流量阀投资，并获利 3.13 元/m²。

投资收益分析表（估算）见表 5-4。

表 5-4　投资收益分析表（估算）

控制方案	投资收益			
	楼间	单元间	户间	暖器间
流量/[kg/(h·m²)]	3.5	2.0	2.5	1.5
节电/%	33.00	57.80	75.60	97.40
节电费/元	0.40	0.69	0.91	1.13
降低室温/℃	0.5	1.0	1.5	2.0
节热/%	5	10	15	20
节热费/元	1	2	3	4
投资/元	0.5	0.7	1.4	2.0
当年效益/元	0.90	2.0	2.51	3.13

4. 二次网平衡改造经典案例分析

案例一：户用手动流量控制阀案例

某供热公司两个换热站进行水力平衡改造，站内设备不做调整。小区 A 供暖面积 64 500m²，小区 B 供暖面积 7700m²，两个换热站均安装户用手动自力式流量控制阀。

改造安装数量见表 5-5。

表 5-5　改造安装数量

序号	换热站	供热小区	安装数量/个
1	换热站 A	A 小区	800
2	换热站 B	B 小区	110
合计			910

主要调整节点见表5-6。

表5-6 主要调整节点

序号	节点	时间范围	内 容
1	设备安装	10月10日—11月1日	户用自力式流量控制阀安装
2	初期调整	11月17日—11月19日	供暖初期平衡调整目标为保证初期供热效果的同时回水温度差别控制在1.5℃以内（二次网供回水温度变化较大）
3	精细化调整	11月25日—11月27日	天气稳定、热源稳定，平衡调整目标为每个用户的回水温度差别控制在1℃以内
4	降耗方案实施	11月28日	新的运行指标下发，并观察运行情况、及时修正

水力平衡调整后，根据运行参数制定新的运行曲线，调整水泵运行频率，运行131天后，11月15日—3月25日期间能耗数据见表5-7（耗热量已经按照统一温度折算）。

表5-7 能耗数据

换热站A						
采暖季与节能量	耗热量/(GJ/万m²)	耗电量/(kW·h/万m²)	耗水量/(t/万m²)	热单耗/(GJ/m²)	电单耗/(kW·h/m²)	水单耗/(kg/m²)
2020—2021年	3 066.80	13 509.77	9.09	0.31	1.35	0.91
2021—2022年	2 606.89	7 950.97	7.48	0.26	0.80	0.75
节能量	459.91(节能15.00%)	5 558.80(节能41.15%)	1.61(节能17.71%)	0.05	0.55	0.16

换热站B						
采暖季与节能量	耗热量/(GJ/万m²)	耗电量/(kW·h/万m²)	耗水量/(t/万m²)	热单耗/(GJ/m²)	电单耗/(kW·h/m²)	水单耗/(kg/m²)
2020—2021年	3 346.86	10 001.19	369.83	0.33	1.00	36.98
2021—2022年	2 996.44	8 955.00	37.41	0.30	0.90	3.74
节能量	350.42(节能10.47%)	1 046.19(节能10.46%)	332.42(节能89.88%)	0.03	0.01	33.24

注：耗热量、耗电量均已按照室外温度折算。

两个换热站经过水力平衡改造，解决了小区内水力失调问题，节电、节热效果明显。

节热（2966.4 + 269.9）GJ = 3236.3GJ。

节电（35 854.2 + 805.5）kW·h = 36 659.7kW·h。

节水（10.4 + 255.9）t = 266.3t。

通过二次网户用流量控制阀的安装与使用，解决了水力失调问题，并且做到节热、节电，节能潜力巨大。

二次网水力平衡系统有助于提高企业的生产及管理水平，提高企业的整体生产经营能力，提高企业的市场竞争力。

案例二：二次网电动户用流量阀案例

某供热公司一个换热站进行水力平衡改造，站内设备不作调整。小区供暖面积 13800m^2，共计 189 户，该换热站安装户用电动自力式流量控制阀。

改造安装数量见表 5 - 8。

表 5 - 8　改造安装数量

换热站	供热小区	安装数量/个
换热站 C	C 小区	189（电动）

平台调整策略为：平台远程调控，将各热用户实际回水温度与站内回水温度作对比，平台手动远程操作户用流量阀的开大与关小，观察周期为 6 小时，初期调试 2～3 次，热用户回水温度基本趋于一致，偏差不超 1.5℃。运行中期经过精细化调节，各热用户回水温度偏差控制在 1℃之内，制定新的二次网温度控制曲线，降低水泵运行频率。

电动流量阀门调试平台数据见表 5 - 9。

表 5 - 9　电动流量阀门调试平台数据

序号	电动流量阀 ID	阀门开度值/%	回水温度/℃	采集时间
1	2019081900030216	35	29.4	2022 - 03 - 16　08：50：08
2	2019081900039516	20	29.9	2022 - 03 - 15　20：40：11
3	2019081900045716	30	29.5	2022 - 03 - 16　23：48：23
4	2019081901028016	30	30.3	2022 - 03 - 15　20：40：12

序号	电动流量阀 ID	阀门开度值/%	回水温度/℃	采集时间
5	2019081901031116	20	30.3	2022 - 03 - 15　20：40：13
6	2019081901034216	20	29.6	2022 - 03 - 16　08：50：07
7	2019081901040416	40	29.8	2022 - 03 - 16　08：50：07
8	2019081901043516	20	30.2	2022 - 03 - 15　20：40：17
9	2019081902034316	30	29.4	2022 - 03 - 15　20：40：11
10	2019081902037416	40	29.9	2022 - 03 - 16　08：50：03
11	2019081902040516	25	29.6	2022 - 03 - 16　08：50：11
12	2019081903028216	65	30.1	2022 - 03 - 16　08：50：08
13	2019081903031316	40	29.6	2022 - 03 - 16　23：48：29
14	2019081903034416	40	29.4	2022 - 03 - 15　20：40：16
15	2019081903037516	20	29.4	2022 - 03 - 16　04：30：09
16	2019081903040616	30	30.3	2022 - 03 - 15　20：40：17
17	2019081903043716	65	29.4	2022 - 03 - 16　23：48：24
18	2019081903046816	30	30.2	2022 - 03 - 15　20：40：13
19	2019081904028316	20	30.2	2022 - 03 - 16　04：30：09
20	2019081904031416	40	29.3	2022 - 03 - 15　20：40：12
21	2019081904034516	25	30.1	2022 - 03 - 15　20：40：10
22	2019081904037616	20	29.6	2022 - 03 - 15　20：40：16
23	2019081904040716	20	29.3	2022 - 03 - 16　23：48：23
24	2019081905034616	40	29.5	2022 - 03 - 16　23：48：30
25	2019081905037716	25	29.4	2022 - 03 - 16　23：48：23
26	2019081905047016	25	29.3	2022 - 03 - 16　08：50：07
27	2019081906028516	35	30.3	2022 - 03 - 15　20：40：12
28	2019081906034716	30	29.9	2022 - 03 - 16　08：50：04
29	2019081906037816	40	29.7	2022 - 03 - 16　23：48：32
30	2019081906047116	30	29.6	2022 - 03 - 16　08：50：07
31	2019081907031716	20	29.2	2022 - 03 - 16　08：50：06
32	2019081907037916	40	29.5	2022 - 03 - 16　23：48：28
33	2019081907041016	20	29.4	2022 - 03 - 16　08：50：07
34	2019081907044116	25	29.8	2022 - 03 - 16　23：48：30
35	2019081907047216	20	29.5	2022 - 03 - 16　23：48：24
36	2019081908028716	25	30.4	2022 - 03 - 15　20：40：12

续表

序号	电动流量阀 ID	阀门开度值/%	回水温度/℃	采集时间
37	2019081908031816	20	29.7	2022－03－16 08：50：03
38	2019081908034916	30	29.9	2022－03－16 23：48：29
39	2019081908041116	25	29.9	2022－03－15 20：40：11
40	2019081908044216	25	29.3	2022－03－16 08：50：09
41	2019081908047316	40	29.9	2022－03－15 20：40：12
42	2019081909028816	25	30.1	2022－03－16 08：50：08
43	2019081909031916	40	30.0	2022－03－16 23：48：25
44	2019081909035016	60	29.5	2022－03－16 23：48：28
45	2019081909038116	30	29.8	2022－03－15 20：40：19
46	2019081909044316	40	29.4	2022－03－15 20：40：14
47	2019081909047416	40	30.3	2022－03－15 20：40：15
48	2019081910028916	20	29.3	2022－03－15 20：40：10
49	2019081910032016	30	30.1	2022－03－15 20：40：16
50	2019081910035116	30	30.1	2022－03－15 20：40：10
51	2019081910035116	30	30.2	2022－03－16 08：50：02
52	2019081910041316	35	30.1	2022－03－16 23：48：30
53	2019081910047516	35	30.3	2022－03－15 20：40：12
54	2019081911029016	65	29.8	2022－03－16 23：48：32
55	2019081911032116	30	29.3	2022－03－16 23：48：23
56	2019081911038316	40	29.4	2022－03－16 23：48：30
57	2019081911041416	30	30.6	2022－03－16 04：30：07
58	2019081911047616	65	29.5	2022－03－15 20：40：11
59	2019081912029116	40	29.9	2022－03－15 20：40：11
60	2019081912035316	30	29.9	2022－03－15 20：40：13
61	2019081912041516	40	29.4	2022－03－15 20：40：14
62	2019081912044616	30	30.1	2022－03－16 04：30：06
63	2019081912047716	30	30.4	2022－03－16 23：48：24
64	2019081913029216	40	29.7	2022－03－16 23：48：28
65	2019081913032316	30	30.3	2022－03－15 20：40：15
66	2019081913038516	40	29.7	2022－03－16 23：48：32
67	2019081913041616	20	29.4	2022－03－16 08：50：09
68	2019081913044716	40	29.3	2022－03－15 20：40：14

序号	电动流量阀 ID	阀门开度值/%	回水温度/℃	采集时间
69	2019081913044716	40	29.6	2022 - 03 - 16 23：48：29
70	2019081913047816	20	30.1	2022 - 03 - 15 20：40：10
71	2019081914029316	40	29.8	2022 - 03 - 16 23：48：22
72	2019081914032416	20	29.8	2022 - 03 - 16 04：30：06
73	2019081914035516	20	29.8	2022 - 03 - 15 20：40：16
74	2019081914038616	25	29.8	2022 - 03 - 16 08：50：01
75	2019081914044816	30	30.2	2022 - 03 - 15 20：40：13
76	2019081914047916	20	29.4	2022 - 03 - 15 20：40：15
77	2019081915029416	20	29.3	2022 - 03 - 16 08：50：06
78	2019081915032516	50	29.4	2022 - 03 - 15 20：40：15
79	2019081915035616	25	30.7	2022 - 03 - 16 23：48：30
80	2019081915038716	40	29.7	2022 - 03 - 16 23：48：32
81	2019081915041816	30	29.6	2022 - 03 - 15 20：40：11
82	2019081915044916	25	30.1	2022 - 03 - 16 08：50：08
83	2019081915048016	30	30.3	2022 - 03 - 16 23：48：23
84	2019081916029516	65	30.4	2022 - 03 - 16 23：48：26
85	2019081916032616	45	29.6	2022 - 03 - 15 20：40：11
86	2019081916035716	30	30.4	2022 - 03 - 16 23：48：30
87	2019081916038816	40	29.5	2022 - 03 - 16 23：48：23
88	2019081916041916	30	30.3	2022 - 03 - 16 23：48：25
89	2019081916045016	20	29.8	2022 - 03 - 15 20：40：14
90	2019081916048116	20	29.8	2022 - 03 - 15 20：40：12
91	2019081917029616	25	30.3	2022 - 03 - 15 20：40：12
92	2019081917032716	65	30.2	2022 - 03 - 16 23：48：28
93	2019081917035816	20	29.4	2022 - 03 - 15 20：40：11
94	2019081917042016	40	30.1	2022 - 03 - 16 23：48：24
95	2019081917045116	65	29.6	2022 - 03 - 16 23：48：23
96	2019081917048216	20	29.6	2022 - 03 - 15 20：40：17
97	2019081918032816	40	29.6	2022 - 03 - 16 23：48：30
98	2019081918042116	20	29.6	2022 - 03 - 15 20：40：13
99	2019081918045216	20	30.0	2022 - 03 - 15 20：40：12
100	2019081919029816	20	29.2	2022 - 03 - 16 08：50：02

续表

序号	电动流量阀 ID	阀门开度值/%	回水温度/℃	采集时间
101	2019081919039116	20	29.5	2022 - 03 - 16　08：50：11
102	2019081920033016	20	30.0	2022 - 03 - 15　20：40：16
103	2019081920042316	25	30.3	2022 - 03 - 16　08：50：08
104	2019081920045416	65	29.6	2022 - 03 - 16　23：48：22
105	2019081920048516	30	30.2	2022 - 03 - 16　23：48：22
106	2019081921030016	20	29.8	2022 - 03 - 15　20：40：14
107	2019081921042416	65	29.5	2022 - 03 - 15　20：40：15
108	2019081921045516	35	30.1	2022 - 03 - 15　20：40：14
109	2019081922030116	40	29.8	2022 - 03 - 16　23：48：25
110	2019081922033216	40	30.1	2022 - 03 - 15　20：40：12
111	2019081922039416	25	29.4	2022 - 03 - 16　23：48：29
112	2019081922045616	20	30.4	2022 - 03 - 15　20：40：11
113	2019081922048716	30	30.4	2022 - 03 - 15　20：40：13
114	2019081924030316	25	30.3	2022 - 03 - 15　20：40：10
115	2019081924033416	20	29.6	2022 - 03 - 15　20：40：11
116	2019081924039616	35	29.9	2022 - 03 - 16　04：30：06
117	2019081924042716	30	29.9	2022 - 03 - 15　20：40：11
118	2019081924045816	30	30.1	2022 - 03 - 15　20：40：13
119	2019081925030416	40	29.2	2022 - 03 - 15　20：40：17
120	2019081925039716	25	29.6	2022 - 03 - 16　23：48：29
121	2019081925042816	40	30.0	2022 - 03 - 16　23：48：28
122	2019081925045916	40	29.9	2022 - 03 - 16　23：48：23
123	2019081927030616	30	29.8	2022 - 03 - 15　20：40：10
124	2019081927033716	20	29.6	2022 - 03 - 16　23：48：32
125	2019081927036816	20	29.6	2022 - 03 - 16　23：48：29
126	2019081927039916	35	30.1	2022 - 03 - 16　08：50：07
127	2019081927043016	40	29.7	2022 - 03 - 15　20：40：11
128	2019081927046116	30	30.2	2022 - 03 - 15　20：40：16
129	2019081928030716	25	29.9	2022 - 03 - 15　20：40：21
130	2019081928033816	50	29.3	2022 - 03 - 16　23：48：24
131	2019081928036916	40	29.6	2022 - 03 - 16　23：48：30

序号	电动流量阀 ID	阀门开度值/%	回水温度/℃	采集时间
132	2019081928040016	55	29.9	2022 - 03 - 16 08：50：07
133	2019081928043116	25	30.2	2022 - 03 - 16 04：30：09
134	2019081928046216	25	30.1	2022 - 03 - 15 20：40：13
135	2019081929030816	30	30.3	2022 - 03 - 15 20：40：13
136	2019081929033916	30	29.7	2022 - 03 - 15 20：40：16
137	2019081929037016	40	29.9	2022 - 03 - 15 20：40：13
138	2019081929040116	25	30.6	2022 - 03 - 15 20：40：13
139	2019081929043216	25	29.5	2022 - 03 - 16 23：48：32
140	2019081929046316	30	30.0	2022 - 03 - 16 04：30：07
141	2019081930034016	20	29.5	2022 - 03 - 16 23：48：32
142	2019081930037116	40	29.4	2022 - 03 - 15 20：40：21
143	2019081930040216	40	29.2	2022 - 03 - 15 20：40：12
144	2019081930043316	40	29.6	2022 - 03 - 16 04：30：08
145	2019081930046416	20	29.4	2022 - 03 - 16 04：50：08
146	2019081931031016	20	29.6	2022 - 03 - 15 20：40：10
147	2019081931034116	40	29.7	2022 - 03 - 15 20：40：13
148	2019081931037216	40	29.4	2022 - 03 - 16 23：48：26
149	2019081931043416	65	29.8	2022 - 03 - 16 23：48：25
150	2019081931046516	20	30.1	2022 - 03 - 16 23：48：24
151	2019081932030516	65	29.6	2022 - 03 - 15 20：40：12
152	2019081932036716	30	30.2	2022 - 03 - 15 20：40：11
153	2019081932039816	40	29.4	2022 - 03 - 16 23：48：30
154	2019081932042916	30	29.5	2022 - 03 - 15 20：40：12

通过采集数据可以看出，实际供暖用户共计 154 户，各热用户之间回水温度基本维持在 29.3 ~ 30.5℃，回水温度偏差值基本控制在 1℃ 之内，阀门调试效果精准。

采暖季结束后，该换热站节能效果明显，耗热量、耗电量、耗水量见表 5 - 10。

表 5 - 10　节能效果

采暖季与 节能量	耗热量 /(GJ/万 m²)	耗电量 /(kW·h/万 m²)	耗水量 /(t/万 m²)	热单耗 /(GJ/m²)	电单耗 /(kW·h/m²)	水单耗 /(kg/m²)
2020—2021 年	2 679.90	11 225.85	15.20	0.27	1.12	1.52
2021—2022 年	2 380.00	7 380.06	8.08	0.24	0.74	0.81
节能量	299.90(节能 11.14%)	3 845.79(节能 34.26%)	7.12(节能 46.7%)	0.03	0.38	0.71

节能计算已折合同一室外温度条件下，整个采暖季节能量如下：节热 413.8GJ，节水 9.8t，节电 5307.1kW·h。

电动流量控制阀门的应用提升了热力企业的智能化水平，实现了信息化互联，促进企业向智慧供热迈进一步。二次网自动水力平衡系统有助于提高企业的生产及管理水平，提高企业的整体生产经营能力，提高企业的市场竞争力。

案例三：单元手动流量控制阀案例

某县城规划供热面积 400 万 m²，采暖期供热面积为 220 万 m²（电厂供热 170 万 m²，北站锅炉房供热 47 万 m²），共 7 个换热站，一次热网的供热半径长约 4.3km。

主要存在问题为热网失调严重，电能浪费较大。

改造方案：挑选二次网，其中一个站单元前安装合适的自力式流量控制阀，由近及远安装，装细装全，并且根据水力计算表更换循环水泵。

改造效果：节约热量 11.6%，节约燃煤费 2.2 元/m²，一个采暖期节约热费 220 万元。节电 30%，节电费 0.9 元/m²，一个采暖期节电费 90 万元。

5.3　热网循环泵的特性及应用

近年，国家对能源的合理利用及节能减排进行了重大调整，减少对不可再生能源的利用、节能减排仍是社会发展一个不变的话题，并需要各行各业共同担负这份责任。对于供热企业而言，其本身就是耗能大户，又是"保本微利"的行业，若设备匹配、运行管理等方面未达到较高水平，不但浪费大量能源，还会出现严重的亏损。

对于供热系统来说，主要从热、电、水三方面进行控制，实现节能的目的。循环泵作为热网的循环动力，需要克服整个系统的阻力损失，将热网中的循环水推动起来，以保证供暖正常。但往往由于对水泵的认识及了解不够深刻，在循环泵的选型、运行及与系统的匹配上出现不合理的情况，造成电能的浪费。现就如何达到循环水泵的最佳运行工况从而达到节能效果进行论述。

1. 单台水泵特性及变频

（1）单台水泵的特性

循环泵的参数包括流量、扬程及功率，而管网中循环泵工作点的位置、流量的大小、做功的多少都与其特有的特性曲线及外网的特性曲线有关。循环泵的特性曲线通常可以用下式来表示：

$$\Delta P = a + bv + cv^2 + dv^3 \tag{5-8}$$

式中，a、b、c、d 为根据水泵的特性曲线数据拟绘的数值。

循环泵的工作点在该曲线上工作，始终不会偏离，其实际工作点与式（5-9）的热网压降公式有关，即两个函数的交叉点为循环泵的工作点。

热网压降公式

$$\Delta P = sv^2 \tag{5-9}$$

两式联立即可求得 ΔP 和 v。也可用曲线求得 ΔP 和 v（如图 5-16），即 A 为工作点。

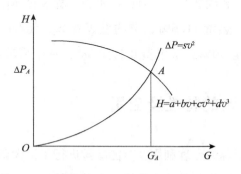

图 5-16　ΔP 与 v 的关系

通过式（5-9）及图 5-16 可以看出，如果想改变水泵的工作点 A，只能通过调节外网的 s 值来改变，使外网特性曲线向右偏移或者向左偏移。

（2）变频调速

频率与转速的关系为

$$n = 60f(1 - S_{\mathrm{N}})/P \tag{5-10}$$

式中，n 为水泵转速，r/min；f 为电流频率，Hz；S_{N} 为电动机额定转差，即定子旋转磁场与转子转速之差比值（5%）；P 为电动机的极对数。

水泵流量、扬程和功率与转速的关系（比例定律）为

$$\frac{G_1}{G_2} = \frac{n_1}{n_2} \tag{5-11}$$

$$\frac{H_1}{H_2} = \frac{n_1^2}{n_2^2} \tag{5-12}$$

$$\frac{N_1}{N_2} = \frac{n_1^3}{n_2^3} \tag{5-13}$$

为了得到确切的数据，安迪供热节能技术培训中心成立了专门的研究小组，制作了水泵的并联和变频演示台，对泵的运行情况进行剖析，通过以下实验数据可以真正认识泵的工作特性。

1）实验设备

循环泵实验台系统图如图 5-17 所示。

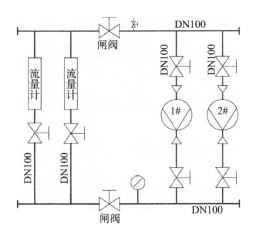

图 5-17　循环泵实验台系统图

循环泵的参数均为 $G = 25\mathrm{m}^3/\mathrm{h}$，$H = 32\mathrm{m}$，$N = 4\mathrm{kW}$，额定电流 7.9A

2）实验原理

开启循环泵，通过流量计可以读出循环流量，通过泵进、出口的压力表差值可以计算出循环泵的实际扬程，根据式（5-14）~式（5-16）计算出水泵净功率、实耗功率和循环泵的效率。

水泵净功率计算公式为

$$N_{净} = 2.778GH \qquad (5-14)$$

水泵的实际耗电功率为

$$N_{实耗} = \sqrt{3}UI\cos\theta \qquad (5-15)$$

循环泵的效率为

$$\eta = N_{净}/N_{实耗} \qquad (5-16)$$

3）实验数据

实验时通过改变泵出口阀门的开度来调节循环流量，同时记录对应的流量、压力、频率、电流等数据。

单台循环水泵工频及变频运行数据记录见表5-11。

表5-11　单台循环水泵工频及变频运行数据记录

变频数 f/Hz	流量 G/(m³/h)	扬程 H/mH₂O	电流 I/A	净功率 $N^2_净$/kw $N^2_净 = 2.778GH$	实耗功率 W/kw $W = \sqrt{3}UI\cos\theta$	效率 η/%
50	10.0	34.0	6.0	0.94	3.16	29.9
	15.0	32.0	6.6	1.33	3.48	38.4
	20.0	31.0	7.2	1.72	3.79	45.4
	25.0	28.0	7.7	1.94	4.05	48.0
	30.0	24.0	8.2	2.00	4.32	46.3
	40.0	14.0	9.2	1.56	4.84	32.1
45	10.0	28.0	5.2	0.78	2.74	28.4
	15.0	26.0	5.7	1.08	3.00	36.1
	20.0	24.0	6.4	1.33	3.37	39.6
	25.0	20.0	6.7	1.39	3.53	39.4
	30.0	17.0	7.3	1.42	3.84	36.9
	40.0	8.0	8.0	0.89	4.21	21.1

续表

变频数 f/Hz	流量 G/(m³/h)	扬程 H/mH₂O	电流 I/A	净功率 $N_{净}^2$/kw $N_{净}^2 = 2.778GH$	实耗功率 W/kw $W = \sqrt{3}UI\cos\theta$	效率 η/%
40	10.0	22.0	4.8	0.61	2.53	24.2
	15.0	20.0	5.3	0.83	2.79	29.9
	20.0	18.0	5.9	1.00	3.11	32.2
	25.0	15.0	6.4	1.04	3.37	30.9
	30.0	11.0	6.8	0.92	3.58	25.6
	35.0	7.0	7.1	0.68	3.74	18.2
35	10.0	17.0	4.4	0.47	2.32	20.4
	15.0	15.0	5.0	0.63	2.63	23.7
	20.0	13.0	5.6	0.72	2.95	24.5
	25.0	10.0	6.0	0.69	3.16	22.0
	30.0	6.0	6.4	0.50	3.37	14.8
	35.0	2.0	6.7	0.19	3.53	5.5
30	10.0	12.0	3.9	0.33	2.05	16.2
	15.0	9.0	4.4	0.38	2.32	16.2
	20.0	7.5	5.0	0.42	2.63	15.8
	25.0	5.0	5.4	0.35	2.84	12.2
	28.5	2.0	5.7	0.16	3.00	5.3

4）实验结论

单台水泵特性曲线及变频曲线如图 5 − 18 所示。

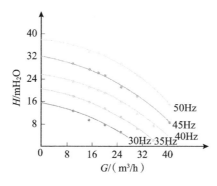

图 5 − 18　单台水泵特性曲线及变频曲线

水泵的效率曲线如图 5 – 19 所示，功率曲线如图 5 – 20 所示。

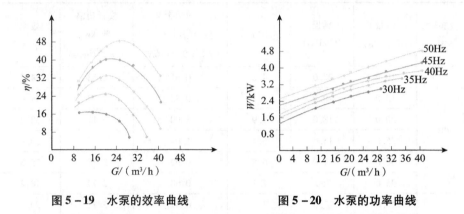

图 5 – 19　水泵的效率曲线　　　　图 5 – 20　水泵的功率曲线

通过以上数据可知，循环泵变频后随着频率的逐渐降低，有以下结果。

① 循环水泵的特性曲线向左下方偏移。

② 效率曲线的轴线向左偏移，效率逐渐快速降低，40Hz 变频运行的效率比 50Hz 变频运行将降低 25% 左右，因此不建议循环泵频率在 40Hz 以下运行；泵不是越大越好，应通过变频去找合理的工作点，节约电能。

③ 功率曲线则是随着流量的增加呈上升趋势（耗电量逐渐升高），即在外网阻力较小且没有控制手段的情况下，会出现超流的现象。

2. 水泵并联

有些人认为，两台循环泵并联运行，总流量小于单台泵运行的两倍，由此可认为两台泵运行效率低，故尽量不要采取两台泵并联运行。实际是否如此呢？安迪节能技术培训中心为了较准确地回答这个问题，专门制作了一个实验台。

（1）实验设备

循环泵并联实验台系统图如图 5 – 21 所示。

（2）实验原理

该实验相当于一个简单的供热系统，3#、4# 循环泵为动力设备，闸阀为外网的阀门，流量计相当于热用户。开启 3# 循环泵，通过调节闸阀将流量调到循环泵的额定流量 25m³/h，阀门的开度不再变化，记录流量与扬程（泵进、出口压力）；然后开启 4# 循环泵，此时再记录循环泵的两台水泵并联后的流量

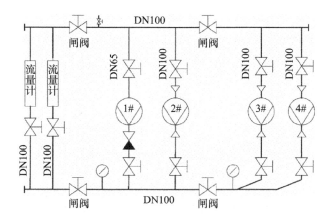

图 5 – 21　循环泵并联实验台系统图

1#、2#、3#、4#循环泵的参数均为 $G=25m^3/h$，$H=32m$，$N=4kw$，额定电流 7.9A。

与扬程，即可确定泵并联后流量是否加倍、扬程是否不变。最后，两台泵仍然工频运行，调节闸阀，记录流量由零到最大所对应的数据，将对应的数据在坐标轴上标出并用平滑的曲线连接到一起，即为两台泵并联后的曲线。

（3）两台水泵工频运行

1）实验数据

同规格两台水泵并联运行数据见表 5 – 12。

表 5 – 12　同规格两台水泵并联运行数据

序号	流量 $G/(t/h)$	扬程 H/mH_2O	电流 I/A	净功率 $N_{净}/kW$ $N=2.778GH$	实耗功率 W/kW $W=\sqrt{3}UIcos\theta$	效率 $\eta/\%$
1	17.0	34	11.3	1.61	5.95	0.27
2	33.0	32	13.0	2.93	6.84	0.43
3	42.0	30	14.5	3.50	7.63	0.46
4	50.0	28	15.3	3.89	8.06	0.48
5	63.0	24	16.9	4.20	8.90	0.47
6	69.0	22	17.4	4.22	9.16	0.46
7	74.5	20	18.2	4.14	9.58	0.43
8	78.5	18	18.3	3.93	9.64	0.41

2）实验结论

循环泵并联的特性曲线如图 5-22 所示。循环泵并联的效率曲线如图 5-23 所示。

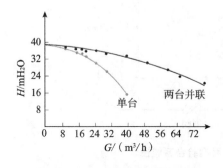

图 5-22 循环泵并联的特性曲线　　　　图 5-23　循环泵并联的效率曲线

通过数据及特性曲线可以看出，两台同规格的循环泵并联运行时有如下结果。

1）在同一扬程下流量叠加。

2）并联后循环泵的效率发生变化，2 台泵并联后的高效点稍有降低（2% 左右），但高效区与单台循环泵相比要宽很多（2 倍以上）。因此说，在要求同样参数的情况下，两台循环泵并联运行未必就比一台循环泵效率低，并很容易在高效区工作。

认为两台同规格的循环泵并联运行效率降低的想法是错误的，原因如下。

两台同规格的循环泵并联运行时，其特性曲线由每个扬程相对应单台水泵流量的两倍（$2G_{B'} = G_B$）为工作点组成。但实际运行时，针对某一热网，单台水泵运行时其工作点在 A 点；当两台泵运行时流量增加（$G_B > G_A$），扬程增加（$H_B > H_A$），造成了水泵工作点的左移，每台水泵工作点在 B' 点（$G_{B'} < G_A$）。因此两台泵运行的流量小于单台泵运行流量的两倍，而非效率所致，如图 5-24 所示。

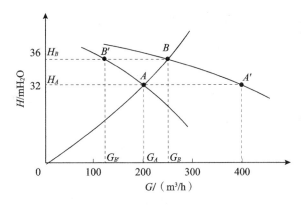

图 5 – 24　两台泵运行的流量

（4）一台水泵工频运行与一台水泵变频运行（水泵参数仍为以上的水泵）

1）实验数据

实验数据见表 5 – 13。

表 5 – 13　实验数据

总流量 /（m³/h）	1#水泵工频运行				2#水泵变频运行				
	水泵出口 压力 /MPa	水泵进口 压力 /MPa	扬程 /mH₂O	电流/A	水泵出口 压力 /MPa	水泵进口 压力 /MPa	扬程 /mH₂O	电流/A	变频数 /Hz
27.0	0.59	0.26	33.0	6.5	0.59	0.26	33.0	6.1	50
25.0	0.56	0.27	29.3	7.5	0.56	0.27	29.2	4.3	45
22.5	0.51	0.27	24.5	8.2	0.51	0.28	23.0	3.2	40
20.5	0.49	0.28	21.0	8.5	0.48	0.29	19.0	3.3	35
19.0	0.47	0.29	18.0	8.8	0.47	0.30	16.5	4.0	30
18.0	0.46	0.29	17.0	9.0	0.46	0.31	15.0	5.0	25
17.0	0.45	0.30	15.0	9.1	0.45	0.30	15.0	5.6	20

以上数据测试过程如下。1#循环泵通过调节阀门将工作点达到其额定工作点（$G = 25\text{m}^3/\text{h}$；$H = 32\text{m}$），然后开启 2#循环泵，不再调节任何阀门，逐渐降低其频率而测得数据。通过以上的数据表可以分析出，在整个热网阻力值 S 不变的情况下，单从循环泵调节来改变外网供暖效果并不理想，流量不会像人们所想象的那样，一台泵工频运行出力不够可再由另一台变频泵通过变频运行来实现外网流量"缺多少补多少"的目的。由测试数据可以看出，随着变频泵频率的降低，工频泵的出力越来越大，电流越来越高，甚至严重超过额定电

流，时间长了有烧泵的危险。也就是说，一台工频泵与一台变频泵（两台泵参数相同）并联运行是不可取的，彼此之间会相互影响。

对于热网的设计，都有一个未来规划面积，因此循环泵的选型多数会按照规划面积来与外网匹配，设计为一用一备或者两用一备（参数相同）。而在热力单位成立初期，负荷较小，又没有小规格循环泵，因此只能以"大马拉小车"的方式运行设计的循环泵。只有当热网的负荷达到规划面积后，设计的循环泵才能起到其真正的作用。

因此，在热网设计时，建议采用两种规格的循环泵，一台按照满负荷（规划面积）的70%设计（流量、扬程、功率均较小）；另一台按照满负荷设计，随着负荷的变化运行不同的循环泵。此时，两台泵之间互为备用，既减少了初投资的成本，又节省了电能。初期负荷如果较小，可以按照满负荷的50%增设一台循环泵。

3. 泵进、出口管径连接管不同所造成的影响

"三分设备，七分安装"的说法固然有些夸张，但循环泵作为热网运行不可或缺的设备，如果安装时不扩径，循环泵出口的阻力损失会很大。

（1）实验设备

循环泵并联实验设备如图 5-25 所示。

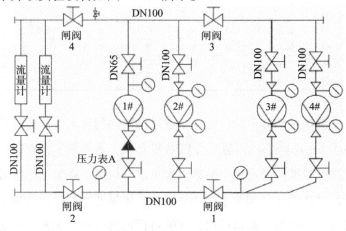

图 5-25 循环泵并联实验设备

水泵参数为 $G = 25 \text{m}^3/\text{h}$，$H = 32 \text{m}$，$N = 4 \text{kw}$

1#循环泵在安装时同径安装，且加有止回阀；2#循环泵在安装时，泵的进、出口管径规格全部扩大两号

（2）实验原理

开启 1#循环泵，调节压力表 A 后的阀门，记录在不同流量的情况下 1#泵出口压力表与压力表 A 的数值；开启 2#循环泵，记录该泵在不同流量情况下的压力值。通过记录的数据，比较在同流量下，两泵出口位置的压力损失。

（3）实验数据

实验数据见表 5 – 14。

表 5 – 14　实验数据

管网流量 /（m³/h）	1#水泵				2#水泵			
	水泵出口压力 /MPa	A 表压力 /MPa	1#泵出表与 A 表压差 /mH₂O	电流/A	水泵出口压力 /MPa	A 表压力 /MPa	2#泵出表与 A 表压差 /mH₂O	电流/A
10.0	0.482	0.478	0.4	6.5	0.490	0.490	0	6.0
15.0	0.468	0.462	0.6	6.3	0.490	0.485	0.5	6.8
20.0	0.460	0.440	2.0	7.0	0.475	0.475	0	7.0
25.0	0.448	0.418	3.0	7.5	0.450	0.448	0.2	8.0
30.0	0.425	0.390	3.5	8.0	0.440	0.440	0	8.2
35.0	0.400	0.358	4.2	8.6	0.430	0.430	0	8.7

注：1#水泵出口装有止回阀、未变径；2#水泵出口变径但未安装止回阀。

通过实验数据可以得出：1#泵出口压力与压力表 A 的差值随着流量的增大而逐渐变大，证明该管段的阻力损失变大；而 2#泵出口压力与压力表 A 的差值几乎为 0，最大仅 0.5mH₂O。因此，循环泵在安装时，泵出口需要扩径，尽量不装止回阀。

4. 总结

通过本小节的实验数据和分析可得出如下结论：水泵变频应不小于 40Hz，否则效率降低 25% 以上；两台水泵并联运行比单台泵运行有一定的优势，且效率并不太低，排斥双泵运行是片面的；工频泵和变频泵并联运行是不妥当的，工频泵容易烧电动机；依据规划面积选泵时，宜按全负荷和 70% 负荷选两台泵，根据不同负荷运行不同的泵，利于运行和节电；水泵进、出口要扩管变径，出口管尽量不装止回阀，这样可节电 10% 左右。总之，对选型、匹配及运行管理方面都加以研究并实施，可以达到节电和提高经济效率的目的。

5.4　供热系统循环流量 $1kg/(h \cdot m^2)$ 的节能时代

1. 供热现状

热水网路的任务是按照热用户的需求把热源产生的热能输送给各个热用户，热能的输送是靠水的流量来完成的。按规范设计供热系统的流量在 $1.8kg/(h \cdot m^2)$ 左右，然而，供热系统存在着近端流量大、远端流量小的水力失调现象，近端用户的流量超过设计流量，末端用户的流量小于设计流量。为了满足末端用户所需的流量，往往加大系统的总循环流量，使末端流量有所提高。目前，供热界循环流量加大到了 $3 \sim 4kg/(h \cdot m^2)$，甚至 $4kg/(h \cdot m^2)$ 以上，这样就造成了投资的增加和运行费用的提高，最终造成供热界效益低下的局面。循环流量能不能减少，怎么减少，可减少到什么程度，这些问题是多年来供热界面临的最普遍且最头痛的问题。

2. 循环流量的确定

供热管网的循环流量的合理数值到底为多少，很多人都存在这样的疑问。供热公司现今对流量的确定都是以经验值为准。这些所谓的经验往往都是在水力失调的情况下积累的，这就导致了实际运行的数值远远大于设计数值。

热水传热公式为

$$Q = 4187G(t_g - t_h)/3.6 \qquad (5-17)$$

式中，Q 为热水传递的热量，W；G 为循环流量，m^3/h；t_g 为供水温度，℃；t_h 为回水温度，℃。

供热界现阶段平均热负荷为 $45W/m^2$ 左右，供回水温差 Δt 如若拉开40℃，则供水温度达到70℃上下，回水温度在30℃上下，代入式（5-17）中可以得出流量 G 为 $1kg/h$。可见，根据理论公式，在理想状态下，循环流量在 $1kg/(h \cdot m^2)$ 时，即可以满足所需的热指标，也就是满足热用户对于热量的需求。

3. 改造实例

（1）项目简介

项目名称：正达实业总公司办公楼和厂房供暖系统平衡改造。

工程概况：正达实业总公司主要分为厂房和办公楼两个工作场地，为间供系统。换热站为 7.5kW 的循环水泵，所带总面积 6000m²。换热站主管直径为 DN150，系统最高点为办公楼三层。主管上分出 5 个管径为 DN50 的立管，分别带厂房和办公楼的热负荷，系统均为同程系统并联连接，如图 5-26 及图 5-27 所示。

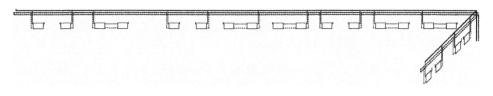

图 5-26 厂房供暖系统图（其中一组）

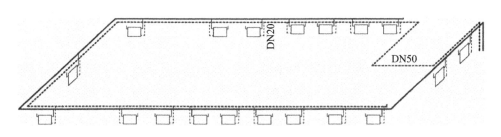

图 5-27 办公楼供暖系统图（三层相同）

（2）问题分析

水力失调问题严重，厂房的支线存在所带散热器过多的问题，一个支线连接 20 多组散热器，造成多组散热器不热的问题，且各散热器回水温度相差较大。

电能耗费较大，供热界每万 m² 建筑面积的循环水泵电动机功率大多在 3~5kW（当然，小于 3kW 更加经济），本系统 6000m²，水泵功率为 7.5kW。可见每万 m² 耗电值为 7.5kW >5kW，浪费电能。

（3）改造说明

在每组散热器供水管与散热器的连接处安装均流活接（孔板原理），使每组散热器流量达到平衡状态，安装位置如图 5-28 所示。

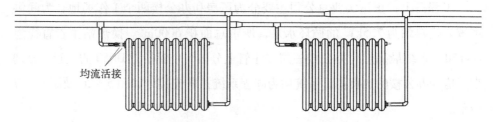

图5-28　均流活接安装模拟

（4）均流活接原理（举例说明）

如图5-29所示，系统前端的压差为2000Pa，末端压差为40Pa左右（散热器的系统阻力损失），此时前端的压差为末端的50倍。根据理论公式 $\Delta P = SG^2$ 可推得，前端的流量为末端的7倍。也就是说，如若满足末端的流量 $1\text{kg}/(\text{h}\cdot\text{m}^2)$，则前端达到了 $7\text{kg}/(\text{h}\cdot\text{m}^2)$，以此形成了失调的现象。而在每组散热器加装均流活接后，相当于平均增加了一部分阻力值。假设每组散热器均增加3000Pa的阻力，此时前端压差为5000Pa，末端为3040Pa，前端压差为末端的1.6倍，流量则为末端的1.2倍，大大缓解了水力失调现象，每组散热器几乎达到平衡的状态。也就是说，均流活接起到了适当增加阻力值的作用，使前后压差的差距忽略不计，达到近似相等，而增加的阻力值大小需根据系统的具体情况而定。

模拟水压图如图5-29所示。

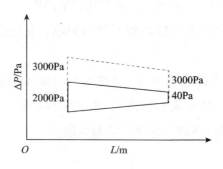

图5-29　模拟水压图

孔板孔径计算公式为

$$d = 10 \times \sqrt[4]{\frac{G_1^2}{H}} \tag{5-18}$$

式中，d 为孔板孔径，mm；G_t 为散热器计算流量，m^3/h；H 为孔板需消耗的剩余压头，mH_2O。

本系统每组散热器所带面积为 $20m^2$ 左右，当流量达到平衡时，循环流量为 $1kg/(h \cdot m^2)$，则每组散热器的计算流量为 20kg/h，前后增加的阻力值为 500Pa，代入式（5-18）可计算出均流活接孔径为 3mm。同理，两组散热器串联连接的均流活接孔径为 4mm。

更改循环水泵，平衡改造后，总循环流量减少，扬程也随之降低，将原有的 7.5kW 水泵更换为 0.75kW（$G = 6.7m^3/h$，$H = 14.4mH_2O$）。现场施工安装图如图 5-30 所示。

图 5-30　现场施工安装图

（5）改造效果

办公楼和厂房供暖系统改造后，散热器之间的失调现象彻底消除，每组散热器流量为所带负荷所需值，且供回水温差拉大，每组散热器供回水温差相近。现以厂房（其中一组）和办公楼二楼数据为例，分别见表 5-15、表 5-16（表中温度值为供回水管表面温度）。

通过表格数据可以看出，改造前系统循环流量为 $4kg/(h \cdot m^2)$，厂房温度基本达到 10℃，办公楼室温基本都在 16℃ 以上。然而，厂房散热器最大供回水温差达 14.8℃（12#），最小温差仅为 5.5℃（2#）。可见，散热器流量分布不均，有的流量过大，温差没有拉开，有的流量过小，导致回水温度过低。同理，办公楼最小温差为 2.5℃（1#），最大温差为 13.5℃（7#），相比车间各散热器之间失调更为严重。

表5-15 改造前后厂房基础数据对比表格

改造前，二次网循环流量2kg/(h·m²)						改造后，二次网循环流量1kg/(h·m²)					
散热器编号	平均供水温度/℃	平均回水温度/℃	平均温差/℃	总平均温差/℃	平均室温/℃	散热器编号	平均供水温度/℃	平均回水温度/℃	平均温差/℃	总平均温差/℃	平均室温/℃
1#(双)	31.8	19.8	12.0			1#(双)	35.0	20.5	14.6		
2#	32.2	26.7	5.5			2#	33.0	19.6	13.5		
3#	32.9	27.0	5.9			3#	32.4	18.2	14.2		
4#(双)	30.9	20.7	10.3			4#(双)	32.1	21.0	11.1		
5#	31.6	25.1	6.5			5#	31.3	17.4	13.9		
6#(双)	29.7	17.4	12.3			6#(双)	30.0	18.8	11.3		
7#	30.6	23.3	7.3			7#	30.5	20.1	10.4		
8#	30.5	22.8	7.7	9.5	9.4	8#	30.2	19.6	10.7	12.1	10.6
9#(双)	27.0	9.4	17.6			9#(双)	30.4	17.9	12.5		
10#	30.1	21.9	8.2			10#	29.1	15.5	13.6		
11#	29.3	21.4	7.9			11#	28.4	17.0	11.4		
12#(双)	27.4	12.5	14.8			12#(双)	28.8	18.4	10.4		
13#	27.8	18.2	9.5			13#	27.5	14.9	12.6		
14#	27.8	17.8	10.0			14#	27.2	15.8	11.4		
15#	26.8	19.6	7.1			15#	26.5	16.3	10.2		

改造后，6000m² 的建筑面积总流量调到6t/h，循环流量降至1kg/(h·m²)，厂房温度达到10℃以上，办公楼内室温依然在16℃以上。然而，通过数据我们可以看出，厂房温差都在10℃以上，且温差相近。办公楼内各散热器温差也几乎相同，都在5℃上下。可见，每组散热器流量达到平衡状态，解决近端流量大、末端流量小的状态。

为了直观地看出改造前后的温差波动情况，可绘制折线图，如图5-31~图5-34所示。

表 5-16　改造前后办公楼基础数据对比表格

改造前，二次网循环流量2kg/(h·m²)					改造后，二次网循环流量1kg/(h·m²)					
散热器编号	平均供水温度/℃	平均回水温度/℃	平均温差/℃	总平均温差/℃	平均室温/℃	散热器编号	平均供水温度/℃	平均回水温度/℃	平均温差/℃	总平均温差/℃	平均室温/℃
1#	35.2	32.7	2.5		18.7	1#	33.8	27.3	6.5		17.5
2#	32.3	24.0	8.3		15.8	2#	32.2	24.8	7.4		15.3
3#	33.6	29.4	4.3		17.8	3#	32.2	26.6	5.7		17.5
4#	33.4	29.1	4.3			4#	32.7	27.5	5.2		
5#	33.3	29.1	4.2		16.7	5#	32.1	26.1	6.0		16.5
6#	32.1	25.2	7.0			6#	31.4	25.7	5.7		
7#	28.7	15.1	13.5		15.2	7#	31.9	24.8	7.1		16.6
8#	28.8	15.4	13.4	6.1		8#	30.8	25.5	5.4	5.6	
9#	31.4	25.8	5.6			9#	30.7	24.5	6.2		
10#	27.2	17.6	9.6		16.3	10#	30.4	24.6	5.8		17.8
11#	30.3	24.0	6.3			11#	29.9	24.8	5.1		
12#	30.0	23.0	7.0			12#	30.0	25.1	4.9		
13#	30.9	28.2	2.7		17.3	13#	29.7	25.7	4.1		17.3
14#	30.5	27.8	2.7			14#	28.2	24.2	4.0		
15#	30.2	26.8	3.4		16.3	15#	28.6	23.0	5.6		15.8
16#	28.9	25.8	3.2			16#	26.7	22.4	4.4		

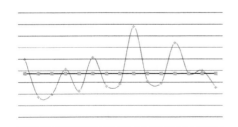

—— 温差
—— 平均温差

图 5-31　改造前厂房
各散热器温差波动图

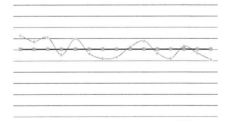

—— 温差
—— 平均温差

图 5-32　改造后厂房
各散热器温差波动图

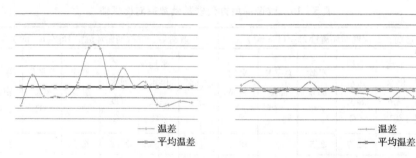

图 5 - 33　改造前办公楼
各散热器温差波动图

图 5 - 34　改造后办公楼
各散热器温差波动图

循环水泵将原有的 7.5kW（$G = 50\text{m}^3/\text{h}$，$H = 32\text{mH}_2\text{O}$）更换为 0.75kW（$G = 6.7\text{m}^3/\text{h}$，$H = 14.4\text{mH}_2\text{O}$）。由于系统的循环流量减少、扬程降低，所以更换一台小泵后，相比改造前降低耗电量 $(7.5 - 0.75) \times 24 \times 120 \text{kW} \cdot \text{h} = 19440 \text{kW} \cdot \text{h}$，6000$\text{m}^2$ 的供热管网一个采暖期可节省 19 440$\text{kW} \cdot \text{h}$。

（6）项目总结

通过理论计算可知，循环流量 $1\text{kg}/(\text{h} \cdot \text{m}^2)$ 可满足所需的热指标。在实际供热系统运行中，供热管网的改造也证明了在使用一定控制手段的情况下循环流量可控到 $1\text{kg}/(\text{h} \cdot \text{m}^2)$。这样，既满足了用户所需的热量，又降低了耗电量、耗热量。同时，对于耗热量大的建筑，通过适当提高供水温度，拉大供回水温差，循环流量控制在 $1\text{kg}/(\text{h} \cdot \text{m}^2)$，仍然可以达到相同的效果。

4. 结束语

供热系统的平衡主要是通过循环流量的按需分配实现建筑物热量的按需供给。由此可见，循环流量合理分配在供热系统中起到了至关重要的作用。解决水力失调、确保合理的流量值是供热行业当务之急。应明确，合理的流量大小不但需要根据理论公式的计算，更应根据控制手段而定，控制手段越细，流量就会越小，单位耗电量也会越低，从而实现节能的目的。

本小节针对室内供暖的改造，理论与实践相结合，在循环流量降到 $1\text{kg}/(\text{h} \cdot \text{m}^2)$ 时，实现了所需的供暖效果，实现了供暖效益的最大化，从一个侧面为供热界的节能降耗提供了有益的探索。

5.5　热电联产供热负荷增加后的改造方向

随着煤价及能源材料价格的不断攀升，一些县城、工厂的中小型电厂的发电成本远大于国家电网的上网电价，而且随着集中供热需求的发展，这些中小型电厂逐渐转型为"热电联产"的模式，在采暖期采用低真空的运行方式，提高循环水温度为居民供热。

1993 年我国城镇建筑总量不足 60 亿 m²，到 2002 年已达 120 亿 m²，到 2007 年时已超过 180 亿 m²。由此可知，我国建筑面积增长迅速，其中采暖热负荷需求也迅速增加。而由于未考虑到负荷增加如此之快，这些中小电厂供暖初期时设计管网为低温管网，管径过小，造成运行中遇到很多困难。

某项目机组装机为 2×12MW 抽凝式汽轮发电机组以完成低真空改造，管网规划供暖面积 240 万 m²，2011 年实际入网面积 226 万 m²。循环泵参数如下：$G=2200\mathrm{m^3/h}$，$H=65\mathrm{m}$，$N=630\mathrm{kW}$ 三台，2010—2011 年采暖期采用二用一备。供暖管网于 2010 年建成，设计温度为 75℃/55℃，压力为 1.3MPa，采用低温热水直供采暖形式。管网敷设方式为无补偿直埋敷设。

2010—2011 年采暖期实供面积 150 万 m² 左右，采暖期运行效果不理想，用户放水、加泵现象过多。现根据管网图及入网面积对其进行水力计算，见表 5-17。

表 5-17　水力计算值

管段	面积/万 m²	流量/(t/h)	管径 DN/mm	比摩阻/(Pa/m)	管长/m	沿程阻力/m	沿程阻力合计/m
L1	226.4	9 056.0	800	264.64	300.0	7.94	7.94
L2	174.3	6 972.0	800	156.85	663.0	10.40	18.34
L3	115.7	4 628.0	600	312.96	487.0	15.24	33.58
L4	115.2	4 609.9	600	310.51	302.0	9.38	42.96
L5	94.8	3792.2	600	210.13	313.0	6.58	49.53
L6	94.8	3792.2	500	547.26	222.0	12.15	61.68

续表

管段	面积 /万 m²	流量 /(t/h)	管径 DN /mm	比摩阻 /(Pa/m)	管长/m	沿程阻力 /m	沿程阻力合计 /m
L7	82.0	3 280.3	500	409.48	200.0	8.19	69.87
L8	74.5	2 981.7	500	338.32	314.0	10.62	80.50
L9	71.5	2 860.9	500	311.46	138.0	4.30	84.79
L10	65.8	2 632.9	500	263.80	141.0	3.72	88.51
L11	61.5	2 460.5	500	230.38	74.0	1.70	90.22
L12	60.6	2 425.7	500	223.91	88.0	1.97	92.19
L13	30.0	1 198.9	300	799.23	220.0	17.58	109.77
L14	24.5	978.5	300	532.38	329.0	17.52	127.29
L15	21.2	847.3	300	399.19	283.0	11.30	138.58
L16	11.2	447.3	200	934.90	325.0	30.38	168.97
L17	9.7	387.3	200	700.91	328.0	22.99	191.96
L18	6.0	240.7	200	270.75	47.0	1.27	193.23
L19	0.2	9.2	200	0.40	411.0	0.02	193.25

热网没有控制手段，选取循环流量按 4kg/(m²·h)，此时单程沿程阻力损失为 193mH₂O，当局部阻力为沿程阻力的 0.3 倍时，满足运行需要扬程为 500mH₂O。由此可见，此系统如要满足供暖要求需消耗大量的电能，而且运行压力远远超过管网及设备所能承受的范围，影响安全运行。

下面针对以上问题如何改造、如何安全运行、如何保证供热效果进行探讨。

1. 方案分析

（1）方案一：根据供暖面积核算，更换管道。

此供暖管网共分三大支线：DN400 支线入网面积 52 万 m²，管线长度为 3000m；DN600 支线入网面积 116 万 m²，管线长度为 4800m；新区支线入网面积 58 万 m²，管线长度 6000m。

DN600 为最不利支线，以此为例，更换管道后水力计算见表 5-18。

表 5 - 18　更换管道后水力计算值

管段	面积/万 m²	流量/(t/h)	管径 DN/mm	比摩阻/(Pa/m)	管长/m	沿程阻力/m	沿程阻力合计/m
L1	226.4	9 056.0	1000	82.01	300.0	2.46	2.46
L2	174.3	6 972.0	1000	48.61	663.0	3.22	5.68
L3	115.7	4 628.0	1000	21.42	487.0	1.04	6.73
L4	115.2	4 609.9	1000	21.25	302.0	0.64	7.37
L5	94.8	3 792.2	800	46.41	313.0	1.45	8.82
L6	94.8	3 792.2	800	46.41	222.0	1.03	9.85
L7	82.0	3 280.3	800	34.72	200.0	0.69	10.55
L8	74.5	2 981.7	700	57.83	314.0	1.82	12.36
L9	71.5	2 860.9	700	53.24	138.0	0.73	13.10
L10	65.8	2 632.9	700	45.09	141.0	0.64	13.73
L11	61.5	2 460.5	700	39.38	74.0	0.29	14.02
L12	60.6	2 425.7	700	38.27	88.0	0.34	14.36
L13	30.0	1 198.9	500	54.70	220.0	1.20	15.56
L14	24.5	978.5	500	36.43	329.0	1.20	16.76
L15	21.2	847.3	500	27.32	283.0	0.77	17.54
L16	11.2	447.3	400	24.57	325.0	0.80	18.33
L17	9.7	387.3	400	18.42	328.0	0.60	18.94
L18	6.0	240.7	300	32.22	47.0	0.15	19.09
L19	0.2	9.2	100	15.05	411.0	0.62	19.71

更换管道后设计循环流量以 4kg/(m² · h) 进行计算，单程沿程阻力损失为 20mH₂O，局部阻力取为沿程阻力的 0.3 倍时，满足运行需要扬程为 52mH₂O。根据电厂首站循环水处损失 15mH₂O，末端用户 10mH₂O，系统定压 0.2MPa，供水压力为 0.97MPa。经此改造，运行压力基本满足安全需求，运行时应注意近端住户自用压差过大。

（2）方案二：根据供暖面积负荷划分供热区域，每个供暖区域规划为一个换热站，通过提高介质温度，降低主管道循环流量的方式降低压降，保证系统正常运行。

DN600 为最不利支线，以此为例，降低循环流量后水力计算见表 5 - 19。

表 5-19 降低循环流量后水力计算值

管段	面积 /万 m²	流量 /(t/h)	管径 DN /mm	比摩阻 /(Pa/m)	管长/m	沿程阻力 /m	沿程阻力 合计/m
L1	226.4	3 396.0	800	37.21	300.0	1.12	1.12
L2	174.3	2 614.5	800	22.06	663.0	1.46	2.58
L3	115.7	1 735.5	600	44.01	487.0	2.14	4.72
L4	115.2	1 728.7	600	43.67	302.0	1.32	6.04
L5	94.8	1 422.1	600	29.55	313.0	0.92	6.97
L6	94.8	1 422.1	500	76.96	222.0	1.71	8.67
L7	82.0	1 230.1	500	57.58	200.0	1.15	9.83
L8	74.5	1 118.1	500	47.58	314.0	1.49	11.32
L9	71.5	1 072.8	500	43.80	138.0	0.60	11.92
L10	65.8	987.3	500	37.10	141.0	0.52	12.45
L11	61.5	922.7	500	32.40	74.0	0.24	12.69
L12	60.6	909.6	500	31.49	88.0	0.28	12.96
L13	30.0	449.6	300	112.39	220.0	2.47	15.44
L14	24.5	366.9	300	74.87	329.0	2.46	17.90
L15	21.2	317.7	300	56.14	283.0	1.59	19.49
L16	11.2	167.7	200	131.47	325.0	4.27	23.76
L17	9.7	145.2	200	98.57	328.0	3.23	26.99
L18	6.0	90.3	200	38.07	47.0	0.18	27.17
L19	0.2	3.5	200	0.06	411.0	0.00	27.18

由于供水温度提高，供回水温差拉大，循环缩小，循环流量按 $1.5kg/(m^2 \cdot h)$ 进行计算（考虑到电厂供水温度不能提得过高，管道为低温管道），单程沿程阻力损失为 $27mH_2O$，同样局部阻力取 0.3，满足运行需要扬程为 $71mH_2O$。根据电厂首站循环水处损失 $15mH_2O$，末端用户 $10mH_2O$，系统定压 0.2MPa，供水压力为 1.16MPa。经此改造，一次网系统与二次网系统独立分开，运行互不影响，保证系统正常运行。

（3）方案三：根据供暖面积负荷划分供热区域，每个供暖区域规划为一个混水站，同样可通过提高系统介质温度、降低循环流量的方式降低压降保证系统运行。通过方案三可知，运行时一次网压力 1.16MPa，混水系统中一次网与二次网系统互相影响，为此，采用分布式相结合的混水形式，设定系统出口压力不大于 0.8MPa，保证系统正常运行。

水压分布图如图 5 - 35 所示。

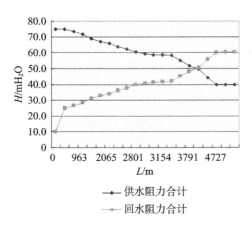

图 5 - 35　水压分布图

根据混水站设置在管网中的位置及在水压图中所对应的位置可进行不同混水形式选择。此管网共设计三种混水形式：旁通加压式、回水加压式、分布式。

在管网近端，供回水压差在 15mH$_2$O 以上，设置为旁通加压式混水，系统图如图 5 - 36 所示。

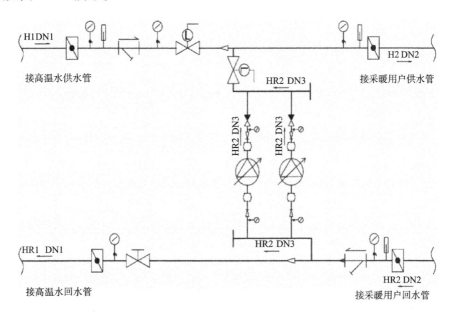

图 5 - 36　系统图

在管网中端，供回水压差在 ±15mH$_2$O 之间，设置为回水加压式混水，系统图如图5-37所示。

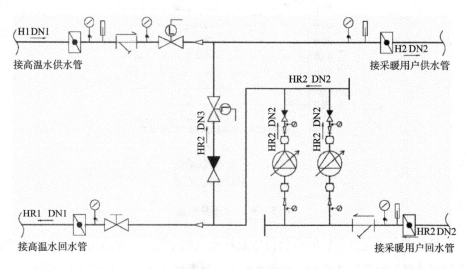

图5-37　系统图

在管网末端，供回水压差在 -15mH$_2$O 以上，设置为分布式混水，系统图如图5-38所示。

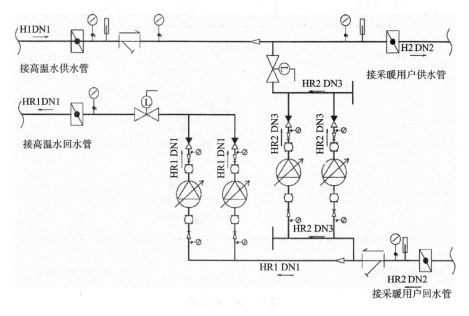

图5-38　系统图

应用此方案可保证系统出口压力不超过 0.8MPa，各个混水站安装了自力式流量控制阀，保证了系统的水力平衡，而且近端混水站利用流量阀降低了一次网供水压力，保证了二次网用户不受一次网影响。

2. 效果对比

（1）投资与改造难度

方案一改造需要将整个管网进行更换，等同于重新建设管网，不仅管材及施工费投资将达到几千万元以上，而且施工时要把直埋管道刨出，道路被严重破坏，影响市民的正常生活，此方案耗资巨大，而且施工难度很大。方案二与方案三管网改动较小，但方案二需购置换热设备，因一次网供水温度偏低，需设置换热设备偏大，同时站内需增加二次网补水设备，这样就需要站房较大，而且方案二循环泵要克服换热器阻力损失，电动机功率应大于方案三一个规格。通过以上分析可知，方案三最节省投资，只有混水泵投资，而且占地面积相对较小，施工更快更简单。

（2）运行成本

根据公式功率＝扬程×流量及单位换算公式 $1m \cdot t/h = 2.78W$（即每小时将 1t 水提升 1m 的净功率为 2.78W）可核算每个方案净耗电量。

方案一　耗电 $9056 \times 77 \times 2.78 \div 1000kW = 1938kW$

方案二　一次网耗电 $3396 \times 96 \times 2.78 \div 1000kW = 906kW$

二次网耗电 $9056 \times 30 \times 2.78 \div 1000kW = 755kW$，总耗电 1661kW

方案三　一次网耗电 $3396 \times 65 \times 2.78 \div 1000kW = 613kW$

二次网旁通混水形式一次网直接进入用户满足其需求，二次泵循环流量为 65%，扬程没有换热器损失，扬程选择为 $25mH_2O$。其他形式循环流量为全部，回水加压与旁通混水扬程相同，分布式扬程选择为克服最不利的供回水压差 $-20mH_2O$，考虑站内损失定为 $30mH_2O$。旁通式混水占系统总面积的 65%，回水加压式混水占系统总面积的 25%，分布式混水站系统总面积的 10%。计算如下。

旁通式 $9056 \times 65\% \times 25 \times 2.78 \div 1000kW = 266kW$

回水加压式 $9056 \times 25\% \times 25 \times 2.78 \div 1000kW = 157kW$

分布式 9056 × 10% × 30 × 2.78 ÷ 1000kW = 76kW，总耗电 1112kw

三种方案相对比，方案一耗电最大，方案二相较于方案一节电 15%，方案三相较于方案一节电 43%。

方案一供回水压差过大，会造成水力失调，形成近端过热、远端不热的现象，会造成 10% 的热量浪费。方案二与方案三把管网分割成几个独立系统，方便调节，相比方案一失调量会降低，方案三相较于换热形式热效率高，降低了换热设备的热损失，可进一步降低耗热量。

（3）注意事项

改造方案都能保证管网正常运行，方案一采用大直供形式，供水压力直接面对住户，近端用户应注意减压，保证近端用户供水压力小于散热设备的承受范围。首站汽轮机处循环水流量为 3000 ~ 4400t/h，外网运行需求远大于其循环水流量，应增加旁通管。方案二通过换热设备把热用户与热源独立分开，因电厂利用余热供暖，而且低真空处对于供水温度要求不超过 68℃，应在电厂处补充汽水换热器作为提温设备，但由于供热管道为无补偿低温管道，供水温度不能过高，因此换热站选设备时应较大以弥补其不足。方案三采用混水形式，虽形成一次网、二次网形式，但一次网也直接进入热用户这样提高热效率，同条件也需在电厂设汽水换热器作为提温设备，但供水温度相对方案二较低，因一次网二次网相连为一个系统，各个点失水只能通过电厂统一补水，相对补水要求较大。

针对以上三个方案也应注意，方案一以后没有再增负荷的空间，方案二、方案三可根据增负荷情况增加换热站或混水站。

3. 方案选择与效果

公司技术人员对此项目管网进行考察分析与客户沟通，最终确定为方案三。方案方向落实后，先对整个管网进行规划，通过各个支线面积，最终确定为 52 个混水站，其中旁通式 31 个，回水加压式 17 个，分布式 4 个。紧张施工完成，马上进入了采暖期。

采暖期实供面积为 180 万 m²，供回水压力 0.74MPa/0.18MPa 左右，循环流量为 3600t/h，严寒期供水温度 72℃。根据供暖面积与循环流量设定一次网循环流量为 $2kg/(h \cdot m^2)$，根据每个站内数据绘制实际运行水压图如图 5 – 39 所示。

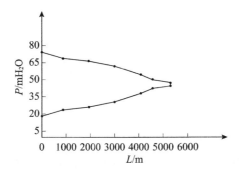

图 5 – 39　实际运行水压图

实际运行水压图与计算水压图有一定区别。通过实际运行调试，4 个分布式混水站中回水加压泵停止运行，节约了电能；同时此管网有一定的扩容能力。

通过理论分析和改造方案的确定与实施可知，热电联产直供系统负荷增加后，改造应尽量采用混水分布式改造。采用此方案不仅投资节省、运行经济，而且经过简单调整还可以有一定的扩容能力，是热电联产改造的一个大方向。

第6章　供热系统问题分析

供暖系统出现用户不热现象有很多种原因，需要逐步排查。各种用户不热原因和解决方法之间的关系如图6-1所示。

6.1　运行问题

1. 气堵

供热系统中气体的来源包括：①系统注水过程中，气体未完全排出，管道中仍存留部分气体；②初期水中溶解的气体和运行过程中补充水中的气体在加热升温过程中自动析出；③系统倒空，补水泵启动不及时或者补水泵集气不出力，造成系统高点进入气体；④循环泵吸入口形成负压，在水泵盘根和密封不严处进气。

系统运行过程中，管道内部气体不能够全部排出。启动循环泵后水流速过快的地方能够把管道内的气体带动循环，并在管道的某高点存贮或排出，水流速较慢的地方气体不跟随水循环，并使存气处内部管径缩小，减少了循环流量，从而导致不热现象。一般的处理方式包括：①暖气管道系统高点加装自动排气阀；②当自动排气阀出现不自动排气的情况，需要震动管道或使用类似针的物品协助排气；③用户私自改动的室内供暖系统出现上翻后再下翻的管路高点要加装排气阀；④对集气量较多的区域管道，可安装集气罐等利于排气的设备；⑤在站内安装集气罐或真空脱氧机；⑥运行过程中减少系统跑、冒、滴、漏，控制系统整体失水；⑦保持运行压力稳定，使系统不倒空。

由于地暖用户和暖气片用户对供热温度和循环流量的需求不同，建议从设计时把地暖用户和暖气片用户分开系统供热

对已经设计在同一个系统中的地暖用户进行混水改造，从而降低供水温度并增大循环流量

对已经设计在同一个系统中的地暖用户，如果不能进行混水改造，可关小地暖用户的供或回水阀门，降低地暖用户的循环流量

热能浪费约5%（北京地区）

、管道上翻处加设排气阀（上翻管道，排气阀应安装在
的下游端、采用集气罐可利于气体排出）

低、高融用户室内系统不满水或　　系统定压值为供热系统最高点与补水压力表
　　　　　　　　　　　　　　　　　位置高差再加2～3米富余量

器、地暖管、暖气片　清洗地暖管或暖气片时，采用正冲和反冲的方式进行操作

表测压差法进行排查　操作详情见6.1.2

加设排污阀

　1.阀板和阀杆不联动的阀门（阀杆一直能转），需要更
换阀门；2.阀板和阀杆能够联动，需要转动阀杆即可

利用压力表测压差法进行排查，是哪个阀门　操作详情见6.1.2

周节管网近端阀门，减少水力失调度

合理设计，减少水力失调度，例如小站模式、近端分支
管道选型偏细、同程系统

　　　　　户间水力平衡调控，采用户用平衡阀控设备，例如
　　　　　户用流量精控阀

户户系统　合理设计，减少水力失调度，例如同程系统

　　　　　　　上供式系统在原系统中加装跨越管，跨越管管径比立
　　　　　　　管小一规格。六层住宅楼只在六层与五层上加装就有
上供下回式系统　一定效果

积偏大，循环泵流量不足　更换循环泵

或管径偏细，循环泵扬程不足　可更换循环泵或偏细的支线加装增压泵

工完毕冷运行排污时，通常采用加装旁通管的
道内的杂质，冷运后应关闭旁通管阀门

　　　　　　　　　地暖用户系统循环阻力大，散热器用户系统循环阻力小。当循环泵
同一个供热系统中，　和温度给定合理时，系统末端的地暖用户采暖效果一般差于末端散
　　　　　　　　　热器用户，系统近端的地暖用户采暖效果一般优于近端散热器用户

减少能源浪费，需要从根本上解决
采温、窗户选择密封性好的等

回水温度偏高，室内温度偏低

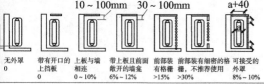

无外罩 0	带有开口的上挡板 相连	上板与墙相连 0～10%	带上板且前面散热的墙龛 6%～20%	前部装有格栅 >15%	前部装有细密的格栅 不推荐使用 >30%	可接受的外罩 8%～10%

间距大、地暖管下方无反

暖管上层水泥厚度不大于10cm

片系统阻力较小，循环流量大，造成敷设较长
暖支路循环流量小，回水温度低

室内温度规定并合理解释

图6-1　用户不热原因和解决方法之间的关系

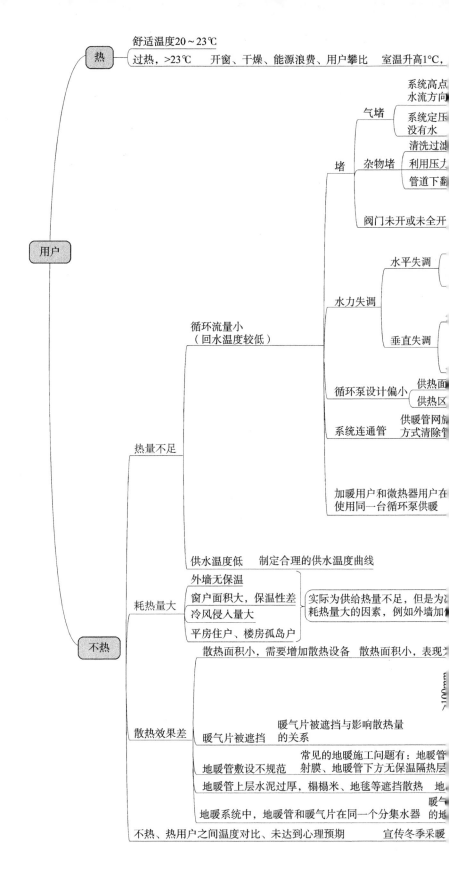

- 热
  - 舒适温度20~23℃
  - 过热，>23℃　开窗、干燥、能源浪费、用户攀比　室温升高1℃,
- 用户
  - 不热
    - 热量不足
      - 循环流量小（回水温度较低）
        - 堵
          - 气堵
            - 系统高点　水流方向
            - 系统定压　没有水
          - 杂物堵
            - 清洗过滤
            - 利用压力
            - 管道下翻
          - 阀门未开或未全开
        - 水力失调
          - 水平失调
          - 垂直失调
        - 循环泵设计偏小
          - 供热面
          - 供热区
        - 系统连通管
          - 供暖管网旁
          - 方式清除管
        - 加暖用户和微热器用户在使用同一台循环泵供暖
      - 供水温度低　制定合理的供水温度曲线
    - 耗热量大
      - 外墙无保温
      - 窗户面积大，保温性差
      - 冷风侵入量大
      - 平房住户、楼房孤岛户
      - 实际为供给热量不足，但是为⋯耗热量大的因素，例如外墙加⋯
    - 散热效果差
      - 散热面积小，需要增加散热设备　散热面积小，表现⋯
      - 暖气片被遮挡　暖气片被遮挡与影响散热量的关系
      - 地暖管敷设不规范　常见的地暖施工问题有：地暖管⋯射膜、地暖管下方无保温隔热层
      - 地暖管上层水泥过厚，榻榻米、地毯等遮挡散热
      - 地暖系统中，地暖管和暖气片在同一个分集水器
      - 不热、热用户之间温度对比、未达到心理预期　宣传冬季采暖

2. 杂质堵

供热系统中的产生杂质的原因包括：①施工不规范；②老旧管道锈蚀并脱落。

对杂质的处理方法包括以下几点。

1）供热管网系统杂质堵一般为过滤器堵塞，需要及时清洗过滤器。初次投入使用的供热管网经常出现过滤器堵塞问题，有时刚清洗完的过滤器经过几分钟运行会再次堵塞，有的较大物体堵塞过滤器入口，无法通过清洗过滤器查看，就需要拆开螺丝进行清堵。聚氨酯发泡料堵塞过滤器入口如图 6 - 2 所示。

图 6 - 2　聚氨酯发泡料堵塞过滤器入口

2）非过滤器堵塞问题，需要采用测压力点查找故障位置的方法。在系统中的不热处装一块压力表，关供水阀门、关回水阀门或正常运行，测三个压力值数据且进行比较，正常运行压力值靠近关供水阀门压力值就是供水管路有问题，否则回水管路有问题。检测出堵塞管路后，一般通过开天窗的方式进行清除。管道编织袋堵塞时通过开天窗冲洗后取出编织袋如图 6 - 3 所示。

图 6 - 3　管道编织袋堵塞时通过开天窗冲洗后取出编织袋

3）老旧暖气片的室内系统，由于常年运行，在暖气片底部会存积大量杂质，堵塞管道。针对此种情况，一般处理方式是在卫生间拆卸暖气片堵头并冲洗其他组暖气片。冲洗时可先关闭回水总阀门，开启供水总阀门进行冲洗，无明显杂质后关闭供水总阀门，开启回水总阀门进行冲洗，无明显杂质后关闭阀门并安装上堵头，开启阀门进行供暖。

3. 阀门未开

供热系统中，供水管道或回水管道只要有一处阀门未开，就会造成管道铺设延伸区域整体的热用户室内没有温度，这种情况通常因为阀门未开或过滤器完全堵死。阀门未开的处理方法是：①阀板和阀杆不联动的阀门（阀杆一直能转），需要更换阀门；②阀板和阀杆能够联动，转动阀杆即可。

4. 连通管未关闭

供热二次网中的连通管用于管道建设完毕后对管网的冲洗排污和冷运行，通常冲洗完管道或冷运行后，连通管应及时关闭，但是，如果工作人员不细心，会存在连通管不关闭就进入运行的情况，并造成连通管附近的热用户室内温度过低。这种情况的处理方法是，找到连通管并将其关闭。连通管未关反映出系统总回水温度高于大部分用户的回水温度。

5. 管网系统的最不利环路热用户不热

系统最不利环路的用户室内温度不达标，不仅需要排查气堵、杂质堵、阀门未开、连通管等问题，还需要检查以下内容：①循环泵、板式换热器等主要设备配置是否合理，是否为小马拉大车，如果不合理需及时更换；②供水温度是否合理，能否满足系统95%热用户室内温度，如果满足即供水温度合理；③管径设计是否合理，如果不合理，本采暖季应采取合理补救措施并纳入下个采暖季改造计划；④系统是否水力失调。系统水力失调表现为管网近端热用户室内温度过高，管网末端用户室内温度过低，此时应调整管网中的平衡阀，以满足末端热用户的采暖需求。

6. 系统压力过高

供热系统中每个设备的承压都有一定的限度。在系统运行过程中，系统压力不能超过设备的承压能力，否则就会出现破裂。系统运行压力过高应注意以下三点：①老旧管道等暖气设施在长期运行中发生锈蚀，导致承压能力降低，如果运行压力偏高就会造成管道或暖气设施破裂；②供热系统定压满足最高点充满水即可，不应设定过高定压值，供热设备在长期高压下运行会减少设备使用寿命；③管件连接处是承压薄弱点，运行压力高时易造成破裂。

7. 系统倒空

供热系统每一处均要充满水，否则就不能正常运行。应及时关注定压，使定压值满足系统最高点充满水，同时要始终保持，不能出现压力值低于满足最高点充满水的压力值的情况。

8. 分户采暖系统有时顶层热底层冷，有时顶层冷底层热

出现这个问题的采暖单元一般是大系统的不利位置，也就是循环流量不足，此时每户的流量主要受循环泵动力和水的比重差的影响，当循环泵产生的动力为主时，底层热，当水的比重差产生的动力为主时，顶层热。

9. 二次网供回水温差小

由于热网没有精细的流量控制手段，近端实际运行流量远远大于设计流量，导致近端用户回水温度高，当汇入总回水管道后，提升了整体回水温度，即形成运行供回水温差小。解决办法为调控整体水力平衡，从而减小管网近端热用户回水温度并拉大供回水温差。

10. 管道阀门产生噪声

供热系统管道阀门产生噪声主要有以下原因：①机械振动，一般采取加减振垫和软接头的方法解决；②水流速过快，循环泵运行参数不合理、个别阀门开度很小或阀瓣脱落造成局部水流量过快，形成噪声；③汽蚀，需要保证压力不掉压或检修疏水阀。

11. 板式换热器换热差

正常板式换热器温度差异为一次网供水温度大于二次网供水温度大于一次网回水温度大于二次网回水温度。而板式换热器换热效果差通常表现为二次网供水温度小于一次网回水温度，此时应该清洗板式换热器。

12. 循环泵电机卡死不转

长期不使用的循环泵电动机出现电机轴锈蚀造成卡塞，启动前应先盘动电

动机风扇，使轴能够转动后再启动循环泵。循环泵轴承坏后的表现为电动机转动时一会儿转一会儿不转。

13. 水处理设备的出水化验不合格

树脂罐中的树脂应根据置水量的大小定期进行更换。树脂与水中的铁离子反应后会导致树脂"中毒"，使其不能置换水中的钙镁离子，由此造成出水化验不合格。

14. 变频柜拖动电动机（或泵）之前，变频器需要设置哪些电动机参数

设置参数主要包括电机额定电压、电机额定电流、电机额定频率、电机额定转速、电机额定功率。以 ABB ACS510 系列变频器为例，设置变频器 Group 99：启动数据即可，见表 6–1。

表 6–1　Group 99：启动数据

代码	英文名称	中文名称	范围	分辨率	默认值	用户	S
9901	LANGUAGE	语言	0…3	1	0		
9902	APPLIC MACRO	应用宏	$-3…7$, 15	1	1		√
9905	MOTOR NOM VOLT	电动机额定电压/V	200…600	1	400		√
9906	MOTOR NOM CURR	电动机额定电流/A	$0.2 \times I_{2n}…20 \times I_{2n}$	0·1	$1.0 \times I_{2n}$		√
9907	MOTOR NOW FREQ	电动机额定频率/Hz	10.0…500.0	0.1	50.0		√
9908	MOTOR NOM SPEED	电动机额定转速/(r/min)	50…30 000	1	取决于容量		√
9909	MOTOR NOM POWER	电动机额定功率/kW	$0.2…3.0 \times P_n$	0.1	$1.0 \times P_n$		√

15. 循环泵/补水泵开启后，自控系统触摸屏显示的全部数据"跳动"

自动化控制中数据跳动经常发生，一般因辐射电磁干扰引起；循环泵/补水泵开启前数据正常开启后数据跳动，可能是变频器电磁干扰引起的。

如发生数据跳动情况可排查以下几个方面：检查屏蔽层接地情况、检查信号线缆是否破损、查看变频器设置情况。

处理方法包括 PLC 程序滤波强度设置最强、单独创建弱电接地点、变频器反馈和给定信号增加隔离模块。

16. 传感器故障排查

传感器故障排查步骤如下。

1) 测量传感器仪表端多芯线缆有无电压，如果有再进行后续排查。

2) 恢复传感器仪表线路接线，使用万用表量串入（电流信号）/并入（电压信号）回路内，查看模拟信号反馈数值，根据换算公式计算实际反馈值。

3) 排查传感器本体组装情况；拆开温度传感器外壳，排查线路是否脱落；压力传感器阀门是否关闭，导压管是否堵塞，压力接线头是否牢固。

17. 系统漏水的诊断

在系统正常运行状态下，系统允许泄漏量即系统允许补水量不应超过系统总循环水量的 0.2%，否则视为系统泄漏故障。

判断系统是否存在泄漏故障以及判断故障地点，应根据下列现象进行综合分析。

1) 统计补水量。若平均每小时的补水量超过系统每小时的总循环水量的 0.2%，则可判断系统存在泄漏故障。

2) 当系统泄漏故严重时，循环水泵扬程明显下降，表明系统循环流量明显增加，循环水泵电功率相应增加，观察循环水泵电动机的电流表中电流也明显增加。

3) 由于系统补水量增加，热源处系统总供水温度明显下降，反映出热源总供水升温比较困难。

4) 系统恒压点压力下降，难以维护在给定值。

5) 泄漏严重时来不及补水，系统出现倒空现象，在散热器中能听到潺潺流水声。在系统高处，打开排气阀，空气被吸入系统。

6) 泄漏处压力明显下降，其上游管段压降增加，下游管段压降减少。若根据压力测量值绘制水压图，则泄漏处的上游水力坡线变陡、下游水力坡线变缓。因此，可以判断泄漏处将发生在供回水压差增大的下游端或供回水压差减少的上游端。

7）若回水温度明显下降，则泄漏发生在该区段的供水管上；若回水温度明显提高，则泄漏发生在该区段的回水管上。

8）当系统未安装流量计时，可采用便携式流量计（如超声波流量计或其他智能仪表）测量系统支线供回水流量值；若供水流量明显大于回水流量的支线，则为泄漏支线。

9）条件允许时，在直埋敷设管道中预埋泄漏报警装置。根据报警信号，直接给出泄漏地点。

10）通常情况，可在仪表测试同时配合人工沿线巡查，即可及时发现泄漏地点

系统泄漏主要由管道、阀门、散热器及其他设备破裂所致。对于管道、阀门及其他耐压设备的破裂，一般由于年久失修、腐蚀等原因引起；有时外部机械力的撞击、重压也是重要原因。一旦发现，应及时修补、更换。散热器的破裂除因使用时间长、产品质量等原因外，系统压力的突发性增高也会引起散热器破裂。后者多半是由系统回水加压泵突然停电或回水阀门误关闭等因素造成。应针对不同原因，有针对性地进行事故排除。有时系统出现多个膨胀水箱共网运行，此时处于管网上游又高度低的膨胀水箱常常发生跑水现象，应拆除多余的膨胀水箱。

18. 水泵工作时电动机过载

一般电动机都有一个额定的运行功率，称为额定功率，单位为瓦特（W）或千瓦（kW）。如果在某种情况下使电动机的实际运行功率超过水泵的配套额定功率，则这种情况称为电动机过载。电动机过载有以下几种表现形式：①电动机发热量过大；②电动机转速下降，甚至下降到转速为零，表现为电动机不转动；③电动机有嗡嗡的低鸣声，同时伴有较大的振动；④电动机负载剧烈变化，会出现电动机转速忽高忽低的情况。

19. 水泵运转时三相电动机缺相

三相电动机在运转时必须由三根电缆线提供驱动电源才能达到三相平衡运转。由两根电源线提供电源也能够运转，但运转时间加长会导致电动机因缺相烧毁电机。判别电动机缺相的方法有：①采用万能表测量三根电源线的电压，

是否一相没压降；②查看三根电源线内的铜丝，是否其中两根电源线发黑，一根电源线的铜丝没有发黑保持原样；③打开电机腔，一般情况下三相电动机的两相会烧毁，另一相保持原样。

20. 水泵电动机突然电源跳闸

如果所配套的电源保护器与水泵电动机是吻合的，在正常情况下，保护器是不会跳闸的。保护器跳闸的主要原因有：①水泵电动机过载；②水泵电动机温升过高；③水泵电动机运转电流过大；④水泵所配套的电源电压过高。

21. 水泵电动机进水

在一般情况下，水泵电动机是不允许进水的（水浸泵例外）。电动机进水有以下几种情况：①防水电缆破损进水；②水泵电动机电源线接线没有密封好进水；③水泵电动机进线处密封结构损坏进水；④水泵机械密封损坏进水；⑤水泵O形密封圈损坏进水；⑥密封处螺栓没有拧紧导致电动机进水；⑦水泵零件损坏渗水。

22. 水泵电动机有漏电

在一般情况下，水泵电动机是不会漏电的，但在以下几种情况下电动机会漏电：①防水电缆破损漏电；②水泵电动机电源线接线处没有密封好漏电；③水泵电动机进水漏电；④水泵电动机烧毁后漏电；⑤绝缘电阻过低导致漏电。为保证水泵在电动机漏电情况下的人身财产安全，必须正确安装水泵的接地，同时最好安装漏电开关。

23. 水泵电动机不能起动

水泵电动机不起动（不转动或转速过低）一般出自以下原因：①水泵漏电；②所配套的电源电压过低；③水泵叶轮因异物卡死；④轴承损坏卡死；⑤电动机超负荷运行（过载）；⑥三相水泵三相电源反接；⑦三相电动机缺相；⑧电动机扫膛；⑨电容器损坏、接反、容量过小。

24. 锅炉灭火的原因

锅炉灭火的原因大致有如下几点：①锅炉负荷低，未投入油枪等稳定燃烧；②锅炉减负荷未及时减少风量，使得炉内温度过低；③燃烧器启停太频繁，使炉内燃烧恶化；④煤质变化，而未及时调整燃烧；⑤除灰、吹灰、清焦过程中操作不当或时间过长；⑥炉膛负压过大，如启停风机或制粉系统时操作不当；⑦风、粉自动调整失灵未及时发现；⑧炉膛上部大块焦掉下造成燃烧不稳；⑨烟道挡板或引、送风机挡板自动关闭；⑩一次风管堵塞，给粉机故障等处理不当；⑪煤粉仓煤粉潮湿结块或粉位低造成下粉不均匀；⑫给粉机或风机跳闸；⑬炉管严重爆破。

25. 锅炉结焦的原因和改善、防止措施

（1）锅炉结焦的原因

1）煤质原因。对于燃气调节而言，煤质的变化是结焦的主要原因之一。煤质化验报告中，常用灰熔点温度及灰的主要成分来判断煤灰的结渣指标，如用灰成分中的钙酸比、硅铝比、铁钙比及硅值来判断其结焦倾向。

2）炉膛固有因素。炉膛容积热负荷、断面热负荷、燃烧器区域热负荷、炉膛几何尺寸等因素也对锅炉结焦产生直接关系。炉膛容积热负荷设计值的选取不但影响煤的燃尽，更重要的是影响炉膛出口温度和炉膛温度，特别对于灰熔点低的煤种，选取较大的炉膛容积和截面积是必然的，否则炉膛上部及炉膛受热面容易结焦。

3）空气动力场。结焦的根源同炉膛环境温度和炉内空气动力场有着密切关系。炉膛环境温度是影响结焦的首要外部因素，燃烧器区域的温度越高，飞灰就越容易达到软化状态或熔融状态，产生结焦的可能性就越大。另外，煤粉中越易挥发的物质气化也越强烈，也为结焦创造了条件。由于火嘴安装角度不正及配风的不合理，导致炉内空气动力工况不良而造成燃烧切圆过大，燃烧中心偏离，使高温烟气冲刷水冷壁面，熔渣在未凝固前接触壁面而结焦。炉内空气动力场组织的好坏对锅炉结焦具有重要作用。

4）吹灰器长期不投运，受热面积灰增多时，可能导致结焦。

（2）锅炉改善或防止锅炉结焦的措施

煤种变化对结焦有很大影响，特别是燃用灰熔点低、挥发分相对较高的煤种时。因此，要加强对入厂煤和入炉煤化验，严格把关。其在下部炉膛燃烧时着火点早，火焰相对密集，造成扩散性燃烧，下部炉膛容积热负荷较大，从而造成局部高温区壁面结渣。因此，燃用设计煤种是防止炉膛结焦最重要的措施。

运行方面防止锅炉结焦的技术措施包括：加强配风工况调整，提供充足的氧量以保证煤粉的充分燃烧；保持炉膛负压在 −70Pa 左右；既要保证煤粉在炉膛内充分燃烧所需要的时间，又要避免在下炉膛形成扩散燃烧；控制氧量在 4% ~6%，严禁缺氧燃烧。

还要加强制粉系统检查，防止燃烧器结焦运行。正常巡回检查中，一定要注意检查燃烧器区及粉管闸板门前、后温度，发现异常及时汇报并进行处理。磨煤机正常运行中，运行人员一定要注意监视各粉管风压，并注意其变化趋势，有条件的可以在 DCS 引入智能判断模块，以便早期发现异常现象。一旦发现参数异常，要立即就地检查并实测燃烧器温度。若温度偏高，应立即停运并进行吹扫。若燃烧器就地温度正常，其他参数也无异常变化，应联系热控检查粉管压力测点。

坚持锅炉定期吹灰工作，根据汽温变化、炉膛出口烟温及两侧烟温差变化适当增加吹灰次数。

26. 锅炉运行中影响燃烧经济性的因素

运行中影响燃烧经济性的因素主要有以下几点。

1）燃料质量变差，如挥发分下降，水分、灰分增大使燃料着火及燃烧稳定性变差，燃烧完全程度下降；煤粉细度变粗，均匀度下降。

2）风量及配风比不合理，如过量空气系统过大或过小，一、二次风风率或风速不适当，一、二次风混合不及时；燃烧器出口结渣或烧坏，造成气流偏斜，从而引起燃烧不完全。

3）炉膛及制粉系统漏风量大，导致炉膛温度下降，影响燃料的安全燃烧。

4）锅炉负荷过高或过低。负荷过高时，燃料在炉内停留的时间缩短；负荷过低时，炉温下降，配风工况也不理想。这都影响燃料的完全燃烧。

5）制粉系统中旋风分离器堵塞，三次风携带煤粉量增多，不完全燃烧损失增大。

6）给粉机工作失常，下粉量不均匀。

7）煤粉细度变粗、均匀度下降。

8）燃烧器出口结渣或烧坏，造成气流偏斜，从而引起燃烧不完全。

27. 炉膛负压波动的原因

采用平衡通风方式的锅炉，炉膛负压一般维持在 $-40 \sim -20Pa$。正常运行时，由于燃烧的脉动，负压表会有轻微的波动。如果炉膛负压波动范围很大，对运行安全性是有影响的，应注意查找原因并及时予以消除。引起炉膛负压波动的主要原因有以下几点。

1）引风机或送风机调节挡板摆动。调节挡板有时会在原位作小范围摆动，相当于忽开忽关，影响风量忽大忽小，从而引起炉膛负压不稳定。

2）燃料供应量不稳定。由于给粉机的原因或管道的原因，进入炉膛内的燃料量会发生波动，燃烧产生的烟气量也相应波动，从而引起炉膛负压不稳定。

3）燃烧不稳。运行过程中，由于燃料质量的变化或其他原因，炉内燃烧会时强时弱，从而引起负压波动。

4）吹灰、掉焦的影响。吹灰时突然有大量蒸汽或空气喷入炉内，从而使炉膛负压波动，故吹灰时应预先适当提高炉膛负压。炉膛的大块结渣突然掉下时，由于冲击作用使炉内气体产生冲击波，炉内烟气压力会有较大的波动，严重时有可能造成锅炉灭火。

5）调节不当。在负荷变化时，需对燃料量及引、送风量作相应的调节，如果调节操作过猛，或是调节程序不当，都将引起炉膛负压的波动。

6.2 其他问题

1. 温度调度指令的准确性

现在，小城镇仍存在较为"粗放"的供热管理模式，即缺乏供热系统自控和检测设备，仅根据经验进行简单调节，缺少合理的按照气温、不同建筑物热负荷需求进行的精细运行调节，也缺乏节能目标和节能政策引导。这样不仅会造成热源部分能耗偏高、运行成本上升，还会导致末端供热不均匀现象，用户满足度不高，且系统耗电量增加。因此，各热力企业应根据当地气候特点和设备情况制定合理的温度调度指令。

2. 运行数据的准确性和全面性

各热力企业应及时更换各热力站内不准确的压力表和温度表。压力表和温度表作为运行状态的反馈，显示的数据应反映系统运行是否合理。

锅炉、换热器、水泵、过滤器进出口应安装压力表；锅炉和换热器进出口应安装温度表。

3. 运行设备老旧

由于缺乏基础建设投入，有的供热管道设备老化现象严重，出现水泵老旧、水泵效率低、管道阀门失修漏水、管道保温层脱落漏热等问题，导致系统耗热量、耗电量、耗水量普遍较大，供热成本上升，且管网调节困难，加大了供热不均现象，用户满意度较低。建议各热力企业应建立老旧设备淘汰或更换机制。对采暖季爆管次数频繁的管网和老旧水泵、阀门等设备及时更换，避免运行期间出现故障，同时这部分投入根据经验，回收期为 1~2 年。这样可以显著降低能耗和运行成本。

4. 室内温度、循环流量和室外温度的关系

室内温度、循环流量和室外温度的关系如图 6-4 所示。

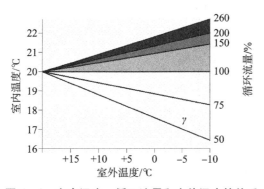

图 6-4 室内温度、循环流量和室外温度的关系

注：由于热水温度受控于气候条件，如果流量正确（100%），房间温度才能维持在需求值20℃。

由图可看出，供水温度随室外温度变化作出同样的调整时，单位循环流量

为100%的用户在室外温度降低时室内温度可保持20℃不变；单位循环流量为200%的用户在室外温度降低时室内温度逐渐升高且升高幅度缓慢；单位循环流量为50%的用户在室外温度降低时室内温度逐渐降低且降低幅度较大。

其次，当室外温度降低后，通过改变循环流量去提高室内温度的方法效果不是很明显，但是减少循环流量对室内温度影响显著。

5. 循环流量与室内温度关系

循环流量与室内温度关系如图6-5所示。

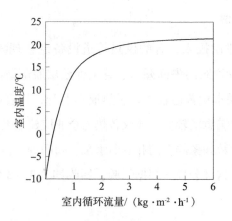

图6-5　循环流量与室温关系曲线

$$t_w = t_w' = -9℃$$

由图6-5可看出，当循环流量超过2kg/（m² · h）时，室内温度呈缓慢升高；当循环流量低于2kg/（m² · h）时，室内温度呈陡降趋势。

6. 用户私接乱接造成不热

热力企业铺设的管道管径都经过负荷计算并与水泵等设备相匹配，管网覆盖计划外的用户接入需要接入供热系统时，需要综合考虑管径与站内设备是否满足，不能由用户私自接入。

7. 热网水力失调

水力失调是供热系统一直存在的问题，热力企业一般通过减小供暖半径、采用同程式管路铺设方法、安装静态或动态流量调节阀来降低水力失调度。热力企业解决水力失调的好处有以下几点：①解决冷热不均问题、提高收费率；

②减少投诉和维修量；③节热能 15% ~ 20%、节电 20% ~ 70%、节水、减少设备初投资、多供面积。

8. 暖气片采暖和地暖采暖在同一个供热系统中

暖气片运行温度一般不超过 60℃，地暖运行温度一般不超过 50℃。暖气片和地暖在同一个系统中，热力企业运行温度需按照暖气片的温度运行，这就造成地暖用户室内温度过高、能源浪费。一般采取对地暖采暖的系统进行混水的改造方式，即将地暖回水与系统供水混合，形成较低温度的供水再对地暖用户进行供热。如果做不到混水改造，即关小地暖用户阀门，降低地暖用户室内循环流量，从而降低室内温度，一般会造成用户回水管是凉的或某一个房间温度不行。

由于地暖用户和暖气片用户对供热温度和循环流量的需求不同，建议从设计时把地暖用户和暖气片用户主管道系统分开，供热站内采用两套系统分别供热。

9. 新建小区入住率低

很多小区入住率不足 50%，个别用户楼上楼下都不采暖。热力企业要保证室内温度达标，不得不增加循环流量和提高供水温度，从而造成能源浪费。解决以上问题，应采用调节流量的方式，即在给定温度一定的情况下，调小室内温度过高住户的循环流量，调大孤岛户室内循环流量，从而保证室内温度一致性。

10. 循环泵参数不合理

循环泵参数设计应根据供暖负荷、管径、管长进行计算选取，但是很多站循环泵扬程在 32m，实际运行二次网供回水压差一般不超过 10m，这就造成循环泵功率过大、电能浪费。

11. 板式换热器选型不合理

板式换热器选型应根据实际供回水温度进行，如果按照比实际运行温度高进行选型，就造成板式换热器换热面积小，又由于水质、二次网循环流量大等原因，会使板式换热器阻力大或在一个采暖季需要多次清洗换热器。

12. 管径设计不合理

管径设计应与供暖负荷相匹配，主管道应按照 30～70Pa/m 经济比摩阻进行选型，分支管道应按照其资用压差确定管径，但是保证流速不大于 3.5m/s，同时比摩阻不大于 300Pa/m。管径设计不合理会造成水力失调严重或末端供暖效果差。

目前，一些小城镇有较多老旧管道，设计时并未严格考虑水力平衡的问题，也没有按照建筑功能和负荷特性进行分区设计，由此导致实际运行中庭院管网水力失调严重，供热不均匀现象普遍存在，用户满意度不高，且调节操作困难。为了解决此类问题，应加大投入，对不合理管网进行改造，增强水力自平衡性，同时按照建筑特性进行分区，合理设计和运行。

13. 一/二次网连接形式不合理

目前，有较多小城镇采用板换间接供热形式。然而，考虑到小城镇管网规模小、压力相对稳定的特点，建议根据实际情况，灵活采用直连混水的形式。管道设备相对简单，初投资少，系统能耗进一步降低。

14. 燃煤锅炉检修的重要性

锅炉在当前供热的生产和发展中，起到了良好的保障作用。锅炉自身的运行效果十分重要，因此需要对其进行全面有效的控制和管理。但是，从当前的实际情况来看，锅炉的运行情况容易出现一些故障和问题，影响了供热的正常运行。针对燃煤锅炉进行定期检修，能够及时发现存在的问题，及时控制和处理。针对燃煤锅炉出现的故障采用良好检修对策，能够有效解决锅炉中的运行故障。在对燃煤锅炉进行全面检修时，需要积极使用相应的计算机技术和信息技术等，监察和收集到的各项数据需要进行全面分析和研究，并积极选择合适的检查和维修措施，这样才能有效满足燃煤锅炉的实际需求。同时，还要不断改进当前使用的各项锅炉检修技术，这样能有效改善锅炉的运转情况，加强燃煤锅炉的日常维护，提升锅炉设施的可靠性。

15. 各功率电机动力电缆型号选型要求及常用动力电缆对应规格型号

换热站内从配电柜至用电设备的电力电缆须使用阻燃型电力电缆，具体电缆规格须根据用电设备额定功率来定。表 6-2 列出了各等级用电设备对应的电缆型号。

表 6-2　各等级用电设备对应的电缆型号

序号	额定功率/kW	电力电缆型号	序号	额定功率/kW	电力电缆型号
1	0.75	ZR-YJV-0.6/1kV, 4×4	11	18.5	ZR-YJV-0.6/1kV, 4×10
2	1.1	ZR-YJV-0.6/1kV, 4×4	12	22.0	ZR-YJV-0.6/1kV, 4×16
3	1.5	ZR-YJV-0.6/1kV, 4×4	13	30.0	ZR-YJV-0.6/1kV, 3×25+1×16
4	2.2	ZR-YJV-0.6/1kV, 4×4	14	37.0	ZR-YJV-0.6/1kV, 3×25+1×16
5	3.0	ZR-YJV-0.6/1kV, 4×4	15	45.0	ZR-YJV-0.6/1kV, 3×35+1×16
6	4.0	ZR-YJV-0.6/1kV, 4×4	16	55.0	ZR-YJV-0.6/1kV, 3×50+1×25
7	5.5	ZR-YJV-0.6/1kV, 4×4	17	75.0	ZR-YJV-0.6/1kV, 3×70+1×35
8	7.5	ZR-YJV-0.6/1kV, 4×6	18	90.0	ZR-YJV-0.6/1kV, 3×95+1×50
9	11.0	ZR-YJV-0.6/1kV, 4×6	19	110.0	ZR-YJV-0.6/1kV, 3×120+1×70
10	15.0	ZR-YJV-0.6/1kV, 4×10	20	132.0	ZR-YJV-0.6/1kV, 3×150+1×95

第7章 供热的发展

7.1 中国供热的发展

7.1.1 中国城镇供热的发展历程

中国城镇供热行业 20 世纪 50 年代参考苏联模式开始起步，经历了从无到有、从小到大、从弱到强的发展历程，20 世纪 80 年代以前，我国城镇供热行业发展缓慢，技术、设备和经营管理都比较落后，采用中小型热电联产机组和区域锅炉房零散建设了一些小型集中供暖系统。据统计，1980 年，全国单机容量 6000kW 及以上的供热机组容量为 443.41 万 kW，"三北"（东北、西北、华北）地区集中供热的建筑面积为 1124.8 万 m^2，普及率仅为 2%。改革开放以来，城市集中供热获得了社会和政府的重视。1986 年，国务院发布《关于发展城市集中供热的意见》，集中供热模式进入了快速发展期。到 1990 年年底，供热机组容量已发展到 998.93 万 kW，年供热量为 56 481 万 GJ，全国有117 个城市建设了集中供热设施，供热面积达 2.13 亿 m^2，"三北"地区集中供热普及率提升到了 12%。20 世纪 90 年代以来，集中供热已成为中国北方地区城镇冬季采暖的主导模式。伴随中国城镇化率由 1990 年的 26.41% 上升到2015 年的 56.1%，截至 2016 年底，我国北方地区城镇集中供热总面积已达约130 亿 m^2。与此同时，中国的整体能源消费规模也由 1990 年的 98 703 万 t 标准煤上升到 2015 年的 430 000 万 t 标准煤，增幅达 336%。

我国第一代集中供热系统为分散小锅炉房直连供热及人工运行调节,目前国内部分集中供热系统处在第二代系统,甚至落后、边远地区还停留在第一代供热系统。随着供热规模逐渐扩大,供热系统的自动化水平逐步提高,目前大、中型城市已基本达到第三代供热系统即热力站无人值守,现阶段已经开始逐步向第四代供热即智能化、智慧化的方向前进。供热时代划分见表 7 - 1。

表 7 - 1　我国的供热时代划分

	第一代	第二代	第三代	第四代
热源	分散小锅炉房	热电联产区域锅炉房	热点联产、大型区域锅炉房、多种形式热源相互独立	多种形式热源、热网运行
热网	直连	枝状网、直连、间连	环网、间连 + 直连	城市能源网、间连 + 直连
调节方式	热源集中	热源、热力站独立调节	热源、热力站联合调节,用户独立调节	热源、热力站、用户联合调节
运行	人工	自动化	物联网、无人值守热力站	智能化、云服务、大数据

7.1.2　供热各时期的问题

我国城市集中供热始于 20 世纪 50 年代,大部分为分散小锅炉房人工运行模式,热网采用直接供暖方式,虽然已取得初步的供热成果,但由于技术水平有限、设备落后,造成供热安全隐患较大,锅炉燃烧效率低,且排放量高,无法到国家排放标准,造成了严重的空气污染和大量的能源浪费。

20 世纪 80 年代以前,我国采用热电联产和区域锅炉房的城市小型集中供热方式。随着技术水平的提高,城市热力网由过去以直供管网为主改变成枝状管网为主,热源与热用户连接方式由直接连接改为间接连接方式为主,调节方式为可单站控制调节。自动化技术的逐步普及有效提高了供热系统的稳定性、安全性。但在当时的设计、施工、运行过程中,由于技术和设备水平较低,加之管理体制的影响,仍存在很多问题。

(1) 供热质量差、冷热不均

热用户无有效的调节控制设备,造成水利工况失调严重,各用户冷热不均，末端用户达不到设计标准，影响了居民的生活质量同时浪费了大量热能。

（2）运行方式不合理、能源浪费

由于设计观念落后，又无合理的调节控制手段，为了达到供暖标准，系统只能以"大流量、小温差"方式运行，致使系统漏损大、耗电量高。

（3）规划设计水平低，制约节能工作的落实

供热规划技术规范对热源、热网提出了具体的技术政策，而对于热用户未提出任何技术措施和要求，室内供暖设计标准未能系统地反应节能技术水平，规划、设计部门沿用旧的设计观念对待，形成先天的不足，使节能不能落到实处。

（4）供热成本高、收费率较低

因各户散热器的散热量无法计量，导致供热管理部门只能按面积向用户收费，导致用户抵制情绪大，供暖费用不易收回。由于管网水力失调原因，部分用户因未达到设计的标准温度而拒绝缴费。因供热部门大多仍采用福利供暖时期的粗放管理方式，致使供热成本高，用户难以接受。

20 世纪 90 年代至今，我国供热行业发展迅速阶段，科学技术的不断进步，尤其是计算机、通信技术的迅速发展，供热领域的自动化水平也得到迅猛发展和应用，部分企业已实现换热站无人值守控制，热网监控中心可直接远程对源 - 站 - 户直接调控。

热源采用热电联产和大型区域锅炉房与多种形式热源并存供热方式供热，城市热力网由枝状管网逐步改向环状管网，单元管线由原有垂直单管改成垂直双管系统，实行分户独立循环、分户温度控制。随着智能设备的不断诞生与人员技术水平的提高，供热运行方式由传统模式质调节逐渐向质、量并调方式转变。虽然供热效果取得了较大的进步，但随着供热面积的不断扩大，供热企业相应暴露的问题也随之增多。

（1）运行成本

1）煤炭价格上涨，单位面积供热成本大于单位面积采暖收入，形成了供热成本与收入倒挂的局面，供热越多、亏损越大。

2）环保投入越来越大。随着对环境保护的重视，供热行业也响应国家号召，投入大量的成本降低污染物排放量。

3）人工成本增加。市场经济的快速发展，国内通货膨胀率上升、物价上

涨，造成人民生活费用增加，引起工资上涨。

4）水、电、阀门、管道等原材料价格上涨。

5）管网老旧需更换。为了及时清除这些老旧高危管网，需投入大量的资金，更换为更耐用、更安全、更节能的热水管网，保障管网的安全运行。

（2）供热管理

供热单位没有相应的执法权，在面对偷用热、拒不缴费、私自偷放供热水和非法安装管道泵等影响其他用热户正常用热时，供热企业缺乏相应的执法保障，不能及时、有效地依法处置。

（3）设备匹配

在房地产等供热设施配套上，供热企业介入时间晚，不能及时发现供热设备在设计、安装时存在的不规范、不合理，供热设备移交给供热企业后，设备选型不合理、管网阻力大等不规范的设计造成运行不畅，再次改造的困难更大。

（4）供热运行

管网调节不精细、孤岛现象较多，出现冷热不均、过量供热的问题；管网监控不足，无法及时发现管网出现的问题；运行数据不能对系统进行统一分析，无法做到精细化调节。

7.2　供热的自动化

7.2.1　供热自动化的发展历程

自动化的概念是一个动态发展过程，早期指以机械的动作代替人力操作，自动地完成特定的作业，这实质上是自动化代替人的体力劳动的观点。后来，随着电子技术和信息技术的发展，特别是随着计算机的出现和广泛应用，自动化的概念已扩展为不仅用机器（包括计算机）代替人的体力劳动而且还代替或辅助脑力劳动，以自动地完成特定的作业。

其中自动化技术在供热系统应用的发展应分为以下四个阶段。

（1）第一阶段

20 世纪 90 年代初期自动化技术开始进入供热行业。由于技术水平有限，供热自动化技术处于探索阶段，逐步由初期的人工操作转向自动化控制模式。

（2）第二阶段

20世纪90年代末期，以收费软件为标志的信息技术融入供热行业，供热行业开始实现数字化。随后IT产业全面发展，管理模式开始逐步实施管控化、一体化，供热行业开始进入智能化。

（3）第三阶段

2008年之后，智能化管控模式兴起。随着自动化技术水平的提高及新型节能设备的出现，供热自动化系统得以广泛应用，站内监测、数据整理、自动化控制为供热行业带来了跨区域发展。

（4）第四阶段

2015年以后，随着"互联网＋"的提出，物联网、大数据、人工智能在各行各业获得广泛的应用，取得了良好的效果，智慧供热成为目前供热行业的关注焦点。

7.2.2　供热自动化的目的

自动控制技术已经应用到了集中供热系统的各个组成部分，如热源、热网、热力站与中继泵站的监控以及供热系统末端用户的监控等。随着物联网、大数据、云计算、人工智能等信息技术的飞速发展，供热智能化已经开始在供热领域广泛应用，全网自动化作为供热智能化的基础起到了关键作用，集中供热领域普遍认识到供热自动化需要精细化，需要关注设备的健康和能效、仪表的精度和稳定性、智能控制器的数据治理和储存、在线部署和固件升级、策略优化及边缘计算能力等问题，以确保供热的安全、供热质量和供热能效。集中供热自动化的目的有如下几个方面。

1）利于及时地了解并掌握热源、热网的参数与运行工况。通过热源及热力站的远传仪表，可随时地在调度中心监视系统各个位置的温度、压力、流量与热量的状况，便于管理。

2）利于节能降耗。一方面，可自动调整热网参数，实现全网水力平衡，解决冷热不均的问题；另一方面，可匹配热量，按需供热。在供暖季节里，户外参数是变化的。围护结构热惰性对室内温度变化影响以及按人的生活习惯与作息规律实现人性化供热等，均对按需供热提出新的要求。现在的集中供热系统往往是复杂且巨大的，需要统一的生产调度指挥，故采用一级网按需供热和二级网水力平衡调节的控制原则，以保证全网始终处于最佳的水力工况下运行，从而在实现舒适供暖的同时降低能耗。

3）利于实现提质增效。由于智能监控系统的监视功能相当于在各个站点安装了眼睛，热力站可实现无人值守，生产调度人员也可以轻松地掌握供热系统的每一个运行细节，并通过监控系统内置的供热策略发出指令，直接控制站点的电动调节阀门（或一级网回水加压泵）和各种水泵变频设备，对供热参数进行科学调节，大幅提高其综合运行能力，并且降低了人力成本。

4）利于及时发现故障，确保供热安全。通过应用自控系统的设备健康诊断功能，可对供热参数的变化作出及时、准确的分析，对热源各设备的运行状况作出正确的判断，对供热系统发生的泄漏、堵塞等异常现象作出及时的预报，避免酿成事故。

5）利于建立运行档案、形成企业信息、实现量化管理。将运行的数据形成数据库，便于查询、分析与总结，通过大数据挖掘和人工智能技术的应用，可以建立和优化负荷预测、健康诊断和能效管理等控制，为不断改善热网运行效率提供科学决策的依据。

7.2.3 供热自动化设计原则

供热自动化设计原则如下。

1）城市热力网应具备必要的热工参数检测与控制装置。规模较大的热力网应该有相应的调度中心，配备完善的自动化系统，实现调度中心和所有热源、中继泵站、换热子站控制系统的双向远程通信。

2）热源自动化系统应该按照负荷的需求自动调整热源的输出参数，实现经济化运行。

3）热力站自动化系统在选择控制系统及配套仪表时，应该本着性能可靠、简单实用、便于维护的原则。

4）在设计整个供热系统自动化时，要充分考虑到系统的兼容性、开放性、可扩展性。

5）根据系统规模及系统的复杂程度，选用高性价比的自控系统，比如PLC（可编程序控制器）系统。

6）在设计自控系统网络时，要充分考虑到系统的稳定性及未来供热系统的扩容，提前预留负荷能力。

7）通信协议选用在国际或国内已经广泛应用的通信协议。

7.2.4 供热自动化的构成

热网自动化监控系统通过计算机、仪表、测控、网络通信等技术的融合，实现热网温度、压力、流量、热量、频率、电量、阀门开度等参数的全面监测及设备的自动化控制。它主要由热力站控制系统、通信网络和调度中心监控系统三大部分组成。热力站控制系统主要负责用现场设备进行数据采集与控制，将站内数据参数通过专用光纤或无线信号等通信方式传输至调度中心监控系统，再通过数据计算分析下达指令至 PLC 控制系统，PLC 控制系统指挥站内设备调节，实现热力站全自动无人值守控制。

1. 调度中心

调度中心一般包括计算机及网络通信设备，计算机包括操作员站、网络发布服务器、数据库服务器，网络通信设备包括交换机、防火墙、路由器等。

操作员站负责所有数据的采集及监控、调度指令的下发、历史数据的查询、报警及事故的处理、报表打印等功能。

调度中心的主要功能如下。

1）综合显示字符和图像信息，运行人员通过人机界面实现对整个热网运行过程的操作和监视。

2）可显示热网系统内所有过程点的参数。

3）提供对设备运行工况的画面显示，以便操作人员能全面监视、快速识别和正确进行操作。

4）提供对运行人员的操作指导。

5）自动生成各种参数报表。

6）自动生成报警记录。

7）运行人员可通过操作键盘或鼠标对画面中的任何被控装置进行手动控制或自动控制。

8）远方人工设定换热站的供热量设定值或者根据室外温度自动下发目标控制值。

9）基于 Windows 操作系统、通过 IE 浏览器，根据权限，不论在什么地方均可实时访问热网监控系统，不同的权限具有不同的职能。

10）系统预留与关系数据库的接口，如 SQL Server、Oracle、Access 等。

11）系统预留与地理信息软件、收费软件等的接口。

2. 通信网络平台

通信网络平台是连接调度中心和子站控制系统的桥梁。要根据本地区的实际情况，考虑通信距离、施工难度、初期投入成本、后期运营成本等选取一个切合实际的通信网络。

通信网络分为有线网络和无线网络两种。

有线网络尤其适用于子站之间距离比较近的场合，具有技术成熟、稳定的优点。有线网络按通信的广度与地域可划分为局域网（各种工业总线）和广域网（各种公用通信网络，如 PSTN、ISDL、ADSL、DDN、光纤等）。

1）局域网方式。工业总线网络的特点是运行稳定、安全可靠、不用付使用费。工业总线网络当介质为双绞线时，一般通信距离为 2000m 以内，它的应用受通信距离的限制，目前使用较少，采用光纤通信时，距离可以达到几十km，通信介质的敷设可以和一级管网并行。目前光纤的成本不是很高，在有些地方考虑这种通信方式。它的缺点是布线施工量较大。

2）广域网方式。当子站之间距离比较远时，可以借助宽带网进行通信，这也是目前较常用的一种通信方式。由于在调度中心数据流大，需要足够的带宽，所以，一般都采用光纤接入。当子站通信量相对较小时，一般采用 ADSL 宽带接入，设置具有 VPN 功能的路由器。调度中心和子站组成虚拟局域网，通过 Internet 公共网络进行数据交换。其特点是通信速度快、稳定性好，仅需要每月向运营商缴纳一定的使用费。在运营成本能承受的情况下，这种通信方式也是目前的一个最佳通信方式。

无线网络通信的方式可分为无线专网与无线公网,无线专网常采用数传电台方式,无线公网可采用 GPRS/CDMA 方式。无线专网有超短波通信网络、扩频通信网络等。数传电台属于短波通信网络,是使用历史最久远的一种方式。在集中供热管网投入使用的初期,主要使用数传电台来进行通信。数传电台适用于较空旷、没有高楼阻隔的地带。但随着城市高楼越来越多,这种通信方式受到一定的限制,现在仅在一些中小市县的集中供热工程中有应用。数传电台的通信方式中心点和每个子站都采用固定的频点,中心点采用轮询的方式和每个子站交换数据。使用时,需要向当地的无线电委员会申请一个固定的频点,每年缴纳一定数量的使用费用。

无线公网中的 GPRS/CDMA 通信方式是伴随我国的通信事业发展起来的,是目前集中供热自控通信中较为常用的一种通信方式,其借助于各个通信公司的公共网络服务来实现,具有无布线施工量、设备简单、易实现等优点。这种通信的实现方式在中心点设置宽带接入,必须有固定的 IP 地址,在每个子站安装支持 GPRS/CDMA 方式的通信设备,通信设备内装支持 GPRS/CDMA 数据通信功能的手机卡,子站的通信设备自动寻找中心点的 IP 地址,找到后通信链路自动打开,实现双向通信。由于这种通信方式的资费按照流量收取,价格很便宜,所以在供热工程上用这种通信方式的用户非常多。

3. 热力站的控制系统

热力站控制系统主要包括对热力首站、板式换热站、加压泵站、混水站系统、二级网的监测与控制。

(1) 首站自控

首站是热源出口的第一个热力站,其安全性要求较高,因此在制定调节控制策略时应考虑对系统安全运行的影响,在控制层面上对其设法排除和解决。

由于首站的控制复杂,其测量数据较多,所以要求自控系统有较快的处理速度和复杂回路处理能力。同时,为兼顾经济性,需将首站的数据参数及蒸汽计量的数据汇总到自控系统中,首站自控流程如图 7-1 所示。综合上述情况,首站自控系统一般都选用 DCS 系统或大、中型 PLC 系统。数据采集点应为以下参数。

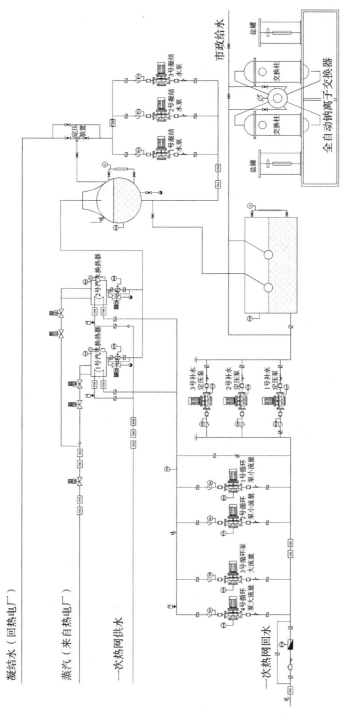

图 7-1　首站自控流程

① 蒸汽管网压力、温度、流量。

② 凝结水压力、温度、流量。

③ 热网供水压力、温度、流量。

④ 汽水换热的水位、出口凝结水温度。

⑤ 电动阀的开度及反馈开度。

⑥ 变频器运行参数，循环泵、补水泵、凝结水变频器电流、电压、状态、频率等，热量计量参数。

2）首站自动化控制点位图及控制模式

控制模式包括以下几种。

① 供水温度调节

供水温度的控制主要调整蒸汽进汽电动调节阀的开度、控制蒸汽流量，从而控制汽水换热器的换热量，维持热源的出水温度在设定值。当多个汽水换热器一起投入时，要考虑多个汽水换热器同步调整时的相互干扰问题，通过前馈解耦的方式消除扰动。

② 循环泵变频调节

变频调速的目的是控制管网最不利点的压差，以消除流量分布不均匀的极端状况，保证整个管网的水力平衡。最不利点的压差值由调度软件自动寻找，在保证最不利点的压差值大于设定压差的前提下，控制系统的回水温度。

③ 汽水换热器的水位控制

汽水换热器的作用是利用高温蒸汽的换热作用，把低温循环水换热成高温水，并使蒸汽在换热器内冷凝成凝结水。为了保证良好的换热效果，要求汽水换热器的水位值稳定在一个合理的范围内，通过调整汽水换热器凝结水的出水电动调节阀调节出水量，控制换热器的水位值。换热器的水位值检测采用微差压变送器，取样部分要加装平衡容器。

（2）换热站的自控

换热站自控系统主要由数据采集控制部分、循环水泵控制部分、补水定压控制部分、通信部分等组成，通过热工检测仪表测量一/二次网温度压力流量等信号按自控系统中预先设定的控制算法及控制方式完成对一次网调节阀、循环泵及补水泵的控制，并将测量结果传送到调度中心，以实现换热站安全、可靠、经济、运行。换热站自控系统控制流程如图 7 - 2 所示。

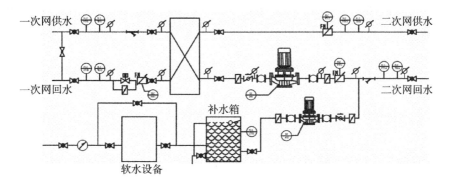

图 7 - 2　换热站自控系统控制流程

1）数据采集

① 温度：一次供回水温度、二次供回水温度、室外温度、用户室内温度。

② 压力：一次供回水压力、二次供回水压力。

③ 能耗：换热站、一/二次循环流量、耗热量、补水流量、耗电总量。

④ 变频器运行参数：循环泵、补水泵变频器电流、电压、状态、频率等。

⑤ 电动调节阀：电动阀门开度反馈。

⑥ 补水箱：补水箱液位显示。

2）热负荷预测

热力系统本身是一个大的热惯性系统，且影响因素众多、条件千差万别，因此做到精确控制非常困难。供热时气象条件的变化很复杂且不可准确预测，同时供热系统本身存在严重的滞后，即户外气象条件的变化是绝对的，而且对室内环境产生影响存在一定的滞后，供热调节又是有条件的，不可能过于频繁地调节，而且，介质的传输必然产生一定的滞后，再加上散热器系统的滞后，所以，准确的供热量需求以负荷预测为基础，这需要较长的响应时间。同时，热力系统本身又是一个大的热容系统，这就使得环境气象条件的急剧变化会被热力系统吸收，即以慢制快，再加上用户本身的适应能力对环境质量的要求留有余地，因此，几天前的环境温度会对现在的热负荷需求产生直接的影响。所以，只要根据天气预报及几天前的天气状况建立天气预报与供热负荷预估模型系统，就可以进行较为合理、准确的负荷预测。

如图 7 – 3 所示，根据实测的室外温度对应关系在软件中自动生成曲线，这个曲线可以和天气预报的温度成正比，然后进行数据修正，并且自动调整供热参数。

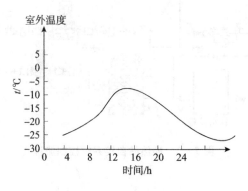

图 7 – 3　调节曲线

3）换热站与运行控制及调控模式

在供热系统中，供暖热负荷的计算是以建筑物耗热量为依据的，而热量的计算又是以稳定传热概念为基础的。实际上，外围护结构层内、外各点温度并非常数，它与户外温度、湿度、风向、风速和太阳辐射强度等气候条件密切相关，其中起决定作用的是户外温度。因此，应根据户外温度变化，对供热系统进行相应的自动调节热负荷，从而保持室内要求的温度，避免热量浪费，使热能得到合理利用。

由于供热系统热惰性大，属于大滞后系统，因此电动调节阀不应连续调节，否则会产生振荡，使被调参数出现上下反复波动现象，这样，调节效果并不理想。实际上，可根据供热系统的规模大小，设定 1～2h 调节一次的间歇性调节方法，系统越大，调节间隔应越长，这样可以充分反映延时的影响。每次调节电动调节阀的开度变化也不能过大，调节幅度应由当前的阀门开度和温度偏差决定。

根据供热系统的特性，在一次侧外网工况稳定的情况下，其流量的变化会直接影响一次侧热媒在换热器内的放热量，从而改变用户系统的供回水温度，因此，选择一次侧水流量作为控制参数。

① 斜率曲线控制

根据室外温度变化，对应二次网供水温曲线为控制目标，自动调节一次网电动调节阀，使供水温度保持在设定范围内，其控制方式如图 7 - 4 所示。

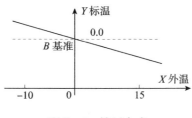

图 7 - 4　控制方式

X 与 Y 的比例换算公式为 $Y = aX + B$，其中 a 代表斜率，指倾斜度，X 值代表室外温度，B 值代表设定基准温度，Y 值代表二次网供水温度。斜率需为负值（需根据实际效果值修正倾斜度），当 X 值降低时，对应的 Y 值提高，反之，当室外温度升高时，对应的二次网温度值下降。

② 分时段控制

为了更有效地节约热能、降低能耗，根据换热站所在位置、建筑类型，可针对不同热负荷类型（如居民住宅、商场、工厂、机关、学校等）的作息规律制定一个分时段的供水温度预控曲线，实现人性化供热，并将分时段的供水压力与回水压力的差值作为循环泵变频控制的反馈压差值来完成整个热网的温度及流量调节，实现热能的合理分配和电能的最优化利用。

③ 温度补偿控制

如图 7 - 5 所示，通过采集室内、外温度，绘制室内外温度补偿曲线，根据室内外温度补偿曲线，编制二供水设定温度曲线，最终根据二供水设定温度曲线和一供流量找出一供水调节阀开度曲线，通过调节阀开度曲线，实现自动调节一供水调节阀开度。在调节效果偏差时，可根据实际情况微调补偿温度，从而改变一供水调节阀开度，再根据实际数据修改修正值，达到最佳调节效果。

④ 循环水泵控制

在各换热站的最不利环路末端单元供回水各安装一个压力采集点，可以通过末端压差自动调节二次网循环泵的频率，末端压差不宜过高，否则浪费电

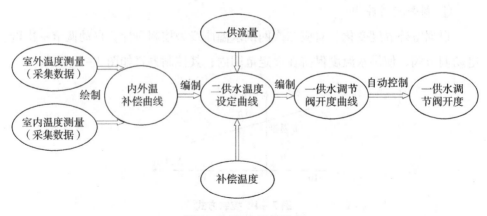

图 7 – 5　温度补偿控制

能，通过在末端安装压力表观察压差，当压差大时，通过信号反馈给控制器，自动降低二次网循环泵的频率达到合适值（单元保留 3m 压差即可），从而降低耗电量，反之则提升循环泵的频率，保证末端循环压差即可。

⑤ 二网补水控制

换热站的补水控制主要以二次网回水压力值作为参考值，保持二次网回水压力值在设定范围内。当压力超过设定压力范围时，自动打开电磁阀泄压，其控制方式大概分为两种。

压力开关控制：在二级网回水管安装压力开关，通过压力开关设定的压力上限及下限完成自动启泵、停泵控制功能。

变频定压控制：通过压力传感器采集二次网回水压力的实时信号作为控制的反馈信号，按各换热站设计的回水压力进行设定，可由变频器内部 PID 运算完成闭环控制，也可以通过控制器程序完成定压控制。

（3）加压泵站自控

供热系统上的循环泵是为热网上的热媒提供循环动力的装置，一般设在热源处。管线太长时，为降低热网的压力需设置加压泵站。加压泵站按设置的位置可分为中继泵站（供水加压泵站、回水加压泵站）和末端加压泵站。泵站控制器配置人机界面，调度中心的操作人员可以实时监控泵站的数据及设备的运行状态，根据现场数据反馈进行分析调控。站内数据采集点位应为以下参数。

1）数据采集

① 泵站进、出口的压力、温度及流量。

② 除污器前后的压力、旁通阀的阀位及开关状态。

③ 每台水泵进口和出口的压力。

④ 泵站进口或出旁通阀的阀位及开关状态。

⑤ 泵的电动机工作状态、变频器的运行频率及电动机电流值。

2）加压泵站控制模式

① 水泵智能切换

大型供热系统输送干线的中继加压泵站宜采用工作泵与备用泵（一用一备）自动互相切换的控制方式运行，工作泵一旦发生故障停机，电气连锁装置应保证自动切换备用泵，上述控制与连锁动作应有相应的声光报警信号传至泵站值班室。

② 恒压控制

加压泵应具有变频器装置，变频器可以通过设定水泵出口压力值并和反馈值作比较且达到自动调节泵的转速，达到恒压供暖要求，满足用户的热力与水力工况的需要，且泵的入口和出口应设超压保护装置。恒压自动调节框图如图 7 - 6 所示。

图 7 - 6　泵站出口压力自动调节框图

③ 压力保护控制

泵的进口和出口应设有超压保护装置以防止压力的提高对设备造成的影响。站内一般为电磁阀和安全阀双重安全保护控制。

安全阀控制：通过弹簧弹力的设定，压力达到上限自动泄压，压力低于正常范围时自动关闭。

电磁阀控制：当压力高于定压值，经延时后，电磁阀得电开启泄压，当压力泄水至低于定压值时，电磁阀失电关闭。电磁阀泄压控制应具有手/自动切换功能，能在本地和热网监控中心进行控制，并能够修改电磁阀开启和停止时的压力值。

（4）混水站自控

混水热力站的一级网、二级网水力工况相互关联，根据热网的压差判断该站采用混水机组方式（供水加压混水、旁通加压混水、回水加混水），自控系统需根据混水机组不同的控制方式来完成相应的控制要求，以实现安全运行、节约能耗的目的。

楼宇混水机组通过压力分析，最终确定不同形式的供热方案（如图7-7所示），在此基础上结合供热自动化控制系统，实现供水温度与室外温度相对应的自动调节，针对不需要24小时供暖的公用建筑，可实现分时供暖，在确保满足用热需求的前提下，既能减小用户间的水力失调，又能实现节电、节热的目的。楼宇混水机组数据采集点位应为以下参数。

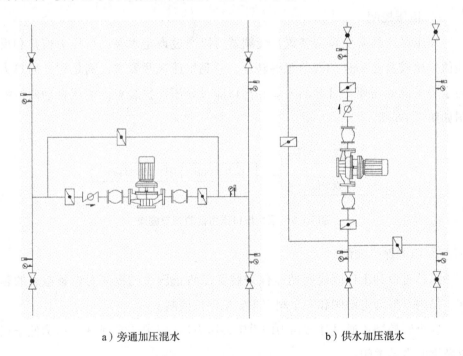

a）旁通加压混水　　　　　　　　　　b）供水加压混水

图7-7　不同形式的供热方案

1）混水站一/二次网进、出口的压力、温度及流量，室外温度。

2）一次电动调节阀、旁通管电动调节阀的阀位开关状态及反馈开度。

3）混水泵的电动机工作状态、变频器的运行频率及运行电流值。

4）一次、二次循环流量，耗热量，耗电总量。

混水站控制模式如下。

1）温度曲线调控

根据室外温度设定二次的出水温度曲线确定二次网出水温度，自动调节一次网电动调节阀及旁通混水比例，在满足二次网循环流量的情况下使其出水温度在设定压力范围内自动调节。

2）分时段控制

对商场、工厂、机关、学校等的作息规律制定一个分时段的供水温度预控曲线，根据设定阶段，白天按设定参数供热，夜间自动降低一次网热量，提高旁通混水比例，降低供水温度，在保证系统安全运行的情况下实现人性化供热、分时段调控，实现热能的合理调控，热能、电能的最优化利用。

3）末端压差控制

混水站后的流量与混水比有关。当某一用户调节其流量后，混水站后的流量即发生变化。为保证最不利末端有足够的压力（压差），在单元处设置压力监测点，通过反馈压力值自动调节电动阀及混水泵的频率，使其压力值保持在设定压差范围内。

（5）二级网的自控

以换热站二级网用户供热系统作为控制对象，通过水力平衡调节实现以最小能耗达到用户舒适的目的。其具有如下特点：测点和控制阀门数量巨大且布置分散，系统惯性大，参数变化缓慢、滞后时间长；不同年代的建筑物负荷状况也不一样；很多二级网相关的资料缺失（如管网图等）。基于以上特点，二次网户间的自控非常适用于物联网技术，对所有智能调节阀、热量和室温统一监视和控制。

如图7-8所示，在单元设置热量表、调节阀，以及压力、温度传感器，测量供回水压差、供回水温度。在每个用户供水安装热量表，回水管线安装一台智能流量控制阀或智能 V 形球阀，部分或全部用户房间安装室温采集器，彻底解决各户间平衡问题，且可实时查看用户室内温度情况。其主要数据采集点位应为以下参数。

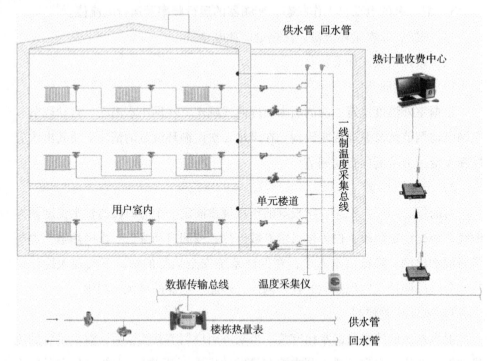

图 7-8　物联网监控

① 单元智能调节阀开度、状态、供回水压力、温度等。

② 户用智能调节阀的开度反馈、运行状态、回水温度、电池电量等。

③ 热量表的瞬时流量、累计流量、供回水温度。

④ 室温采集器采集的房间位置及室内温度。

供热质量是以建筑物室温达标率为基础衡量的，室内温度舒适度是供热系统调节的最终目标，也是热用户消费的根本诉求，在建筑物内设置智能调节阀及典型的观测点，监视和分析建筑物的温度的分布情况，有助于改善调节控制的策略，使其能精准地实现建筑物的均衡调节。

二级网的控制模式如下。

① 平台远程控制

以用户回水温度作为阀门调节的依据，通过智能调节阀自动调节，使每户回水温度趋于一致，通过室内温度采集器的反馈数据进行整理分析，自动微调整智能调节阀，使各用户室温均保持在一个达标的温度，实现均衡供热。

② 用户自行控制

热用户根据自身的需求进行室温控制，实现按照温度收费或按照热量收费。

7.2.5 供热自动化未来的发展趋势

目前，虽然部分供热企业已经实现了热网自动化控制功能，但在实际运行控制过程中并未达到理想的节能预期效果，往往还是以经验数据为调控方式，并未做到通过大数据挖掘和分析作出相应的自动化控制策略和调控参数的智能给定，所以限制了目前供热行业的节能减排。

随我国城镇化进程加速发展和人们对冬季供暖需求的提升，冬季供热所产生的大气污染排放（包括烟尘、二氧化硫、一氧化碳、碳氧化合物等）总量也处于增长之中。目前，建筑已经成为我国第二大能源消耗领域，供热的能耗是建筑领域中的能源消耗大户。为减少能源消耗、实现节能减排目标，供热行业与信息技术相结合，利用新兴技术代替传统的自动化控制模式，推动供热行业自动化升级改造、实现智慧供热发展已成为必然的趋势。

7.3 智慧供热

7.3.1 智慧供热的概念

智慧供热是以供热信息化和自动化为基础，以信息系统与物理系统深度融合为技术路径，运用物联网、空间定位、云计算、信息安全、"互联网＋"技术感知连接供热系统"源网荷储"全过程中的各种要素，运用大数据、人工智能、建模仿真等技术统筹分析优化系统中的各种资源，运用模型预测等先进控制技术按需精准调控系统中各层级、各环节对象，通过构建具有自感知、自分析、自诊断、自优化、自调节、自适应特征的智慧型供热系统，显著提升供热政府监管、规划设计、生产管理、供需互动、客户服务等各环节业务能力和技术水平的现代供热生产与服务新模式。智慧供热标准如图7-9所示。

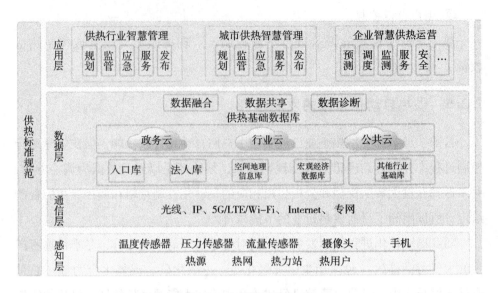

图 7-9　智慧供热标准

　　智慧供热旨在解决城镇集中供热系统联网规模扩大、清洁热源接入带来系统动态性增加、环保排放约束日益严格、按需精准供热对供热品质和精细化程度要求不断提高所带来的一系列难题，全面提升供热的安全性、可靠性、灵活性、舒适性，降低供热能耗，减少污染物与碳排放，同时，显著提升供热服务能力和人民的生活水平。

7.3.2　智慧供热的构成

　　智慧供热的概念贯穿组成供热系统的"源-网-站-线-户"热能供应链的各环节，涵盖热源、热网、热力站及热用户之间的各种对象。不同的对象的智慧升级依托对象特征及功能有针对性地实施，各环节之间的智慧化应用互为关联、相辅相成、协同增益，最终服务于智慧供热的总体建设目标。供热系统如图 7-10 所示。

　　（1）供热信息系统

　　供热信息系统是支撑智慧供热资源整合和流程完善，推进供热企业标准化、精细化管理，实现智慧供热目标的技术保障。供热信息系统是建立在供热管网空间数据库、设备属性数据库，以及收费、生产运行、办公数据库的基础

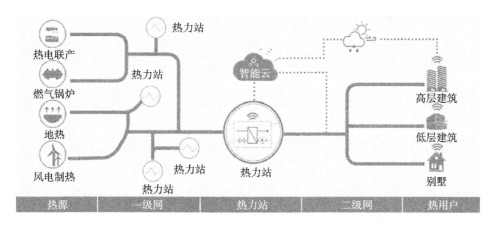

图 7-10　供热系统

上，利用各种先进的软件技术等建立起来的信息化业务管理平台，包括生产管理、收费管理、客户信息管理等核心功能，不仅可保持各个子系统的相互独立运行、数据共享，还能建立起关键信息的相互联系，紧密结合供热企业的业务流程，有机整合供热企业的生产站点、管网检修、调度、客服部、计划部、财务收费部等各个部门的职能，属于一整套完善的供热企业管理信息系统，可保证供热信息化系统各环节协调运作，实现供热企业管理的科学化、自动化和规范化。

（2）智慧供热、智慧热源

以热电联产机组为代表的集中供热热源，其智慧化从子系统或设备的智慧化形式延伸为智慧电厂、智慧锅炉、智慧热泵系统等，进而支撑智慧供热目标的实现。

智慧热源能够实现系统及设备的全生命周期（设计、制造、建设、运营、退役）的智能管理。在智慧热源的建设、运行过程中，由数据流、控制指令流、业务流等组成的信息流成为维系系统智慧化运行的价值资源，通过把握各类信息的流向、发掘和整合数据的价值，利用物联网技术，实现热源设备的数据融合，同时，利用云计算、互联网技术进行数据分析与处理，并结合实时供热管理要求，调整供热生产计划和生产任务，并利用智慧化控制手段将管理要求实时反映到生产控制层，根据调度要求和生产资料情况调整供热生产策略，实现热源生产的优化配置。

231

（3）智慧热网

智慧热网以工业互联网与供热技术的结合为基础，依照智慧供热"源－网－站－线－户"的协同调控，优化管理的整体模式，对传统热网系统进行智慧化升级，以机理模型、数据模型等代替人工经验，实现精准化按需供热调控。

供热系统中的热网运行调节控制问题具有大规模、高延迟、强耦合、多约束、时变和非线性的技术特征，需要强调控热网中各泵阀的工作点状态组合以保证安全、均衡、高效地向热用户输送热能。智慧热网具有更加可靠、灵活的管网运行调控优化能力，可在不同供需条件下，通过快速确定诸多可调泵、阀的动态逻辑组合，重构所需的全网流量分布形态而实现热能灵活输送，支撑供热系统中热能在供需两端的高效输配。

（4）智慧热力站

智慧热力站链接一次网与二次网关键对象，借助信息化及自动化手段，可靠、高效地衔接热能供给与需求，实现系统的联动调控。

由于各热力站所辖小区的建筑结构、室内供暖方式（地暖、散热器）不尽相同，滞特性及室温变化规律也表现不同，对应的热力站优化调节控制也各异。为综合考虑室内温度、昼夜人体热舒适度需求、室内温度控制目标要求（恒温、阶段性温度变化）等因素，提供高品质供热服务，需要构建智慧化的闭环调节系统，以热用户供水温度等为控制参数展开换热站多目标优化控制。此外，智慧的热力站可基于数据挖掘技术对站内设备的运行状态进行异常判断和智能排查，通过历史运行数据分析得出各热力站调控习惯，并以此实现运行工况下的故障诊断和最佳工况的偏离分析。

（5）智慧热用户

智慧热用户通过对建筑物的智能升级，准确、便捷地采集供热效果参数并反馈到供热生产与输配环节，实现按需精准供热。

智慧供热的能效问题是指在满足各用户用热需求前提下，如何最大限度地减少热能输送并保证系统平稳安全的运行。由此，确定各热用户在特定气象条件下的合理热量需求是实现智慧供热的前提，这意味着系统不仅要获知全网用户的总负荷特性，还需知热网区域、主要分支、每栋建筑物乃至每户的负荷特性。考虑到热网系统的滞后性与热惰性，应考虑通过负荷预测实现测性控制，从而实现供热过程和耗热过程的动态匹配，最大程度地降低能耗和污染排放。

7.3.3 智慧供热的目标

智慧供热是以信息化、数字化、网络化、自动化、智能化的信息技术设施为基础，以用户为目标，以低碳、舒适、高效为主要特征，以透彻感知、广泛互联、深度智能为技术特点的新一代供热方式。在实现供热智能化的过程中，信息化、数字化是前提，网络化是路径，自动化和智能化是手段，智慧化是目标。在信息化和数字化基础上实现供热感知，在网络化基础上实现供热设备互联，在自动化和智能化的基础上实现智慧供热，是实现用户舒满意、系统安全可靠、能源利用高效、低碳清洁经济的总体目标。

（1）支撑清洁供热，提高供热系数

智能供热技术能够综合分析供热系统的运行工况条件，面向环保、成本、安全等多重优化调度运行方案，实现动态供需平衡；能够提高生产运行调控决策的科学性和及时性，提升系统综合能效，降低检修维护人员的工作量，实现设备状态检修和预测性维护。

（2）提升供热生产的安全性和可靠性

智慧供热事关城镇居民的人身及财产安全。实现供热系统的安全稳定运行是供热的重要价值体现。智慧供热能够通过模型的预测分析显著提升供热调控操作的预见性和科学性，避免凭人经验主观判断可能带来的误操作；能够显著提升应急事件及运行故障的处理能力；能够借助物联感知系统全面掌握供热运行中存在的危险因素，闭环跟踪监督安全相关工作的执行情况；能够优化供热系统规划、设计、扩建、整合、改造的技术方案。

（3）提升用户服务水平，实现按需供热、舒适用户

智慧供热能够更好地满足热用户对热的多样化需求，提高供热系统对动态热负荷需求的灵活响应能力，实现"按需舒适用热"，还能支持能源系统的需求侧响应，应对智慧能源、能源互联网发展，实现供需互动。

（4）优化供热企业和政府管理水平

智慧供热能够运用信息通信技术感测、分析、整合供热企业运行中的核心

系统关键信息，从而对各种需求作出智能响应，实现全面感知、智慧融合，大幅提升供热企业的管理水平，并能够使政府主管部门实现基于大数据的供热行业优化治理。

7.3.4　智慧供热的现状

近年来，供热企业的集中度不断提高、规模不断矿长、经营业务已实现多元化，但所见各种信息系统通常是孤立的、各部门分别建设的，虽然能满足基本的业务运作要求，但在智慧供热系统的集成、跨系统的综合业务应用和提高供热生产管理水平方面仍存在很多不足之处。目前供热企业所面临的问题如图 7 – 11 所示。

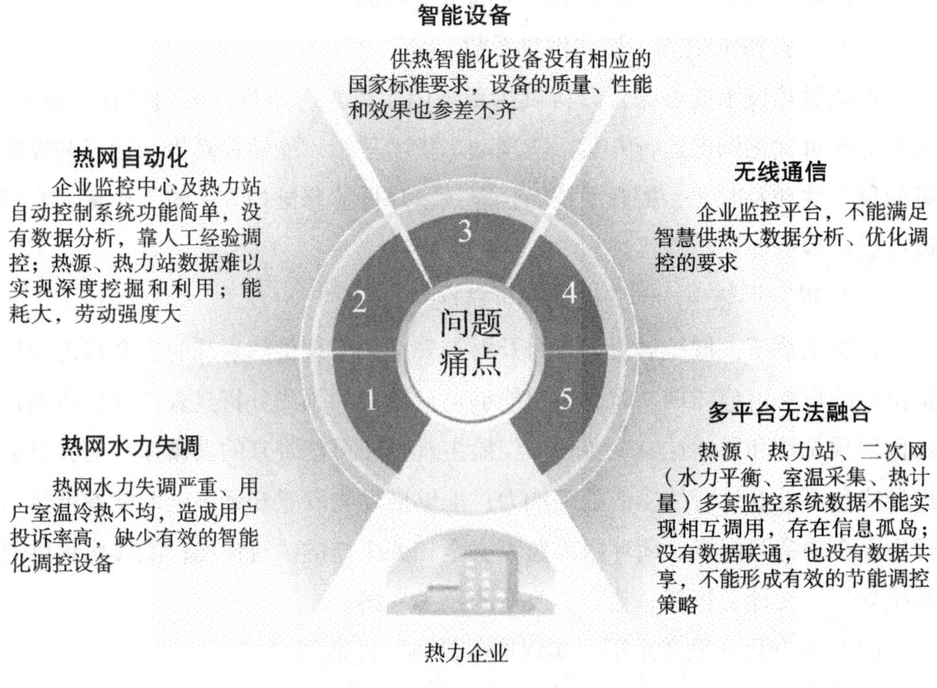

智能设备
供热智能化设备没有相应的国家标准要求，设备的质量、性能和效果也参差不齐

热网自动化
企业监控中心及热力站自动控制系统功能简单，没有数据分析，靠人工经验调控；热源、热力站数据难以实现深度挖掘和利用；能耗大，劳动强度大

无线通信
企业监控平台，不能满足智慧供热大数据分析、优化调控的要求

热网水力失调
热网水力失调严重、用户室温冷热不均，造成用户投诉率高，缺少有效的智能化调控设备

多平台无法融合
热源、热力站、二次网（水力平衡、室温采集、热计量）多套监控系统数据不能实现相互调用，存在信息孤岛；没有数据联通，也没有数据共享，不能形成有效的节能调控策略

问题痛点

热力企业

图 7 – 11　目前供热企业所面临的问题

1）供热信息系统统一规划偏弱，信息化对企业整体发展战略支撑不足，许多供热企业缺少统一的信息系统平台，难以实现对下属各部门及业务单元的有效监控，不能实时获取下级部门的状况，给企业管理带来了一定的困难，无

法实时信息共享，信息传递、反馈不及时。

2）信息系统应用范围窄，管理基础薄弱，效率较低

供热企业部门关键业务领域还存在信息系统建设不足或空白现象，系统功能不全面，并且信息没有继承，信息传送不流畅，难以追溯信息源，现有系统对日常工作支持效果有限，业务流程审批不完善，难以满足供热企业的信息管理需求。

3）企业信息系统缺乏整体规划，资源优势没有得到充分发挥

目前的信息系统建设和应用主要是面向单项业务的，系统建设的时间不同、供应厂商不同、技术标准不同、成熟度不同，各系统独立运行，数据储存分散，数据的一致性也无法得到统一，很难满足公司应用集中统计与分析数据的要求，"信息孤岛"现象严重，对各业务部门的支持不够，各部门难以有效利用系统数据，管理工作有广度无深度。

4）信息系统管理体系薄弱

信息中心没有规范化的信息管理流程，专业人才缺失，不能站在信息技术发展的高度对整个企业信息系统建设进行规划，而且对已有的信息系统维护不到位。

7.3.5　智慧供热未来发展趋势

目前，我国供热行业已广泛开展了数字化和信息化改造，供热系统的日常管理日益科学化和精细化。但应认识到，信息化的实现不等同于智能化、智慧化的实现，智慧供热的技术依然需要持续发展，未来需要继续深入研究与实施的工作可归纳如下。

1）深入研究先进信息技术与控制方法，实现供热系统协调运行。今后要充分利用供热系统中"源－网－荷－储"不同环节的灵活性，全面提升系统运行管理水平，有效发挥人工智能技术在供热系统负荷预测、故障诊断、异常情况识别等方面的作用，利用信息技术逐步实现从计算智能、感知智能到认知智能、决策智能的高水平智慧供热。

2）加强智慧供热技术标准建设，推广智慧供热成功案例。今后要由大型企业或产业联盟牵头制定行业标准，加强顶层设计，避免重复、低质量建设，

要通过成功案例的推介和相关技术标准的建立，推进智慧供热更为广泛的应用和技术落地。

总之，智慧供热建设是一个循序渐进的过程，要紧紧抓住智慧供热带来的历史性机遇，推进创新，实现供热技术、设备的创新突破。智慧供热建设要充分考虑技术的先进性和经济性，制定一套适应自身企业的、合理的智慧供热建设方案，并分阶段、分层级地向前推进，切不可一味地追求和模仿，否则，智慧热网设备投入将为无效投资。目前，智慧供热建设最主要的任务是完成供热基础信息化、标准化，为智慧热网做好前期准备工作，待智慧热网基础设施建设齐全后，逐步进行热网自分析、自诊断、自学习的全面智慧供热。

附录 A

A.1 管网图常用符号

管网图常用符号见表 A-1。

表 A-1 管网图常用符号

图例	名称	图例	名称	图例	名称
—S—	蒸汽管	—SS—	游泳池热水供水管		泄水丝堵 泄水阀
—C—	凝结水管	—SR—	游泳池热水回水管		压力表
—H1—	一级管网供水管	—W—	自来水管		温度计
—HR1—	一级管网回水管	—SW—	软化水管		流量计
—H—	采暖供水管	—M—	补水管		热量计
—HR—	采暖回水管	—E—	膨胀管		排大气
—AS—	空调供水管	—V—	放气管		水路软接头
—AR—	空调回水管	—D—	排水管		排水管

续表

图例	名称	图例	名称	图例	名称
—DS—	生活热水供水管	—DA—	除氧水管		冷水表
—DR—	生活热水回水管	i=	管道坡度及坡向		流量孔板
—C—	生产热水供水管		管端封头	DN— —	水管管径标注
—PR—	生产热水回水管		放气阀		输水阀
	阀门	M	电动执行机构	F	水流量传感器
	蝶阀	Σ	电磁执行机构	T	温度传感器
	减压阀		电动水泵	P	压力传感器
	安全阀（通用）		调速水泵	ΔP	压差传感器
	三通阀		换热器（通用）	F	流量计
	止回阀		分汽缸（分集水器）	L	液位计
	手动调节阀		Y形过滤器		汽水分离器
	浮球阀		水封（单级水封）		平衡阀
	自力式压力调节阀		安全水封		防回流阀
	自力式温度调节阀		集气罐		除污器
	自力式压差调节阀	—DW—	水压差传感器		三功能阀
	自力式流量控制阀	F	水流开关		自动执行机构

A.2 水的温度与密度表

水的温度与密度见表 A-2。

表 A-2 水的温度与密度

$t/℃$	0	1	2	3	4	5	6	7	8	9
$\rho/(kg \cdot m^{-3})$	999.840	999.898	999.940	999.964	999.972	999.964	999.940	999.901	999.848	999.781
$t/℃$	10	11	12	13	14	15	16	17	18	19
$\rho/(kg \cdot m^{-3})$	999.699	999.605	999.497	999.377	999.244	999.099	998.943	998.774	998.595	998.404
$t/℃$	20	21	22	23	24	25	26	27	28	29
$\rho/(kg \cdot m^{-3})$	998.203	997.991	997.769	997.537	997.295	997.043	996.782	996.511	996.231	995.943
$t/℃$	30	31	32	33	34	35	36	37	38	39
$\rho/(kg \cdot m^{-3})$	995.645	995.339	995.024	994.700	994.369	994.029	993.681	993.325	992.962	992.591
$t/℃$	40	41	42	43	44	45	46	47	48	49
$\rho/(kg \cdot m^{-3})$	992.212	991.826	991.432	991.031	990.623	990.208	989.786	987.358	988.922	988.479
$t/℃$	50	51	52	53	54	55	56	57	58	59
$\rho/(kg \cdot m^{-3})$	988.030	987.575	987.113	986.644	986.169	985.688	985.201	984.707	984.208	983,702
$t/℃$	60	61	62	63	64	65	66	67	68	69
$\rho/(kg \cdot m^{-3})$	983.191	982.673	982.150	981.621	981.086	980.546	979.999	979.448	978.890	978.327
$t/℃$	70	71	72	73	74	75	76	77	78	79
$\rho/(kg \cdot m^{-3})$	977.759	977.185	976.606	976.022	975.432	974.837	974.237	973.632	973.021	972.405
$t/℃$	80	81	82	83	84	85	86	87	88	89
$\rho/(kg \cdot m^{-3})$	971.785	971.159	970.528	969.892	969.252	968.606	967.955	967.300	966.639	965.974
$t/℃$	90	91	92	93	94	95	96	97	98	99
$\rho/(kg \cdot m^{-3})$	965.304	964.630	963.950	963.266	962.577	961.883	961.185	960.482	959.774	959.062
$t/℃$	100									
$\rho/(kg \cdot m^{-3})$	958.345									

A.3 塑料管及铝塑复合管水力计算

塑料管及铝塑复合管水力计算见表 A-3。

表 A-3 附表塑料管及铝塑复合管水力计算

比摩阻 $R/(\mathrm{Pa} \cdot \mathrm{m}^{-1})$	管内径 $d_i/d_o/(\mathrm{mm}/\mathrm{mm})$					
	12/16		16/20		20/25	
	流速 $v/(\mathrm{m} \cdot \mathrm{s}^{-1})$	流量 $G/(\mathrm{kg} \cdot \mathrm{h}^{-1})$	流速 $v/(\mathrm{m} \cdot \mathrm{s}^{-1})$	流量 $G/(\mathrm{kg} \cdot \mathrm{h}^{-1})$	流速 $v/(\mathrm{m} \cdot \mathrm{s}^{-1})$	流量 $G/(\mathrm{kg} \cdot \mathrm{h}^{-1})$
0.51	—	—	0.010	6.64	0.010	11.25
1.03	0.010	3.95	0.020	13.27	0.020	22.50
2.06	0.020	7.90	0.030	19.91	0.030	33.74
4.12	0.030	11.84	0.040	26.55	0.050	56.24
6.17	0.040	15.79	0.060	39.82	0.070	78.73
8.23	0.050	19.74	0.070	46.46	0.080	29.98
10.30	0.060	23.69	0.080	53.10	0.100	112.48
20.60	0.100	39.48	0.120	79.63	0.150	168.71
41.19	0.150	59.22	0.180	119.47	0.220	247.45
61.78	0.190	75.02	0.230	152.65	0.280	31493
82.37	0.220	86.86	0.270	179.20	0.330	371.17
102.96	0.250	98.71	0.310	205.75	0.370	416.16
123.56	0.280	110.55	0.340	225.66	0.410	461.15
144.15	0.310	122.40	0.370	245.57	0.450	506.14
164.75	0.330	130.29	0.400	265.48	0.480	593.88
185.35	0.350	138.19	0.430	285.39	0.520	584.87
205.94	0.380	150.03	0.450	298.67	0.550	618.62
226.53	0.400	157.93	0.480	318.58	0.850	652.36
247.13	0.420	165.83	0.500	331.85	0.600	674.85
267.72	0.440	173.72	0.520	345.13	0.630	708.60
288.31	0.450	177.67	0.550	365.04	0.660	742.34
308.91	0.470	185.58	0.570	378.31	0.680	764.83
329.50	0.490	193.47	0.590	391.58	0.710	798.58
350.09	0.510	201.36	0.610	404.86	0.730	821.07
370.69	0.520	205.31	0.630	418.13	0.760	854.81

续表

比摩阻 $R/(\text{Pa} \cdot \text{m}^{-1})$	管内径 $d_i/d_o/(\text{mm/mm})$					
	12/16		16/20		20/25	
	流速 $v/(\text{m}\cdot\text{s}^{-1})$	流量 $G/(\text{kg}\cdot\text{h}^{-1})$	流速 $v/(\text{m}\cdot\text{s}^{-1})$	流量 $G/(\text{kg}\cdot\text{h}^{-1})$	流速 $v/(\text{m}\cdot\text{s}^{-1})$	流量 $G/(\text{kg}\cdot\text{h}^{-1})$
391.28	0.540	213.21	0.650	431.41	0.780	877.31
411.87	0.560	22.10	0.670	444.68	0.800	899.80
432.47	0.570	225.05	0.690	457.95	0.820	922.30
453.06	0.590	232.95	0.700	464.59	0.840	944.79
473.66	0.600	236.90	0.720	477.87	0.870	978.54
494.26	0.610	240.84	0.740	49.14	0.890	1001.03
514.85	0.630	248.74	0.750	497.78	0.910	1023.53
535.44	0.640	252.69	0.770	511.05	0.930	1046.02
556.04	0.660	260.59	0.790	524.32	0.940	1057.27
576.63	0.670	264.53	0.800	530.96	0.960	1079.76
597.22	0.680	268.48	0.820	544.24	0.980	1102.26
617.82	0.700	276.38	0.830	550.87	1.000	1124.76
638.41	0.710	280.33	0.850	564.15	1.020	1147.25
659.00	0.720	284.28	0.860	570.78	1.040	1169.75
679.60	0.730	288.22	0.880	584.06	1.050	1180.99
700.19	0.750	296.12	0.890	590.69	1.070	1203.49
720.79	0.760	300.07	0.910	603.97	1.090	1225.98
741.38	0.770	304.02	0.920	610.61	1.110	1248.48
761.97	0.780	307.97	0.940	623.88	1.120	1259.73
782.58	0.790	311.91	0.950	630.52	1.140	1282.22
803.17	0.800	315.86	0.960	637.15	1.150	1293.47
823.77	0.820	323.76	0.980	650.48	1.170	1315.96
844.36	0.830	327.71	0.990	657.06	1.190	1338.46
871.25	0.840	331.65	1.000	663.70	1.200	1349.71
885.55	0.850	335.60	1.020	676.98	1.220	1372.20
906.14	0.860	339.55	1.030	683.61	1.230	1383.45
926.73	0.870	343.50	1.040	690.25	1.250	1405.94
947.33	0.880	347.45	1.060	703.52	1.260	1417.19

续表

比摩阻 $R/(\mathrm{Pa \cdot m^{-1}})$	管内径 $d_i/d_o/(\mathrm{mm/mm})$					
	12/16		16/20		20/25	
	流速 $v/(\mathrm{m \cdot s^{-1}})$	流量 $G/(\mathrm{kg \cdot h^{-1}})$	流速 $v/(\mathrm{m \cdot s^{-1}})$	流量 $G/(\mathrm{kg \cdot h^{-1}})$	流速 $v/(\mathrm{m \cdot s^{-1}})$	流量 $G/(\mathrm{kg \cdot h^{-1}})$
967.92	0.890	351.40	1.070	710.16	1.280	1439.69
988.51	0.900	355.34	1.080	716.80	1.290	1450.93
1009.11	0.910	359.29	1.090	723.44	1.310	1473.43
1029.70	0.920	363.24	1.100	730.07	1.320	1484.68
1070.90	0.940	371.14	1.130	749.98	1.350	1518.42
1112.08	0.960	379.03	1.150	763.26	1.380	1552.16
1153.27	0.980	386.93	1.170	776.53	1.410	1585.90
1194.46	1.000	394.83	1.200	796.44	1.430	1608.40
1235.64	1.020	402.72	1.220	809.72	1.460	1642.14
1276.83	1.040	410.62	1.240	822.99	1.480	1664.64
1318.02	1.060	418.52	1.260	836.26	1.510	1698.38
1329.20	1.080	426.41	1.280	849.54	1.540	1732.12
1440.40	1.090	430.36	1.310	869.45	1.560	1754.62
1441.59	1.110	438.26	1.330	882.72	1.590	1788.36
1482.77	1.130	446.15	1.350	896.00	1.610	1810.86
1523.96	1.140	450.10	1.370	909.27	1.630	1833.86
1565.15	1.160	458.00	1.390	922.55	1.660	1867.09
1606.33	1.180	465.90	1.410	935.82	1.680	1889.59
1647.52	1.190	469.84	1.430	949.09	1.700	1912.08
1680.32	1.210	477.74	1.450	962.37	1.730	1945.83
1729.90	1.230	485.64	1.460	969.00	1.750	1968.32
1771.09	1.240	489.59	1.480	982.28	1.770	1990.82

注：此表为热媒平均温度为60℃的水力计算表。

A.4 水管道比摩阻计算表

水管道比摩阻计算表见表 A-4。

表 A-4 水管道比摩阻计算

$K = 0.5\text{mm}$ $Y = 958.4\text{kg/m}^3$

$\varphi \times \delta$	32×2.5		38×2.5		45×3.0		57×3.5		73×3.5		89×3.5	
G	V	R	V	R	V	R	V	R	V	R	V	R
/(t·h⁻¹)	/(m·s⁻¹)	/(Pa·m⁻¹)	/(m·s⁻¹)	/(Pa·m⁻¹)	/(m·s⁻¹)	/(Pa·m⁻¹)	/(m·s⁻¹)	/(Pa·m⁻¹)	/(m·s⁻¹)	/(Pa·m⁻¹)	/(m·s⁻¹)	/(Pa·m⁻¹)
0.20	0.10	9.5										
0.22	0.11	11.4										
0.24	0.12	13.5										
0.26	0.13	1.59										
0.28	0.14	18.2										
0.30	0.15	20.8	0.10	7.20								
0.32	0.16	23.7	0.11	8.10								
0.34	0.17	27.1	0.12	9.20								
0.36	0.18	29.7	0.12	10.30								
0.38	0.19	33.0	0.13	11.50								
0.40	0.20	36.5	0.14	12.60								
0.42	0.21	40.0	0.14	13.70								
0.44	0.22	43.8	0.15	15.20	0.10	5.50						
0.46	0.23	47.5	0.16	16.60	0.11	6.00						
0.48	0.24	51.5	0.16	18.20	0.11	6.50						
0.50	0.25	55.5	0.17	19.50	0.12	7.00						
0.55	0.28	66.6	0.19	23.50	0.13	8.50						
0.60	0.30	78.5	0.20	28.00	0.14	10.10						
0.65	0.33	81.9	0.22	32.60	0.15	11.80						
0.70	0.35	107.0	0.24	37.70	0.16	13.70	0.10	4.40				
0.75	0.38	123.0	0.25	43.10	0.17	15.70	0.11	5.00				
0.80	0.41	140.0	0.27	48.60	0.18	17.70	0.12	5.70				
0.85	0.43	158.0	0.29	54.50	0.20	20.00	0.13	6.50				
0.90	0.46	177.0	0.31	60.80	0.21	22.20	0.14	7.20				
0.95	0.48	197.0	0.32	67.30	0.22	24.80	0.15	8.00				

续表

$\varphi \times \delta$	32×2.5		38×2.5		45×3.0		57×3.5		73×3.5		89×3.5	
G	V	R	V	R	V	R	V	R	V	R	V	R
$/(t \cdot h^{-1})$	$/(m \cdot s^{-1})$	$/(Pa \cdot m^{-1})$	$/(m \cdot s^{-1})$	$/(Pa \cdot m^{-1})$	$/(m \cdot s^{-1})$	$/(Pa \cdot m^{-1})$	$/(m \cdot s^{-1})$	$/(Pa \cdot m^{-1})$	$/(m \cdot s^{-1})$	$/(Pa \cdot m^{-1})$	$/(m \cdot s^{-1})$	$/(Pa \cdot m^{-1})$
1.00	0.51	219.0	0.34	74.50	0.23	27.20	0.16	8.80				
1.05	0.53	241.0	0.36	82.10	0.24	29.90	0.16	10.10				
1.10	0.56	265.0	0.37	90.10	0.25	32.90	0.16	10.50				
1.15	0.58	289.0	0.39	98.30	0.27	35.80	0.17	11.40				
1.20	0.61	320.0	0.41	107.0	0.28	38.70	0.18	12.40				
1.25	0.63	342.0	0.42	116.0	0.29	42.0	0.18	13.40				
1.30	0.66	370.0	0.44	126.0	0.30	45.10	0.19	14.40	0.11	3.40		
1.35	0.68	399.0	0.46	136.0	0.31	48.60	0.20	15.50	0.11	3.70		
1.40	0.71	429.0	0.47	146.0	0.32	52.10	0.21	16.70	0.12	3.90		
1.45	0.73	460.0	0.49	157.0	0.33	55.90	0.21	17.80	0.12	4.20		
1.50	0.76	492.0	0.51	168.0	0.35	59.80	0.22	19.10	0.13	4.50		
1.55	0.79	526.0	0.53	179.0	0.36	63.80	0.23	20.20	0.13	4.80		
1.60	0.81	560.0	0.54	191.0	0.37	68.0	0.24	21.40	0.13	5.0		
1.65	0.84	596.0	0.26	203.0	0.38	72.30	0.24	22.60	0.14	5.50		
1.70	0.86	632.0	0.58	215.0	0.39	76.80	0.25	24.0	0.14	5.80		
1.75	0.89	670.0	0.59	228.0	0.40	81.40	0.26	25.30	0.15	6.10		
1.80	0.91	709.0	0.61	241.0	0.42	86.10	0.27	26.60	0.15	6.40		

$\varphi \times \delta$	45×3.0		57×3.5		73×3.5		89×3.5		108×4		133×4	
G	V	R	V	R	V	R	V	R	V	R	V	R
$/(t \cdot h^{-1})$	$/(m \cdot s^{-1})$	$/(Pa \cdot m^{-1})$	$/(m \cdot s^{-1})$	$/(Pa \cdot m^{-1})$	$/(m \cdot s^{-1})$	$/(Pa \cdot m^{-1})$	$/(m \cdot s^{-1})$	$/(Pa \cdot m^{-1})$	$/(m \cdot s^{-1})$	$/(Pa \cdot m^{-1})$	$/(m \cdot s^{-1})$	$/(Pa \cdot m^{-1})$
1.85	0.43	90.90	0.27	28.10	0.15	6.70						
1.90	0.44	95.90	0.28	29.60	0.16	7.10						
1.95	0.45	101.0	0.29	31.0	0.16	7.40						
2.00	0.46	106.0	0.30	32.50	0.17	7.80						
2.10	0.48	117.0	0.31	35.50	0.18	8.60						
2.20	0.51	124.0	0.33	36.90	0.19	9.50						
2.30	0.53	141.0	0.34	42.70	0.20	10.20						
2.40	0.55	153.0	0.35	46.40	0.21	11.10						
2.50	0.58	166.0	0.37	50.40	0.21	12.10						

$\varphi \times \delta$	45×3.0		57×3.5		73×3.5		89×3.5		108×4		133×4	
G	V	R	V	R	V	R	V	R	V	R	V	R
/(t·h⁻¹)	/(m·s⁻¹)	/(Pa·m⁻¹)	/(m·s⁻¹)	/(Pa·m⁻¹)	/(m·s⁻¹)	/(Pa·m⁻¹)	/(m·s⁻¹)	/(Pa·m⁻¹)	/(m·s⁻¹)	/(Pa·m⁻¹)	/(m·s⁻¹)	/(Pa·m⁻¹)
2.60	0.60	180.0	0.38	54.50	0.22	13.0						
2.70	0.62	194.0	0.40	58.80	0.23	14.0						
2.80	0.65	208.0	0.41	63.20	0.24	14.50						
2.90	0.67	223.0	0.43	67.80	0.24	15.80						
3.00	0.69	239.0	0.44	72.60	0.25	17.0						
3.10	0.72	255.0	0.46	77.50	0.26	18.50						
3.20	0.74	272.0	0.47	82.60	0.27	19.30						
3.30	0.76	289.0	0.49	87.80	0.28	20.40						
3.40	0.78	307.0	0.50	93.20	0.28	21.80						
3.50	0.81	326.0	0.52	98.80	0.29	22.90	0.19	7.10	0.13	2.70		
3.60	0.83	344.0	0.53	104.0	0.30	24.20	0.20	7.50	0.13	2.80		
3.70	0.85	364.0	0.55	110.0	0.32	25.40	0.20	7.90	0.14	2.90		
3.80	0.88	384.0	0.56	116.0	0.32	26.80	0.21	8.30	0.14	3.10		
3.90	0.90	404.0	0.58	123.0	0.33	28.0	0.21	8.80	0.14	3.30		
4.00	0.92	425.0	0.59	129.0	0.34	29.40	0.22	9.20	0.15	3.40		
4.20	0.97	469.0	0.62	142.0	0.36	31.20	0.23	10.10	0.16	3.80		
4.40	1.02	514.0	0.65	156.0	0.37	35.40	0.24	11.10	0.16	4.10	0.10	1.30
4.60	1.06	562.0	0.68	171.0	0.39	38.70	0.25	12.10	0.17	4.50	0.11	1.40
4.80	1.11	612.0	0.71	186.0	0.40	42.0	0.26	13.20	0.18	4.90	0.11	1.50
5.00	1.15	664.0	0.74	202.0	0.43	45.60	0.27	14.30	0.18	5.30	0.12	1.70
5.20	1.20	719.0	0.77	218.0	0.44	49.40	0.29	15.40	0.19	5.70	0.12	1.80
5.40	1.25	775.0	0.80	235.0	0.46	53.30	0.30	16.60	0.20	6.10	0.13	1.90
5.60	1.29	833.0	0.83	257.0	0.47	57.30	0.31	17.80	0.21	6.50	0.13	2.0
5.80	1.34	894.0	0.86	271.0	0.49	61.30	0.32	19.10	0.21	7.0	0.14	2.20
6.00	1.39	957.0	0.86	290.0	0.51	65.70	0.33	20.40	0.22	7.50	0.14	2.30
6.20			0.92	310.0	0.52	70.20	0.34	22.20	0.23	8.0	0.15	2.50
6.40			0.95	330.0	0.54	74.80	0.35	23.70	0.24	8.50	0.15	2.60
6.60			0.98	351.0	0.56	79.50	0.36	25.20	0.24	9.0	0.16	2.80
6.80			1.00	373.0	0.58	84.40	0.37	26.80	0.25	9.50	0.16	3.10
7.00			1.03	395.0	0.59	89.50	0.38	28.40	0.26	10.10	0.17	3.20
7.50			1.11	454.0	0.63	103.0	0.41	32.60	0.28	11.50	0.18	3.70
8.00			1.18	516.0	0.68	117.0	0.44	37.0	0.30	13.0	0.19	4.20
8.50			1.26	583.0	0.72	132.0	0.47	41.80	0.31	14.60	0.20	4.70

续表

$\varphi \times \delta$	73×3.5		89×3.5		108×4		133×4		159×4.5		194×6	
G	V	R	V	R	V	R	V	R	V	R	V	R
/(t·h^{-1})	/(m·s^{-1})	/(Pa·m^{-1})	/(m·s^{-1})	/(Pa·m^{-1})	/(m·s^{-1})	/(Pa·m^{-1})	/(m·s^{-1})	/(Pa·m^{-1})	/(m·s^{-1})	/(Pa·m^{-1})	/(m·s^{-1})	/(Pa·m^{-1})
9.00	0.76	147.0	0.49	46.90	0.33	16.40	0.21	5.20				
9.50	0.81	165.0	0.52	52.20	0.35	18.20	0.22	5.80				
10.00	0.85	183.0	0.55	57.90	0.37	20.20	0.24	6.40				
10.50	0.88	201.0	0.58	63.80	0.39	22.20	0.25	7.00				
11.00	0.93	220.0	0.60	70.0	0.41	24.40	0.26	7.70				
11.50	0.98	242.0	0.63	76.50	0.42	26.70	0.27	8.40				
12.00	1.01	263.0	0.66	83.30	0.44	29.10	0.28	9.00	0.20	3.60		
12.50	1.06	285.0	0.69	90.40	0.46	31.50	0.30	9.80	0.21	3.90		
13.00	1.13	308.0	0.71	97.80	0.48	34.10	0.31	10.60	0.21	4.20		
13.50	1.15	333.0	0.74	105.00	0.50	36.80	0.32	11.30	0.22	4.50		
14.00	1.19	358.0	0.77	113.00	0.52	39.60	0.33	12.10	0.23	4.80		
14.50	1.22	384.0	0.80	122.00	0.54	42.40	0.34	13.00	0.24	5.10		
15.00	1.26	410.0	0.82	130.00	0.55	45.40	0.35	13.90	0.25	5.50	0.17	2.00
16.00	1.35	467.0	0.88	148.00	0.59	51.70	0.38	15.80	0.26	6.20	0.18	2.30
17.00	1.44	528.0	0.93	167.00	0.63	58.30	0.40	17.90	0.28	6.90	0.19	2.60
18.00	1.35	590.0	0.99	188.00	0.66	65.40	0.43	20.10	0.30	7.70	0.20	2.90
19.00	1.60	660.0	1.04	209.00	0.70	72.90	0.45	22.30	0.31	8.50	0.21	3.20
20.00	1.70	730.0	1.10	232.00	0.74	80.80	0.47	24.80	0.33	9.50	0.22	3.50
21.00	1.78	805.0	1.15	255.00	0.78	89.00	0.50	27.30	0.34	10.40	0.23	3.90
22.00	1.86	883.0	1.21	280.00	0.81	97.70	0.52	30.00	0.36	11.40	0.25	4.20
23.00	1.94	966.0	1.26	306.00	0.85	107.00	0.54	32.70	0.38	12.50	0.26	4.60
24.00			1.32	333.00	0.89	116.00	0.57	35.70	0.39	13.60	0.27	5.00
25.00			1.37	362.00	0.92	126.00	0.59	38.70	0.41	14.70	0.28	5.40
26.00			1.43	391.00	0.96	136.00	0.62	41.90	0.43	16.00	0.29	5.90
27.00			1.48	422.00	1.00	147.00	0.64	45.10	0.44	17.20	0.30	6.30
28.00			1.54	454.00	1.03	158.00	0.66	48.50	0.46	18.50	0.31	6.80
29.00			1.59	487.00	1.07	170.00	0.69	52.10	0.48	19.90	0.32	7.20
30.00			1.65	521.00	1.11	182.00	0.71	55.70	0.49	21.20	0.33	7.70
31.00			1.70	556.00	1.15	194.00	0.73	59.50	0.51	22.70	0.35	8.20

$\varphi \times \delta$	73×3.5		89×3.5		108×4		133×4		159×4.5		194×6	
G	V	R	V	R	V	R	V	R	V	R	V	R
$/(\text{t}\cdot\text{h}^{-1})$	$/(\text{m}\cdot\text{s}^{-1})$	$/(\text{Pa}\cdot\text{m}^{-1})$	$/(\text{m}\cdot\text{s}^{-1})$	$/(\text{Pa}\cdot\text{m}^{-1})$	$/(\text{m}\cdot\text{s}^{-1})$	$/(\text{Pa}\cdot\text{m}^{-1})$	$/(\text{m}\cdot\text{s}^{-1})$	$/(\text{Pa}\cdot\text{m}^{-1})$	$/(\text{m}\cdot\text{s}^{-1})$	$/(\text{Pa}\cdot\text{m}^{-1})$	$/(\text{m}\cdot\text{s}^{-1})$	$/(\text{Pa}\cdot\text{m}^{-1})$
32.00			1.76	593.0	1.18	207.00	0.76	63.40	0.53	24.20	0.36	8.70
33.00			1.81	630.0	1.22	220.00	0.78	67.40	0.54	25.70	0.37	9.30
34.00			1.87	669.0	1.26	233.00	0.80	71.60	0.56	27.30	0.38	9.80
35.00			1.92	709.0	1.29	247.00	0.83	75.80	0.57	28.90	0.39	10.40
36.00			1.98	750.0	1.33	262.00	0.85	80.20	0.59	30.60	0.40	11.00
37.00			2.03	792.0	1.37	276.00	0.87	84.80	0.61	32.30	0.41	11.60
38.00			2.09	836.0	1.40	292.00	0.90	89.40	0.62	34.10	0.42	12.30
39.00					1.44	307.0	0.92	94.20	0.64	35.90	0.43	12.90
40.00					1.48	323.0	0.95	99.10	0.66	37.80	0.45	13.60
41.00					1.51	339.0	0.97	104.0	0.67	39.70	0.46	14.30
42.00					1.55	356.0	0.99	109.0	0.69	41.60	0.47	15.00
43.00					1.59	373.0	1.02	114.0	0.71	43.60	0.48	15.70

$\varphi \times \delta$	133×4		159×4.5		194×6		219×6		273×7		325×8	
G	V	R	V	R	V	R	V	R	V	R	V	R
$/(\text{t}\cdot\text{h}^{-1})$	$/(\text{m}\cdot\text{s}^{-1})$	$/(\text{Pa}\cdot\text{m}^{-1})$	$/(\text{m}\cdot\text{s}^{-1})$	$/(\text{Pa}\cdot\text{m}^{-1})$	$/(\text{m}\cdot\text{s}^{-1})$	$/(\text{Pa}\cdot\text{m}^{-1})$	$/(\text{m}\cdot\text{s}^{-1})$	$/(\text{Pa}\cdot\text{m}^{-1})$	$/(\text{m}\cdot\text{s}^{-1})$	$/(\text{Pa}\cdot\text{m}^{-1})$	$/(\text{m}\cdot\text{s}^{-1})$	$/(\text{Pa}\cdot\text{m}^{-1})$
44.00	1.04	120.0	0.72	45.70	0.49	16.50	0.38	8.30	0.24	2.70		
45.00	1.06	125.0	0.74	47.80	0.50	17.20	0.39	8.70	0.25	2.90		
46.00	1.09	131.0	0.76	49.90	0.51	18.00	0.40	9.10	0.25	3.00		
47.00	1.11	137.0	0.77	52.10	0.52	18.80	0.41	9.50	0.26	3.10		
48.00	1.13	143.0	0.79	54.40	0.54	19.60	0.41	9.90	0.26	3.20		
49.00	1.16	149.0	0.80	56.70	0.55	20.40	0.42	10.40	0.27	3.40		
50.00	1.18	155.0	0.82	59.00	0.56	21.30	0.43	10.80	0.28	3.50		
52.00	1.23	167.0	0.85	63.80	0.58	23.00	0.45	11.70	0.29	3.80		
54.00	1.28	181.0	0.89	68.80	0.60	24.80	0.47	12.60	0.30	4.10		
56.00	1.32	194.0	0.92	74.00	0.62	26.70	0.48	13.50	0.31	4.40		
58.00	1.37	208.0	0.95	79.40	0.65	28.60	0.50	14.50	0.32	4.60		
60.00	1.42	223.0	0.98	85.00	0.67	30.60	0.52	15.50	0.33	4.90		
62.00	1.47	238.0	1.02	90.70	0.89	32.70	0.53	16.60	0.34	5.10		
64.00	1.51	254.0	1.05	96.70	0.71	34.80	0.55	17.70	0.35	5.40		

$\varphi \times \delta$	133×4		159×4.5		194×6		219×6		273×7		325×8	
G	V	R	V	R	V	R	V	R	V	R	V	R
/(t·h⁻¹)	/(m·s⁻¹)	/(Pa·m⁻¹)	/(m·s⁻¹)	/(Pa·m⁻¹)	/(m·s⁻¹)	/(Pa·m⁻¹)	/(m·s⁻¹)	/(Pa·m⁻¹)	/(m·s⁻¹)	/(Pa·m⁻¹)	/(m·s⁻¹)	/(Pa·m⁻¹)
66.00	1.56	270.0	1.08	103.0	0.74	37.0	0.57	18.80	0.36	5.80		
68.00	1.61	286.0	1.12	109.0	0.76	39.30	0.59	19.90	0.37	6.10		
70.00	1.65	303.0	1.15	116.0	0.78	41.70	0.60	21.10	0.39	6.50		
72.00	1.70	321.0	1.18	122.0	0.80	44.10	0.62	22.30	0.40	5.90		
74.00	1.75	339.0	1.21	129.0	0.83	46.60	0.64	23.60	0.41	7.20		
76.00	1.80	358.0	1.25	136.0	0.85	49.10	0.66	24.90	0.42	7.60		
78.00	1.84	377.0	1.28	144.0	0.89	51.70	0.67	26.20	0.43	8.10		
80.00	1.89	396.0	1.31	151.0	0.95	54.40	0.69	27.60	0.44	8.50		
85.00	2.01	447.0	1.40	171.0	1.00	61.40	0.73	31.10	0.47	9.60		
90.00	2.13	501.0	1.48	191.0	1.03	68.90	0.78	34.90	0.50	10.70		
95.00	2.25	559.0	1.56	213.0	1.06	76.70	0.82	38.90	0.52	11.90		
100.00			1.64	236.0	1.12	85.00	0.86	43.10	0.55	13.20	0.39	5.20
105.00			1.72	260.0	1.17	93.70	0.91	47.30	0.58	14.60	0.41	5.80
110.00			1.81	286.0	1.23	103.00	0.95	52.20	0.61	16.0	0.43	6.30
115.00			1.89	312.0	1.28	112.00	0.99	57.0	0.63	17.50	0.44	6.90
120.00			1.97	340.0	1.34	122.00	1.03	62.10	0.66	19.10	0.46	7.50
125.00			2.05	369.0	1.39	133.00	1.08	67.74	0.69	20.70	0.48	8.20
130.00			2.13	399.0	1.45	144.00	1.12	72.90	0.72	22.40	0.50	8.80
135.00			2.22	430.0	1.51	155.00	1.16	78.60	0.74	24.10	0.52	9.50
140.00			2.30	463.0	1.56	167.00	1.21	84.50	0.77	25.90	0.54	10.30
145.00			2.38	496.0	1.62	179.00	1.25	90.60	0.80	27.80	0.56	11.00
150.00			2.46	531.0	1.67	191.00	1.29	97.00	0.83	29.80	0.58	11.80
155.00			2.54	567.0	1.73	204.00	1.34	104.00	0.85	31.80	0.60	12.60
160.00			2.63	604.0	1.78	218.00	1.38	110.00	0.88	33.90	0.62	13.40
165.00			2.71	643.0	1.84	231.00	1.42	117.00	0.91	36.0	0.64	14.20
170.00			2.79	682.0	1.90	246.00	1.47	125.00	0.94	38.30	0.66	15.10

$\varphi \times \delta$	273×7		325×8		377×9		426×10		426×6		478×6	
G	V	R	V	R	V	R	V	R	V	R	V	R
/(t·h⁻¹)	/(m·s⁻¹)	/(Pa·m⁻¹)	/(m·s⁻¹)	/(Pa·m⁻¹)	/(m·s⁻¹)	/(Pa·m⁻¹)	/(m·s⁻¹)	/(Pa·m⁻¹)	/(m·s⁻¹)	/(Pa·m⁻¹)	/(m·s⁻¹)	/(Pa·m⁻¹)
175.00	0.96	40.50	0.68	16.00	0.5	7.30	0.39	3.80	0.38	3.40		
180.00	0.99	42.90	0.70	16.90	0.52	7.70	0.40	4.00	0.39	3.60		
190.00	1.05	47.80	0.74	18.90	0.54	8.60	0.43	4.50	0.41	4.10		
200.00	1.10	53.00	0.77	20.90	0.57	9.50	0.45	5.00	0.43	4.50		
210.00	1.16	58.40	0.81	23.10	0.60	10.50	0.47	5.50	0.45	5.00		
220.00	1.21	64.10	0.85	25.30	0.63	11.50	0.49	6.00	0.47	5.40		
230.00	1.27	70.00	0.89	27.70	0.66	12.60	0.51	6.60	0.50	5.90		
240.00	1.32	76.30	0.93	30.10	0.69	13.70	0.54	7.20	0.52	6.50		
250.00	1.38	82.70	0.97	32.70	0.72	14.90	0.56	7.80	0.54	7.00		
260.00	1.43	89.50	1.01	35.40	0.75	16.10	0.58	8.40	0.56	7.60		
270.00	1.49	96.50	1.04	38.10	0.77	17.30	0.61	9.10	0.58	8.20		
280.00	1.54	104.00	1.08	41.00	0.80	18.60	0.63	9.80	0.60	8.80		
290.00	1.60	111.00	1.12	44.00	0.83	20.0	0.65	10.50	0.62	9.50		
300.00	1.65	119.00	1.16	47.10	0.86	21.40	0.67	11.20	0.65	10.10		
310.00	1.71	127.00	1.20	50.30	0.89	22.80	0.69	12.00	0.67	10.80		
320.00	1.76	136.00	1.24	53.60	0.92	24.30	0.72	12.80	0.69	11.50	0.54	6.20
330.00	1.82	144.00	1.28	57.00	0.95	25.90	0.74	13.60	0.71	12.20	0.56	6.60
340.00	1.87	153.00	1.32	60.50	0.97	27.50	0.76	14.40	0.73	13.0	0.58	7.00
350.00	1.93	162.00	1.35	64.10	1.00	29.10	0.78	15.30	0.75	13.80	0.60	7.40
360.00	1.98	172.00	1.39	67.80	1.03	30.80	0.81	16.10	0.78	14.60	0.61	7.80
370.00	2.04	181.00	1.43	71.60	1.06	32.50	0.83	17.10	0.80	15.40	0.63	8.30
380.00	2.09	191.00	1.47	75.50	1.09	34.30	0.85	18.00	0.82	16.20	0.65	8.70
390.00	2.15	201.00	1.51	79.50	1.12	36.20	0.87	19.00	0.84	17.10	0.66	9.20
400.00	2.20	212.00	1.55	83.70	1.15	38.00	0.90	19.90	0.86	18.00	0.68	9.70
410.00	2.26	222.00	1.59	87.90	1.18	40.00	0.92	20.90	0.88	18.90	0.70	10.20
420.00	2.31	234.00	1.62	92.30	1.20	41.90	0.94	22.00	0.91	19.80	0.71	10.70
430.00	2.37	245.00	1.66	96.70	1.23	44.00	0.96	23.00	0.93	20.80	0.73	11.20
440.00	2.42	256.00	1.70	101.00	1.26	46.00	0.99	24.10	0.95	21.80	0.75	11.70
450.00	2.48	268.00	1.74	106.00	1.29	48.10	1.01	25.20	0.97	22.80	0.77	12.20

$\varphi \times \delta$	273×7		325×8		377×9		426×10		426×6		478×6	
G	V	R	V	R	V	R	V	R	V	R	V	R
/(t·h⁻¹)	/(m·s⁻¹)	/(Pa·m⁻¹)	/(m·s⁻¹)	/(Pa·m⁻¹)	/(m·s⁻¹)	/(Pa·m⁻¹)	/(m·s⁻¹)	/(Pa·m⁻¹)	/(m·s⁻¹)	/(Pa·m⁻¹)	/(m·s⁻¹)	/(Pa·m⁻¹)
460.00	2.53	280.0	1.78	111.0	1.32	50.30	1.03	26.40	0.99	23.80	0.78	12.80
470.00	2.59	292.0	1.82	118.0	1.35	52.50	1.05	27.50	1.01	24.80	0.80	13.40
480.00	2.64	305.0	1.86	120.0	1.38	54.80	1.08	28.70	1.03	25.90	0.82	13.90
490.00	2.70	318.0	1.90	126.0	1.40	57.10	1.10	29.90	1.06	27.0	0.83	14.50
500.00	2.75	340.0	1.93	131.0	1.43	59.40	1.12	31.20	1.08	28.10	0.85	15.10
520.00	2.86	368.0	2.01	141.0	1.49	64.30	1.16	33.70	1.12	30.40	0.88	16.30
540.00	2.97	396.0	2.09	153.0	1.55	69.30	1.21	36.30	1.16	32.80	0.92	17.60
560.00	3.08	426.0	2.17	164.0	1.60	74.60	1.25	39.10	1.21	35.30	0.95	19.0
580.00	3.19	456.0	2.24	176.0	1.66	80.0	1.30	41.90	1.25	37.80	0.99	20.30
600.00	3.30	488.0	2.32	188.0	1.72	85.60	1.34	44.90	1.29	40.50	1.02	21.80
620.00	3.41	509.0	2.40	201.0	1.78	91.40	1.39	47.90	1.34	43.20	1.05	23.20

$\varphi \times \delta$	377×9		426×10		426×6		478×6		529×7		630×7	
G	V	R	V	R	V	R	V	R	V	R	V	R
/(t·h⁻¹)	/(m·s⁻¹)	/(Pa·m⁻¹)	/(m·s⁻¹)	/(Pa·m⁻¹)	/(m·s⁻¹)	/(Pa·m⁻¹)	/(m·s⁻¹)	/(Pa·m⁻¹)	/(m·s⁻¹)	/(Pa·m⁻¹)	/(m·s⁻¹)	/(Pa·m⁻¹)
640.00	1.83	97.40	1.43	51.0	1.38	46.10	1.09	24.80	0.89	14.70	0.62	5.70
660.00	1.89	104.0	1.48	54.30	1.42	49.0	1.12	2630	0.92	15.60	0.64	6.10
680.00	1.95	110.0	1.52	57.60	1.47	51.0	1.16	28.0	0.95	16.50	0.66	6.50
700.00	2.01	117.0	1.57	61.10	1.51	55.10	1.19	29.60	0.97	17.50	0.68	6.90
720.00	2.06	123.0	1.61	64.60	1.55	58.30	1.22	31.30	1.00	18.60	0.70	7.30
740.00	2.12	130.0	1.66	68.20	1.59	61.60	1.26	33.10	1.03	19.60	0.72	7.70
760.00	2.18	137.0	1.70	72.0	1.64	65.0	1.29	34.90	1.06	20.70	0.74	8.10
780.00	2.24	145.0	1.75	75.80	1.68	68.40	1.33	36.80	1.09	21.80	0.76	8.50
800.00	2.29	152.0	1.79	79.70	1.72	72.0	1.36	38.70	1.11	22.90	0.78	9.00
820.00	2.35	160.0	1.84	83.80	1.77	75.60	1.39	40.60	1.14	24.10	0.80	9.40
840.00	2.41	168.0	1.88	87.90	1.81	79.40	1.43	42.70	1.17	25.30	0.82	9.90
860.00	2.46	176.0	1.93	92.20	1.85	83.20	1.46	44.70	1.20	26.50	0.84	10.40
880.00	2.52	184.0	1.97	96.50	1.90	87.10	1.50	46.80	1.23	27.70	0.86	10.80
900.00	2.58	193.0	2.02	101.0	1.94	91.10	1.53	49.0	1.25	29.0	0.88	11.30
920.00	2.64	201.0	2.06	105.0	1.98	95.20	1.56	51.20	1.28	30.30	0.90	11.90

续表

$\varphi \times \delta$	377×9		426×10		426×6		478×6		529×7		630×7	
G	V	R	V	R	V	R	V	R	V	R	V	R
$/(t \cdot h^{-1})$	$/(m \cdot s^{-1})$	$/(Pa \cdot m^{-1})$	$/(m \cdot s^{-1})$	$/(Pa \cdot m^{-1})$	$/(m \cdot s^{-1})$	$/(Pa \cdot m^{-1})$	$/(m \cdot s^{-1})$	$/(Pa \cdot m^{-1})$	$/(m \cdot s^{-1})$	$/(Pa \cdot m^{-1})$	$/(m \cdot s^{-1})$	$/(Pa \cdot m^{-1})$
940.00	2.69	210.0	2.11	110.0	2.03	99.40	1.60	53.40	1.31	31.60	0.92	12.40
960.00	2.75	219.0	2.15	115.0	2.07	104.00	1.63	55.70	1.34	33.00	0.93	12.90
980.00	2.81	228.0	2.20	120.0	2.11	108.00	1.67	58.10	1.36	34.40	0.95	13.40
1000.00	2.87	238.0	2.24	125.0	2.16	112.00	1.70	60.50	1.39	35.80	0.97	14.00
1020.00	2.92	247.0	2.29	130.0	2.20	117.00	1.73	62.90	1.42	37.20	0.99	14.60
1040.00	2.98	257.0	2.33	135.0	2.24	122.00	1.77	65.40	1.45	38.70	1.01	15.10
1060.00	3.04	267.0	2.38	140.0	2.28	126.00	1.80	67.90	1.48	40.20	1.03	15.70
1080.00	3.10	277.0	2.42	145.0	2.33	131.00	1.84	70.50	1.50	41.70	1.05	16.30
1100.00	3.15	288.0	2.46	151.0	2.37	136.00	1.87	73.10	1.53	4330	1.07	16.90
1150.00	3.30	214.0	2.58	165.0	2.48	149.00	1.96	79.90	1.60	47.30	1.12	18.50
1200.00	3.44	342.0	2.69	179.0	2.59	162.00	2.04	87.10	1.67	51.50	1.17	20.20
1250.00	3.58	371.0	2.80	195.0	2.69	176.00	2.13	94.50	1.74	55.90	1.22	21.90
1300.00	3.73	402.0	2.91	211.0	2.80	190.00	2.21	102.00	1.81	60.50	1.27	23.70
1350.00	3.87	433.0	3.03	227.0	2.91	205.00	2.30	110.00	1.88	65.20	1.31	25.50
1400.00	4.01	466.0	3.14	244.0	3.02	220.00	238	118.00	1.95	70.10	1.36	27.40
1450.00	4.16	500.0	3.25	262.0	3.12	236.00	2.47	127.00	2.02	75.20	1.41	29.40
1500.00			3.36	280.0	3.23	253.00	2.55	136.00	2.09	80.50	1.46	31.50
1550.00			3.47	299.0	3.34	270.00	2.64	145.00	2.16	86.00	1.51	33.60
1600.00			3.59	319.0	3.45	288.00	2.72	155.00	2.23	91.60	1.56	35.80
1650.00			3.70	359.0	3.56	306.00	2.81	165.00	2.30	97.40	1.61	38.10
1700.00			3.81	360.0	3.66	325.00	2.89	175.00	2.37	103.00	1.65	40.50
1750.00			3.92	382.0	3.77	344.00	2.98	185.00	2.44	110.00	1.70	42.90
1800.00			4.03	404.0	3.88	364.00	3.06	196.00	2.51	116.00	1.75	45.40
1850.00			4.15	426.0	3.99	385.00	3.15	207.00	2.58	122.00	1.80	47.90
1900.00			4.26	450.0	4.09	406.00	3.23	218.00	2.65	129.00	1.85	50.50

续表

$\varphi \times \delta$	529×7		630×7		720×8		820×8		920×8		1020×8	
G	V	R	V	R	V	R	V	R	V	R	V	R
$/(t \cdot h^{-1})$	$/(m \cdot s^{-1})$	$/(Pa \cdot m^{-1})$	$/(m \cdot s^{-1})$	$/(Pa \cdot m^{-1})$	$/(m \cdot s^{-1})$	$/(Pa \cdot m^{-1})$	$/(m \cdot s^{-1})$	$/(Pa \cdot m^{-1})$	$/(m \cdot s^{-1})$	$/(Pa \cdot m^{-1})$	$/(m \cdot s^{-1})$	$/(Pa \cdot m^{-1})$
1950.00	2.72	136.0	1.90	53.20	1.45	26.50	1.11	13.20	0.88	7.20	0.71	4.10
2000.00	2.79	143.0	1.95	56.0	1.49	27.80	1.14	13.90	0.90	7.50	0.73	4.40
2100.00	2.92	158.0	2.04	61.80	1.57	30.80	1.20	15.30	0.95	8.30	0.77	4.80
2200.00	3.06	173.0	2.14	67.80	1.64	33.70	1.26	16.80	0.99	9.20	0.81	5.30
2300.00	3.20	189.0	2.24	74.10	1.71	36.80	1.31	18.40	1.04	10.0	0.84	5.80
2400.00	3.34	206.0	2.34	80.70	1.79	40.10	1.37	20.00	1.08	10.80	0.88	6.30
2500.00	3.48	224.0	2.43	87.50	1.86	43.50	1.43	21.70	1.13	11.70	0.92	6.80
2600.00	3.62	242.0	2.53	94.70	1.94	47.00	1.49	23.50	1.18	12.70	0.95	7.40
2700.00	3.76	261.0	2.63	102.00	2.01	50.70	1.54	25.30	1.22	13.70	0.99	7.90
2800.00	3.97	281.0	2.73	110.00	2.09	54.60	1.60	27.20	1.27	14.80	1.03	8.50
2900.00	4.04	301.0	2.82	118.00	2.16	58.50	1.66	29.20	1.31	15.80	1.06	9.10
3000.00	4.18	322.0	2.92	126.00	2.24	62.60	1.71	31.30	1.36	16.90	1.10	9.80
3100.00	4.32	344.0	3.02	135.00	2.31	66.90	1.77	33.40	1.40	18.10	1.14	10.50
3200.00	4.46	366.0	3.11	143.00	2.38	71.30	1.83	35.60	1.45	19.30	1.17	11.10
3300.00	4.60	390.0	3.21	152.00	2.46	75.80	1.89	37.80	1.49	20.50	1.21	11.80
3400.00	4.74	414.0	3.31	162.00	2.53	80.50	1.94	40.20	1.53	21.70	1.25	12.60
3500.00	4.87	438.0	3.41	172.00	2.61	85.30	2.00	42.60	1.58	23.0	1.28	13.30
3600.00	5.01	464.0	3.50	181.00	2.68	90.20	2.06	45.00	1.63	24.40	1.32	14.10
3700.00	5.15	490.0	3.60	192.00	2.76	95.30	2.11	47.60	1.67	25.80	1.36	14.90
3800.00	5.29	517.0	3.70	202.00	2.83	100.00	2.17	50.20	1.72	27.20	1.39	15.70
3900.00	5.43	544.0	3.80	213.00	2.91	106.00	2.23	52.80	1.76	28.60	1.43	16.50
4000.00	5.57	573.0	3.89	224.00	2.98	111.00	2.29	55.60	1.81	30.10	1.47	17.40
4200.00	5.85	631.0	4.09	247.00	3.13	123.00	2.40	61.30	1.90	33.20	1.54	19.20
4400.00	6.13	693.0	4.28	271.00	3.28	135.00	2.51	67.30	1.99	36.40	1.61	31.10
4600.00	6.41	757.0	4.48	296.00	3.43	147.00	2.63	73.50	2.08	39.80	1.69	23.0
4800.00			4.67	323.00	3.58	160.00	2.74	80.00	2.17	43.40	1.76	25.10
5000.00			4.87	350.00	3.73	174.00	2.86	86.80	2.26	47.00	1.83	27.20
5200.00			5.06	379.00	3.88	188.00	2.97	93.90	2.35	50.90	1.91	29.40
5400.00			5.26	408.00	4.02	203.00	3.09	101.00	2.44	54.90	1.98	31.70

$\varphi \times \delta$	529×7		630×7		720×8		820×8		920×8		1020×8	
G	V	R	V	R	V	R	V	R	V	R	V	R
/(t·h⁻¹)	/(m·s⁻¹)	/(Pa·m⁻¹)	/(m·s⁻¹)	/(Pa·m⁻¹)	/(m·s⁻¹)	/(Pa·m⁻¹)	/(m·s⁻¹)	/(Pa·m⁻¹)	/(m·s⁻¹)	/(Pa·m⁻¹)	/(m·s⁻¹)	/(Pa·m⁻¹)
5600.00			5.45	439.0	4.17	218.0	3.20	109.0	2.53	59.00	2.05	34.10
5800.00			5.65	471.0	4.32	234.0	3.31	117.0	2.62	63.30	2.13	36.60
6000.00			5.84	504.0	4.47	251.0	3.43	125.0	2.71	67.80	2.20	39.20
6200.00			6.04	538.0	4.62	268.0	3.54	134.0	2.80	72.30	2.27	41.80
6400.00			6.23	574.0	4.77	285.0	3.66	142.0	2.89	77.10	2.35	44.60
6600.00			6.42	610.0	4.82	303.0	3.77	151.0	2.98	82.00	2.42	47.40
6800.00			6.62	647.0	5.07	322.0	3.88	161.0	3.07	87.00	2.49	50.30
7000.00			6.81	686.0	5.22	341.0	4.00	170.0	3.16	92.20	2.56	53.30
7200.00			7.01	726.0	5.37	361.0	4.11	180.0	3.25	97.60	2.64	56.40
7400.00			7.20	767.0	5.51	381.0	4.23	190.0	3.34	103.00	2.71	59.60
7600.00			7.40	809.0	5.66	402.0	4.34	201.0	3.44	109.00	2.78	62.80

$\varphi \times \delta$	630×7		720×8		820×8		920×8		1020×8		1220×9	
G	V	R	V	R	V	R	V	R	V	R	V	R
/(t·h⁻¹)	/(m·s⁻¹)	/(Pa·m⁻¹)	/(m·s⁻¹)	/(Pa·m⁻¹)	/(m·s⁻¹)	/(Pa·m⁻¹)	/(m·s⁻¹)	/(Pa·m⁻¹)	/(m·s⁻¹)	/(Pa·m⁻¹)	/(m·s⁻¹)	/(Pa·m⁻¹)
7800.0	7.59	852	5.81	423	4.46	211.0	3.53	114.0	2.86	66.20	1.99	25.90
8000.0	7.79	896	5.96	445	4.57	222.0	3.62	120.0	2.93	69.60	2.05	27.20
8200.0	7.98	942	6.11	468	4.69	234.0	3.71	127.0	3.00	73.10	2.10	28.60
8400.0	8.18	988	6.26	491	4.80	245.0	3.80	133.0	3.08	76.80	2.15	30.00
8600.0			6.41	515	4.91	257.0	3.89	139.0	3.15	80.40	2.22	31.40
8800.0			6.56	539	5.03	269.0	3.98	146.0	3.22	84.20	2.25	32.90
9000.0			6.71	564	5.14	281.0	4.07	152.0	3.30	88.10	2.30	34.40
9200.0			6.86	589	5.26	294.0	4.16	159.0	3.37	92.10	2.35	36.00
9400.0			7.01	615	5.37	307.0	4.25	166.0	3.44	96.10	2.40	37.50
9600.0			7.15	641	5.49	320.0	4.34	173.0	3.52	100.00	2.45	39.20
9800.0			7.30	668	5.60	334.0	4.43	181.0	3.59	104.00	2.51	40.80
10000.0			7.45	696	5.71	347.0	4.52	188.0	3.66	109.00	2.56	42.50
10500.0					6.00	383.0	4.75	207.0	3.85	120.00	2.68	46.80
11000.0					6.25	415.0	4.97	228.0	4.03	132.00	2.81	41.40
11500.0					6.54	453.0	5.20	249.0	4.21	144.0	2.94	56.20
12000.0												

A.5 热水网路局部阻力当量长度表

热水网路局部阻力当量长度见表 A-5。

表 A-5 热水网路局部阻力当量长度 （$K=0.5$mm，乘修正系数 $\beta=1.26$）

名称	局部阻力系数	直径/mm																		
		32	40	50	70	80	100	125	150	175	200	250	300	350	400	450	500	600	700	800
截止阀	4.00~9.00	6.00	7.80	8.40	9.60	10.20	13.50	18.50	24.60	39.50										
闸阀	0.5~1.00			0.65	1.00	1.28	1.65	2.20	2.24	2.90	3.36	3.37	4.17	4.30	4.50	4.70	5.30	5.70	6.00	6.40
旋启式止回阀	1.5~3.00	0.98	1.26	1.70	2.80	3.60	4.95	7.00	9.52	13.00	16.00	22.20	29.20	33.90	46.00	56.00	66.00	89.50	112.00	133.00
升降式止回阀	7.00	5.52	6.80	9.16	14.00	17.90	23.00	30.80	39.20	50.60	58.80									
套筒补偿器（单向）	0.20~0.50						0.66	0.88	1.68	2.17	2.52	3.33	4.17	5.00	10.00	11.70	13.10	16.50	19.40	22.80
套筒补偿器（双向）	0.60						1.98	2.64	3.36	4.34	5.04	6.66	8.34	10.10	12.00	14.00	15.80	19.90	23.30	27.40
波纹管补偿器（无内套）	1.70~1.00						5.57	7.50	8.40	10.10	10.90	13.30	13.90	15.10	16.00					
波纹管补偿器（有内套）	0.10						0.38	0.44	0.56	0.72	0.84	1.10	1.40	1.68	2.00					
方形补偿器																				
三缝焊管 $R=1.5d$	2.70								17.60	22.10	24.80	33.00	40.00	47.00	55.00	67.00	76.00	94.00	110.00	128.00
锻压弯头 $R=(1.5-2)d$	2.30~3.00	3.50	4.00	5.20	6.80	7.90	9.80	12.50	15.40	19.00	23.40	28.00	34.00	40.00	47.00	60.00	68.00	83.00	95.00	110.00
焊管 $R\geq4d$	1.16	1.80	2.00	2.40	3.20	3.50	3.80	5.60	6.50	8.40	9.30	11.20	11.50	16.00	20.00					
弯头 45°单缝焊接弯头	0.30								1.68	2.17	2.52	3.33	4.17	5.00	6.00	7.00	7.90	9.90	11.70	13.70
60°单缝焊接弯头	0.70								3.92	5.06	5.90	7.80	9.70	11.80	14.00	16.30	18.40	23.20	27.20	32.00
锻压弯头 $R=(1.5-2)d$	0.50	0.38	0.48	0.65	1.00	1.28	1.65	2.20	2.80	3.62	4.20	5.55	6.95	8.40	10.00	11.70	13.10	16.50	19.40	22.80

续表

名称	局部阻力系数	直径/mm																		
		32	40	50	70	80	100	125	150	175	200	250	300	350	400	450	500	600	700	800
煨弯 $R=4d$	0.30	0.22	0.29	0.40	0.60	0.76	0.98	1.32	1.68	2.17	2.52	3.30	4.17	5.00	6.00					
除污器	10.00								56.00	72.40	84.00	111.00	139.00	168.00	200.00	233.00	262.00	331.00	388.00	456.00
分流三通直通管	1.00	0.75	0.97	1.30	2.00	2.55	3.30	4.40	5.60	7.24	3.40	11.10	13.90	16.80	20.00	23.30	26.30	33.10	38.80	45.70
分流三通分支管	1.50	1.13	1.45	1.96	3.00	3.82	4.95	6.60	8.40	10.90	12.60	16.70	20.80	25.20	30.00	35.00	39.40	49.60	58.20	68.60
合流三通直通管	1.50	1.13	1.45	1.96	3.00	3.82	4.95	6.60	8.40	10.90	12.60	16.70	20.80	25.20	30.00	35.00	39.40	49.60	58.20	68.60
合流三通分支管	2.00	1.50	1.94	2.62	4.00	5.10	6.60	8.80	11.20	14.50	16.80	22.20	27.80	33.60	40.00	46.60	52.50	66.20	77.60	91.50
三通汇流管	3.00	2.25	2.91	3.93	6.00	7.65	9.80	13.20	16.80	21.70	25.20	33.30	41.70	50.40	60.00	69.90	78.70	99.30	116.00	137.00
三通分流管	2.00	1.50	1.94	2.62	4.00	5.10	6.60	8.80	11.20	14.50	16.80	22.20	27.80	33.60	40.00	46.60	52.50	66.20	77.60	91.50
焊接异径接头（接小管径计算）$F_1/F_2=2$	0.10		0.10	0.13	0.20	0.26	0.33	0.44	0.56	0.72	0.84	1.10	1.40	1.68	2.00	2.40	2.60	3.30	3.90	4.60
$F_1/F_2=3$	0.20~0.30		0.14	0.20	0.30	0.38	0.98	1.32	1.68	2.17	2.52	8.30	4.17	5.00	5.70	5.90	6.00	6.60	7.80	9.20
$F_1/F_2=4$	0.30~0.49		0.19	0.26	0.40	0.51	1.60	22.00	2.80	3.62	4.20	5.55	6.85	7.40	7.80	8.00	8.90	9.90	11.60	13.70

A.6　管道局部阻力与沿程阻力比值

管道局部阻力与沿程阻力比值见表 A – 6。

表 A – 6　管道局部阻力与沿程阻力比值

补偿器类型	公称直径 /mm	局部阻力与沿程阻力的比值	
		蒸汽管道	热水及凝结水管道
输送干线			
套筒或波纹管补偿器（带内衬筒）	≤1200	0.2	0.2
方形补偿器	200 ~ 350	0.7	0.5
方形补偿器	400 ~ 500	0.9	0.7
方形补偿器	600 ~ 1200	1.2	1.0
输配管线			
套筒或波纹管补偿器（带内衬筒）			
套筒或波纹管补偿器（带内衬筒）	≤400	0.4	0.3
方形补偿器	450 ~ 1200	0.5	0.4
方形补偿器	150 ~ 250	0.8	0.6
方形补偿器	300 ~ 350	1.0	0.8
方形补偿器	400 ~ 500	1.0	0.9
方形补偿器	600 ~ 1200	1.2	1.0

A.7　无缝钢管理论重量

无缝钢管理论重量见表 A – 7。

表 A – 7　无缝钢管理论重量

外径/mm	壁厚/mm									
	2.0	2.5	3	3.5	4	4.5	5	5.5	6	6.5
	每米重量/kg									
22	0.986	1.200	1.410	—	—	—	—	—	—	—
25	1.130	1.390	1.630	1.860	—	—	—	—	—	—
28	—	1.570	1.850	2.110	—	—	—	—	—	—
30	—	1.700	2.000	2.290	2.560	—	—	—	—	—
32	—	1.820	2.150	2.460	2.760	3.050	3.330	3.590	3.850	4.090
38	—	2.190	2.590	2.980	3.350	3.720	4.070	4.410	4.740	5.050
42	—	2.440	2.890	3.320	3.750	4.160	4.560	4.950	5.330	5.690

外径/mm	壁厚/mm									
	2.0	2.5	3.0	3.5	4.0	4.5	5.0	5.5	6.0	6.5
	每米重量/kg									
45	—	2.62	3.11	3.58	4.04	4.49	493	5.36	5.77	6.17
57	—	—	4.00	4.62	5.23	5.83	6.41	6.99	7.55	8.10
68	—	—	4.81	5.57	6.31	7.05	7.77	8.48	9.17	9.86
73	—	—	5.18	6.00	6.81	7.60	8.38	9.16	9.91	10.66
76	—	—	5.46	6.26	7.10	7.93	8.75	9.56	10.36	11.14
89	—	—	—	7.38	8.38	9.38	10.36	11.33	12.28	13.22
108	—	—	—	—	10.26	11.49	12.70	13.90	15.09	16.27
114	—	—	—	—	10.85	12.15	13.44	14.72	15.98	17.23
133	—	—	—	—	12.73	14.26	15.78	17.29	18.79	20.28
159	—	—	—	—	—	17.15	18.99	20.82	22.64	24.45
168	—	—	—	—	—	—	20.10	22.04	23.97	25.89
219	—	—	—	—	—	—	—	—	31.52	34.06

外径/mm	壁厚/mm											
	5.0	5.5	6.0	7.0	8.0	9.0	10.0	11.0	12.0	13.0	14.0	15.0	16.0
273	33.04	36.28	39.51	45.92								
(325)	39.46	43.33	47.26	54.90	62.54	70.13						
(377)	45.88	50.39	54.89	63.87	72.80	81.67						
(426)	51.91	57.03	62.14	72.33	82.46	92.55	102.59					
457	55.73	61.24	66.73	77.69	88.58	99.43	110.23	120.98	131.60	142.34		
508			74.28	86.48	98.64	110.75	122.81	134.82	146.78	158.69		
(529)			77.38	90.11	102.78	115.41	127.99	140.51	152.99	165.42		
(559)			81.82	95.29	108.70	122.07	135.38	148.65	161.87	175.04		
610			89.37	104.09	118.76	133.39	147.96	162.48	176.96	191.39		
(630)			92.33	107.54	122.71	137.82	152.89	167.91	182.88	197.80		
(660)			96.77	112.72	128.63	144.48	160.29	176.05	191.76	207.42		
711			104.31	121.52	138.69	155.80	172.87	189.88	206.85	223.76		
(720)			105.64	123.08	140.46	157.80	175.09	192.32	209.51	226.65		
(762)				130.33	148.75	167.12	185.44	203.72	221.94	240.11	258.24	
813				139.13	158.81	178.44	198.02	217.55	237.03	256.46	278.88	
(820)				140.34	160.19	179.99	199.75	219.45	239.10	258.71	276.26	297.77	317.23
914				178.74	200.06	222.93	244.95	266.92	288.84	310.72	332.54	354.31
(920)				179.92	202.19	224.41	246.58	268.70	290.77	312.79	334.76	356.68
1016				198.86	223.49	248.08	272.62	297.10	321.54	345.93	370.27	394.56
(1020)				199.65	224.38	249.07	273.70	298.39	322.82	347.31	371.75	396.14
1220							296.39	327.95	357.47	386.94	416.36	445.73	475.58

257

A.8 室外气象参数

室外气象参数见表 A-8。

表 A-8 室外气象参数

地名	供暖室外计算温度 /℃	供暖期天数 日平均温度≤+5℃ 日平均温度≤8℃的天数		极端最低温度 /℃	极端最高温度 /℃	日平均温度≤+5℃的起止日期	日平均温度≤+8℃的起止日期	冬季大气压力 /kPa	室外风速 /(m·s⁻¹) 冬季最多风向平均	室外风速 冬季平均	风向及频率 冬季风向	风向及频率 冬季频率 /%	冬季日照率/%	最大冻土深度 /cm
北京	-9	129	149	-27.4	40.6	11月9日—3月17日	11月1日—3月29日	102.04	4.8	2.8	CN	1913	67	85
天津	-9	122	147	-22.9	39.7	11月16日—3月17日	11月4日—3月3日	102.66	6.0	3.1	C	13	62	69
张家口	-15	155	177	-25.7	40.9	10月28日—3月31日	10月19日—4月13日	93.89	4.3	2.6	NNW	26	67	136
石家庄	-8	117	140	-26.5	42.7	11月17日—3月13日	11月6日—3月25日	101.69	2.3	1.8	C	32	68	54
大同	-17	165	186	-29.1	37.7	10月23日—4月5日	10月11日—4月14日	89.92	3.5	3.0	C	19	67	186

续表

地名	供暖期天数 供暖室外计算温度 /℃	日平均温度 ≤+5℃ 日平均温度 ≤8℃的天数	日平均温度 ≤+5℃的天数	极端最低温度 /℃	极端最高温度 /℃	日平均温度 ≤+5℃的 起止日期	日平均温度 ≤+8℃的 起止日期	冬季大气压力 /kPa	室外风速 /(m·s⁻¹) 冬季最多风向平均	室外风速 /(m·s⁻¹) 冬季平均	风向及频率 冬季 风向	风向及频率 冬季 频率/%	冬季日照率/%	最大冻土深度/cm
太原	-12	144	162	-25.5	39.4	11月2日—3月25日	10月23日—4月2日	93.29	3.3	2.6	C	26	64	77
呼和浩特	-19	171	188	-32.8	37.3	10月2日—4月8日	10月9日—4月14日	90.09	4.5	1.6	C	42	69	143
抚顺	-21	160	179	-35.2	36.9	10月28日—4月5日	10月18日—4月14日	101.05	2.8	2.8	NE	14	60	143
沈阳	-19	152	177	-30.6	39.3	11月3日—4月3日	10月19日—4月13日	102.08	3.2	3.1	N	17	58	148
大连	-11	132	158	-21.1	35.3	11月18日—3月29日	11月6日—4月12日	101.38	7.4	5.8	N	25	66	93
吉林	-25	175	195	-40.2	36.6	10月2日—4月12日	10月8日—4月2日	100.13	4.5	3.0	C	24	59	190
长春	-23	174	192	-36.5	38.0	10月22日—4月13日	10月1日—4月2日	99.40	5.1	4.2	SW	20	66	169

续表

地名	供暖室外计算温度/℃	供暖期天数		极端最低温度/℃	极端最高温度/℃	日平均温度≤+5℃的起止日期	日平均温度≤+8℃的起止日期	冬季大气压力/kPa	室外风速/(m·s⁻¹)		风向及频率 冬季		冬季日照率/%	最大冻土深度/cm
		日平均温度≤+5℃的天数	日平均温度≤8℃的天数						冬季最多风向平均	冬季平均	风向	频率/%		
齐齐哈尔	-25	186	204	-39.5	40.1	10月14日—4月17日	10月4日—4月25日	100.46	3.0	2.8	NW	16	70	225
佳木斯	-26	183	205	-41.1	35.4	10月16日—4月16日	10月4日—4月26日	100.1	5.0	3.4	SW	20	62	220
哈尔滨	-26	179	198	-38.1	36.4	10月18日—4月14日	10月6日—4月21日	100.15	4.7	3.8	S	13	63	205
牡丹江	-24	180	200	-38.3	36.5	10月16日—3月13日	10月5日—4月22日	99.21	2.5	2.3	C	29	63	191
上海	-2	62	109	-10.1	38.9	12月24日—2月23日	11月29日—3月17日	102.51	3.8	3.1	NW	14	43	8
南京	-3	83	115	-14	40.7	12月8日—2月28日	11月22日—3月16日	102.52	3.8	2.6	C	25	46	9
杭州	-1	61	102	-9.6	39.9	12月25日—2月23日	11月29日—3月10日	102.09	3.6	2.3	C	18	39	9

续表

地名	供暖室外计算温度/℃	供暖期天数 日平均温度≤+5℃	日平均温度≤8℃的天数	极端最低温度/℃	极端最高温度/℃	日平均温度≤+5℃的起止日期	日平均温度≤+8℃的起止日期	冬季大气压力/kPa	室外风速/(m·s⁻¹) 冬季最多风向平均	冬季平均	风向及频率 冬季 风向	频率/%	冬季日照率/%	最大冻土深度/cm
蚌埠	-4	97	115	-19.4	40.7	12月1日—2月24日	11月21日—3月17日	102.41	33	2.6	C	21	47	15
南昌	0	35	83	-9.3	40.6	12月3日—2月2日	12月1日—3月2日	101.88	5.4	3.8	N	29	34	
济南	-7	106	124	-19.7	42.5	11月22日—3月7日	11月13日—3月16日	102.02	4.3	3.2	C	16	61	44
郑州	-7	102	125	-17.9	43.0	11月24日—3月5日	11月12日—3月16日	101.28	4.3	3.4	C	15	53	27
武汉	-2	67	105	-18.1	39.4	12月16日—2月2日	11月26日—3月1日	102.33	4.2	2.7	NNE	19	39	10
长沙	0	45	84	-11.3	40.6	12月26日—2月8日	12月9日—3月2日	101.99	3.7	2.8	NW	31	27	5
拉萨	-6	149	182	16.5	29.4	10月29日—3月26日	10月16日—4月15日	65.00	2.4	2.2	C	25	77	26

续表

地名	供暖室外计算温度/℃	供暖期天数 日平均温度≤+5℃ 日平均温度≤8℃的天数	供暖期天数 日平均温度≤+5℃的天数	极端最低温度/℃	极端最高温度/℃	日平均温度≤+5℃的起止日期	日平均温度≤+8℃的起止日期	冬季大气压力/kPa	室外风速/(m·s⁻¹) 冬季最多风向平均	室外风速/(m·s⁻¹) 冬季平均	风向及频率 冬季 风向	风向及频率 冬季 频率/%	冬季日照率/%	最大冻土深度/cm
兰州	−11	135	160	−21.7	39.1	11月1日—3月15日	10月21日—3月29日	85.14	2.2	0.5	C	69	61	103
西宁	−13	165	191	−26.6	33.5	10月2日—4月2日	10月8日—4月16日	77.51	4.3	1.7	C	44	70	134
乌鲁木齐	−22	157	177	−41.5	40.5	10月24日—3月29日	10月16日—4月1日	91.99	2.5	1.7	C	30	50	133
哈密	−19	138	161	−32.0	43.9	10月29日—3月15日	10月19日—3月28日	93.97	2.4	2.3	NE	18	74	127
银川	−15	149	170	−30.6	39.3	10月3日—3月27日	10月19日—4月6日	89.57	2.2	1.7	C	31	78	103

A.9 各种能源折算标准煤参考系数

各种能源折算标准煤参考系数见表 A-9。

表 A-9 各种能源折算标准煤参考系数

能源名称		平均低位发热量	折算标准煤系数
原煤		20 908kJ/kg（5000kcal/kg）	0.7143kgce/kg
洗精煤		26 344kJ/kg（6300kcal/kg）	0.9kgce/kg
其他洗煤	洗中煤	8 363kJ/kg（2000kcal/kg）	0.2857kgce/kg
	煤泥	8 363～12 545kJ/kg（2000～3000kcal/kg）	0.2857～0.4286kgce/kg
焦炭		28 435kJ/kg（6800kcal/kg）	0.9714kgce/kg
原油		41 816kJ/kg（10000kcal/kg）	1.4286kgce/kg
燃料油		41 816kJ/kg（10000kcal/kg）	1.4286kgce/kg
汽油		43 070kJ/kg（10300kcal/kg）	1.4714kgce/kg
煤油		43 070kJ/kg（10300kcal/kg）	1.4714kgce/kg
柴油		42 652kJ/kg（10200kcal/kg）	1.4571kgce/kg
煤焦油		33 453kJ/kg（80001kcal/kg）	1.1429kgce/kg
渣油		41 816kJ/kg（10000kcal/kg）	1.4286kgce/kg
液化石油气		50 179kJ/kg（12000kcal/kg）	1.7143kgce/kg
炼厂干气		46 055kJ/kg（11000kcal/kg）	1.5714kgce/kg
油田天然气		38 931kJ/kg（9310kcal/kg）	1.33kgce/kg
气田天然气		35 544kJ/kg（8500kcal/kg）	1.2143kgce/kg
煤矿瓦斯气		14 636～16 726kJ/kg（3500～4000kcal/kg）	0.5～0.5714kgce/kg
焦炉煤气		16 726～1 7981kJ/kg（4000～4300kcal/kg）	0.5714～0.6143kgce/kg
高炉煤气		3 763kJ/m³	0.1286kgce/m³
其他煤	发生炉煤气	5 227kJ/kg（1250kcal/kg）	0.1786kgce/m³
	重油催化裂解煤气	19 235kJ/kg（4600kcal/kg）	0.6571kgce/m³
	重油热裂解煤气	35 544kJ/kg（8500kcal/kg）	1.2143kgce/m³
	焦炭制气	16 308kJ/kg（3900kcal/kg）	0.5571kgce/m³
	压力气化煤气	15 054kJ/kg（3600kcal/kg）	0.5143kgce/m³
	水煤气	10 454kJ/kg（2500kcal/kg）	0.3571kgce/m³
粗苯		41 816kJ/kg（10000kcal/kg）	1.4286kgce/kg
热力（当量值）		—	0.03412kgce/MJ
电力（当量值）		3 600kJ/(kW·h)（860kcal/kW·h）	0.1229kgce/kW·h
电力（等价值）		按当年火电发电标准煤计算	—
蒸汽（低压）		3 763MJ/t（900Mcal/t）	0.1286kgce/kg

A.10　饱和蒸汽焓值对照表

饱和蒸汽焓值对照表见表 A-10。

表 A-10　饱和蒸汽焓值对照表（按压力排列）

压力/MPa	温度/℃	焓/(kJ·kg⁻¹)	压力/MPa	温度/℃	焓/(kJ·kg⁻¹)
0.001	6.98	2 513.8	1.0	179.88	2 777.0
0.002	17.51	2 533.2	1.1	184.06	2 780.4
0.003	24.10	2 545.2	1.2	187.96	2 783.4
0.004	28.98	2 554.1	1.3	191.60	2 786.0
0.005	32.90	2 561.2	1.4	195.04	2 788.4
0.006	36.18	2 567.1	1.5	198.28	2 790.4
0.007	39.02	2 572.2	1.6	201.37	2 792.2
0.008	41.53	2 576.7	1.4	204.30	2 793.8
0.009	43.79	2 580.8	1.5	207.10	2 795.1
0.01	45.83	2 584.4	1.9	209.79	2 796.4
0.015	54.00	2 598.9	2.0	212.37	2 797.4
0.02	60.09	2 609.6	2.2	217.24	2 799.1
0.025	64.99	2 618.1	2.4	221.78	2 800.4
0.03	69.12	2 625.3	2.6	226.03	2 801.2
0.04	75.89	2 636.8	2.8	230.04	2 801.7
0.05	81.35	2 645	3.0	233.84	2 801.9
0.06	85.95	2 653.6	3.5	242.54	2 801.3
0.07	89.96	2 660.2	4.0	250.33	2 799.4
0.08	93.51	2 666	5.0	263.92	2 792.8
0.09	96.71	2 671.1	6.0	275.56	2 783.3
0.1	99.63	2 675.7	7.0	285.80	2 771.4
0.12	104.81	2 683.8	8.0	294.98	2 757.5
0.14	109.32	2 690.8	9.0	303.31	2 741.8
0.16	113.32	2 696.8	10.0	310.96	2 724.4
0.18	116.93	2 702.1	11.0	318.04	2 705.4
0.2	120.23	2 706.9	12.0	324.64	2 684.8
0.25	127.43	2 717.2	13.0	330.81	2 662.4
0.3	133.54	2 725.5	14.0	336.63	2 638.3

压力/MPa	温度/℃	焓/(kJ·kg⁻¹)	压力/MPa	温度/℃	焓/(kJ·kg⁻¹)
0.35	138.88	2 732.5	15	342.12	2 611.6
0.4	143.62	2 738.5	16	347.32	2 582.7
0.45	147.92	2 743.8	17	352.26	2 550.8
0.5	151.85	2 748.5	18	356.96	2 514.4
0.6	158.84	2 756.4	19	361.44	2 470.1
0.7	164.96	2 762.9	20	365.71	2 413.9
0.8	170.42	2 768.4	21	369.79	2 340.2
0.9	175.36	2 773.0	22	373.68	2 192.5

A.11 暖气片系数

暖气片系数见表 A-11。

表 A-11 铸铁散热器规格及其散热系数 K 值表

型号	散热面积/(m²/片)	水容量/(L/片)	重量/(kg/片)	工作压力/MPa	传热系数计算公式/(W·m⁻²·℃⁻¹)	热水热媒当 $\Delta t = 64.5℃$ 时 K/(W·m⁻²·℃⁻¹)	不同蒸汽压力（MPa）下的 K/(W·m⁻²·℃⁻¹)		
							0.03	0.07	≥0.1
TG0.28/5-4 长翼型（大60）	1.160	8.00	28.0	0.4	$K = 1.743\Delta t^{0.28}$	5.59	6.12	6.27	6.36
TZ2-5-5（M132 型）	0.240	1.32	7.0	0.5	$K = 2.426\Delta t^{0.286}$	7.99	8.75	8.97	9.10
TZ4-6-5（四柱 760 型）	0.235	1.16	6.6	0.5	$K = 2.503\Delta t^{0.298}$	8.49	9.31	9.55	9.69
TZ4-5-5（四柱 640 型）	0.200	1.03	5.7	0.5	$K = 3.363\Delta t^{0.16}$	7.13	7.51	7.61	7.67
TZ2-5-5（二柱 700 型，带腿）	0.240	1.35	6	0.5	$K = 2.02\Delta t^{0.271}$	6.25	6.81	6.97	7.07
四柱 813 型（带腿）	0.280	1.40	8.0	0.5	$K = 2.237\Delta t^{0.302}$	7.87	8.66	8.89	9.03

续表

型号	散热面积 /(m²/片)	水容量 /(L/片)	重量 /(kg/片)	工作压力 /MPa	传热系数计算公式 /(W·m⁻²·℃⁻¹)	热水热媒当 $\Delta t=$64.5℃时 K /(W·m⁻²·℃⁻¹)	不同蒸汽压力（MPa）下的 K /(W·m⁻²·℃⁻¹)		
							0.03	0.07	≥0.1
圆翼型	1.8	4.42	38.2	0.5					
单排						5.81	6.97	6.97	7.79
双排						5.08	5.81	5.81	6.51
三排						4.65	5.23	5.23	5.81

注：此为密闭实验测试数据，在实际情况下，散热器 K 值和 Q 值，约比表中数值增大10%左右。

型号		散热面积 /(m²/片)	水容量 /(L/片)	重量 /(kg/片)	工作压力 /MPa	传热系数计算公式（W·m⁻²·℃⁻¹）	热水热媒当 $\Delta t=$64.5℃时 K 值（W·m⁻²·℃⁻¹）	备注
钢制柱式散热器 600×120		0.15	1.00	2.2	0.8	$K=2.489\Delta t^{0.8069}$	8.94	钢板厚1.5mm 表面涂调和漆
钢制板式散热器 600×1000		2.75	4.60	18.4	0.8	$K=2.5\Delta t^{0.239}$	6.76	钢板厚1.5mm 表面涂调和漆
钢制扁管散热器							8.49	
单板 520×1000		1.151	4.71	15.1	0.6	$K=3.53\Delta t^{0.235}$	9.40	钢板厚1.5mm 表面涂调和漆
单板带对流片 624×1000		5.55	5.49	27.4	0.6	$K=1.23\Delta t^{0.246}$	3.40	钢板厚1.5mm 表面涂调和漆
闭式钢串片散热器	150×80	散热面积 /(m²·m⁻¹)	水容量 /(L·m⁻¹)	重量 /(kg·m⁻¹)	1.0	$K=2.207\Delta t^{0.14}$	3.71	相应工况 $G=$50kg/h 时的工况
		3.15	1.05	10.5				
	240×100	5.72	1.47	17.4	1.0	$K=1.3\Delta t^{0.18}$	2.75	相应工况 $G=$150kg/h 时的工况
	500×90	7.44	2.50	30.5	1.0	$K=1.88\Delta t^{0.11}$	2.97	相应工况 $G=$250kg/h 时的工况

散热器组装片数修正系数 β_1 见表 A-12。

表 A-12　散热器组装片数修正系数 β_1

每组片数	<6	6~10	11~20	>20
β_1	0.95	1.00	1.05	1.10

注：本表仅适用于各种柱形散热器，长翼型和圆翼型不修正，其他散热器需要修正时见产片说明。

散热器连接形式修正系数 β_2 见表 A-13。

表 A-13　散热器连接形式修正系数 β_2

连接形式	同侧上进下出	异侧上进下出	异侧下进下出	异侧下进上出	同侧下进上出
四柱 813 型	1	1.004	1.239	1.422	1.426
M-132 型	1	1.009	1.251	1.386	1.396
长翼型（大 60）	1	1.009	1.225	1.331	1.369

注：1. 本表数值由哈尔滨建筑工程学院供热研究室提供，该值是在标准状态下测定的。

　　2. 其他散热器可近似套用表中数据。

散热器安装形式修正系数 β_3 见表 A-14。

表 A-14　散热器安装形式修正系数 β_3

安装示意图	安装说明	系数 β_3
	散热器安装在墙面，上加盖板	当 $A=40mm$ 时，$\beta_3=1.05$ 当 $A=80mm$ 时，$\beta_3=1.03$ 当 $A=100mm$ 时，$\beta_3=1.02$
	散热器安装在墙龛内	当 $A=40mm$ 时，$\beta_3=1.11$ 当 $A=80mm$ 时，$\beta_3=1.07$ 当 $A=100mm$ 时，$\beta_3=1.06$

安装示意图	安装说明	系数 β_3
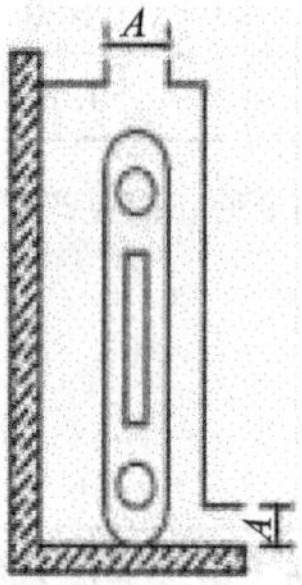	散热器安装在墙面，外面有罩，罩子上面及前面之下端有空气流通空	当 $A=250mm$ 时，$\beta_3=1.12$ 当 $A=220mm$ 时，$\beta_3=1.13$ 当 $A=180mm$ 时，$\beta_3=1.19$ 当 $A=150mm$ 时，$\beta_3=1.25$
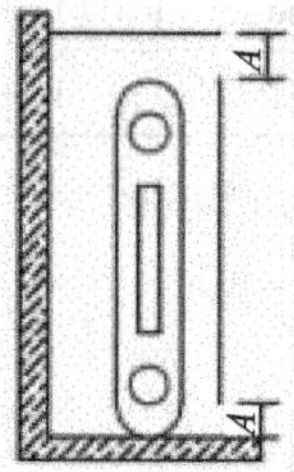	散热器安装形式同前，但空气流通孔开在罩子前面上下端	当 $A=130mm$ 时， 开孔敞开 $\beta_3=1.2$ 孔口带格栅式网装物盖着 $\beta_3=1.4$
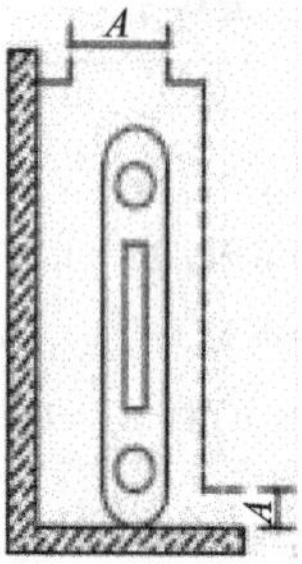	安装形式同前，但罩子上面空气流通孔 A 宽度不小于散热器宽度，罩子前面下端孔高度不小于 $100mm$，其他部分格栅	当 $A=100mm$ 时，$\beta_3=1.15$
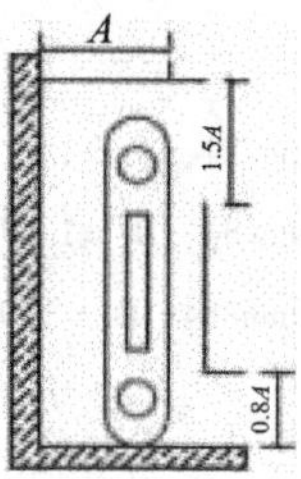	安装形式同前，空气流通口开在罩子前面上下两端，宽度如图	$\beta_3=1$

安装示意图	安装说明	系数 β_3
	散热器用挡板挡住，挡板下端留有空气流通口，气高度为 $0.8A$	$\beta_3 = 0.9$

A. 12　地暖铺设与地面材质传热量与热损失表

当地面层为水泥或陶瓷、热阻 $R = 0.02\mathrm{m}^2 \cdot \mathrm{k/W}$ 时，单位地面面积的散热量和向下传热损失可按照表 A－15 取值。

表 A－15　PE－X 管单位地面面积的散热量和向下传热损失

平均水温 /℃	室内空气温度 /℃	加热管间距/mm									
		300		250		200		150		100	
		散热量 /(W·m^{-2})	热损失 /(W·m^{-2})	散热量 /(W·m^{-2})	热损失 /(W·m^{-2})	散热量 /(W·m^{-2})	热损失 /(W·m^{-2})	散热量 /(W·m^{-2})	热损失 /(W·m^{-2})	散热量 /(W·m^{-2})	热损失 /(W·m^{-2})
35	16	84.7	23.8	92.5	24.0	100.5	24.6	108.9	24.8	116.6	24.8
	18	76.4	21.7	83.3	22.0	90.4	22.6	97.9	22.7	104.7	22.7
	20	68.0	19.9	74.0	20.2	80.4	20.5	87.1	20.5	93.1	20.5
	22	59.7	17.7	65.0	18.0	70.5	18.4	76.3	18.4	81.5	18.4
	24	51.6	15.6	56.1	15.7	60.7	15.7	65.7	15.7	70.1	15.7
40	16	108.0	29.7	118.1	29.8	128.7	30.5	139.6	30.8	149.7	30.8
	18	99.5	17.4	108.7	27.9	118.4	28.5	128.4	28.7	137.6	28.7
	20	91.0	25.4	99.4	25.7	108.1	26.5	117.3	26.7	125.6	26.7
	22	82.5	23.8	90.0	23.9	97.9	24.4	106.2	24.6	113.7	24.6
	24	74.2	21.3	80.9	21.5	87.9	22.4	95.2	22.4	101.9	22.4
45	16	131.8	35.5	144.4	35.5	157.5	36.5	171.2	36.8	183.9	36.8
	18	123.3	33.2	134.8	33.9	147.0	34.5	159.8	34.8	171.6	34.8
	20	114.5	31.7	125.3	32.0	136.6	32.4	148.5	32.7	159.3	32.7
	22	106.0	29.4	115.8	29.8	126.3	30.4	137.1	30.7	147.1	30.7
	24	97.3	27.6	106.5	27.3	115.9	28.4	125.9	28.6	134.9	28.6

续表

平均水温/℃	室内空气温度/℃	加热管间距/mm									
		300		250		200		150		100	
		散热量/(W·m⁻²)	热损失/(W·m⁻²)	散热量/(W·m⁻²)	热损失/(W·m⁻²)	散热量/(W·m⁻²)	热损失/(W·m⁻²)	散热量/(W·m⁻²)	热损失/(W·m⁻²)	散热量/(W·m⁻²)	热损失/(W·m⁻²)
50	16	156.1	41.4	171.1	41.7	187	42.5	203.6	42.9	218.9	42.9
	18	147.4	39.2	161.5	39.5	176.4	40.5	192.0	40.9	206.4	40.9
	20	138.6	37.3	151.9	37.5	165.8	38.5	180.5	38.9	194.0	38.9
	22	130.0	35.2	142.3	35.6	155.3	36.5	168.9	36.8	181.5	36.8
	24	121.2	33.4	132.7	33.7	144.8	34.4	157.5	34.7	169.1	34.7
55	16	180.8	47.1	198.3	47.8	217.0	48.5	236.5	49.1	254.8	49.1
	18	172.0	45.2	188.7	45.6	206.4	46.6	224.9	47.1	242.0	47.1
	20	163.1	43.3	178.9	43.8	195.6	44.6	213.2	45.0	229.4	45.0
	22	154.3	41.4	169.3	41.5	185.0	42.5	201.5	43.0	216.9	43.0
	24	145.5	39.4	159.6	39.5	174.3	40.5	189.9	40.9	204.3	40.9

注：加热管公称外径为20mm，填充层厚度为50mm，聚苯乙烯塑料绝热层厚度20mm，供回水温差10℃

当地幔层为塑料类材料、热阻 $R = 0.075\text{m}^2 \cdot \text{k/W}$ 时，单位地面面积的散热量和向下传热损失可按照表A-16取值。

表A-16　PE-X管单位地面面积的散热量和向下传热损失

平均水温/℃	室内空气温度/℃	加热管间距/mm									
		300		250		200		150		100	
		散热量/(W·m⁻²)	热损失/(W·m⁻²)	散热量/(W·m⁻²)	热损失/(W·m⁻²)	散热量/(W·m⁻²)	热损失/(W·m⁻²)	散热量/(W·m⁻²)	热损失/(W·m⁻²)	散热量/(W·m⁻²)	热损失/(W·m⁻²)
35	16	67.7	24.2	72.3	24.3	76.8	24.6	81.3	25.1	85.3	25.7
	18	61.1	22.0	65.2	22.2	69.3	22.5	73.2	22.9	76.9	23.4
	20	54.5	199.9	58.1	20.1	61.8	20.3	65.3	20.7	68.5	21.3
	22	48.0	17.8	51.1	18.1	54.3	18.1	57.4	18.5	60.2	18.8
	24	41.5	15.5	44.2	15.9	46.9	16.0	49.5	16.3	51.9	16.7
40	16	85.9	30.0	91.8	30.4	97.7	60.7	103.4	31.3	108.7	32.0
	18	79.2	27.9	84.6	28.1	90.0	28.6	95.3	29.1	100.1	29.8
	20	72.5	26.0	77.5	26.0	82.4	26.4	87.2	26.9	91.5	27.6
	22	65.9	23.7	70.3	24.0	74.8	24.2	79.1	24.7	83.0	25.3
	24	59.3	21.4	63.2	21.9	67.2	22.1	71.1	22.5	75.6	23.1

平均水温/℃	室内空气温度/℃	加热管间距/mm									
		300		250		200		150		100	
		散热量/(W·m⁻²)	热损失/(W·m⁻²)	散热量/(W·m⁻²)	热损失/(W·m⁻²)	散热量/(W·m⁻²)	热损失/(W·m⁻²)	散热量/(W·m⁻²)	热损失/(W·m⁻²)	散热量/(W·m⁻²)	热损失/(W·m⁻²)
45	16	104.5	35.8	11.7	36.1	119.0	36.8	126.1	37.6	132.9	38.5
	18	97.7	33.8	104.5	34.1	111.2	34.7	117.8	35.4	123.9	36.3
	20	90.9	31.8	97.2	32.1	103.5	32.6	109.6	33.2	115.2	33.9
	22	84.2	29.7	89.9	30.0	95.8	30.4	101.4	31.0	106.5	31.9
	24	77.4	27.7	82.7	28.0	88.1	28.2	93.2	28.8	97.9	29.4
50	16	123.3	41.8	131.9	42.2	140.6	42.9	149.1	43.9	156.9	44.9
	18	116.5	39.6	124.6	40.3	132.8	40.8	140.7	41.7	148.1	42.7
	20	109.6	37.7	117.3	38.1	125.0	38.7	132.4	39.5	139.3	40.4
	22	102.8	35.5	109.9	36.2	117.1	36.6	124.1	37.7	130.6	38.3
	24	96.0	33.7	102.7	33.9	109.4	34.4	115.9	35.1	121.8	35.9
55	16	142.4	47.7	152.3	49.6	162.5	49.1	172.4	50.2	181.5	51.4
	18	135.4	45.8	145.0	46.2	154.6	47.0	164.0	48.0	172.7	49.3
	20	128.6	43.7	137.6	44.3	146.8	44.9	155.6	45.9	163.8	47.0
	22	121.7	41.6	130.2	42.2	138.9	42.8	147.3	43.7	155.0	44.0
	24	114.9	39.6	122.9	39.9	131.0	40.7	138.9	41.5	146.2	42.6

注：加热管公称外径为20mm，填充层厚度为50mm，聚苯乙烯塑料绝热层厚度20mm，供回水温差10℃。

当地幔层为木地板、热阻 $R = 0.1\,m^2 \cdot k/W$ 时，单位地面面积的散热量和向下传热损失可按照表 A-17 取值。

表 A-17 单位地面面积的散热量和向下传热损失

平均水温/℃	室内空气温度/℃	加热管间距/mm									
		300		250		200		150		100	
		散热量/(W·m⁻²)	热损失/(W·m⁻²)	散热量/(W·m⁻²)	热损失/(W·m⁻²)	散热量/(W·m⁻²)	热损失/(W·m⁻²)	散热量/(W·m⁻²)	热损失/(W·m⁻²)	散热量/(W·m⁻²)	热损失/(W·m⁻²)
35	16	62.4	24.4	66.0	24.6	69.6	25.0	73.1	25.5	76.2	26.1
	18	56.3	22.3	59.6	22.5	62.8	22.9	65.9	23.3	68.7	23.9
	20	50.3	20.1	53.1	20.5	56.0	20.7	58.8	21.1	61.3	21.6
	22	44.3	18.0	46.8	18.2	49.3	18.5	51.7	18.9	53.9	19.3
	24	38.4	15.7	40.5	16.1	42.6	16.3	44.7	16.6	46.5	17.0

平均水温/℃	室内空气温度/℃	加热管间距/mm									
		300		250		200		150		100	
		散热量/(W·m⁻²)	热损失/(W·m⁻²)	散热量/(W·m⁻²)	热损失/(W·m⁻²)	散热量/(W·m⁻²)	热损失/(W·m⁻²)	散热量/(W·m⁻²)	热损失/(W·m⁻²)	散热量/(W·m⁻²)	热损失/(W·m⁻²)
40	16	79.1	30.2	83.7	30.7	88.4	31.2	92.8	31.9	96.9	32.5
	18	72.9	28.3	77.2	28.6	81.5	29.0	85.5	29.6	89.3	30.3
	20	66.8	26.3	70.7	26.5	74.6	26.9	78.3	27.4	81.7	28.1
	22	60.7	24.0	64.2	24.4	67.7	24.7	71.1	25.2	74.1	25.8
	24	54.6	21.9	57.8	22.1	60.9	22.5	63.9	22.9	66.6	23.4
45	16	96.0	36.4	101.8	36.9	107.5	37.5	112.9	39.2	117.9	39.1
	18	89.8	34.1	95.1	34.8	100.5	35.3	105.6	36.0	110.2	36.8
	20	83.6	32.2	88.6	32.7	93.5	33.1	98.2	33.8	102.6	34.5
	22	77.4	90.1	82.0	60.4	86.6	30.9	90.9	31.6	94.9	32.4
	24	71.2	28.0	75.4	28.4	79.6	28.8	8.6	29.3	87.3	30.0
50	16	113.2	42.3	120.0	43.1	126.8	43.7	133.4	44.6	139.3	45.6
	18	106.9	40.3	113.3	41.0	119.8	41.6	125.9	42.4	131.6	43.4
	20	200.7	38.1	106.7	38.7	112.7	39.4	119.5	40.2	123.8	41.2
	22	94.4	36.1	100.1	36.7	105.7	37.2	111.1	38.0	116.1	38.9
	24	88.2	34.0	93.4	34.6	98.7	35.1	103.8	35.7	108.4	36.6
55	16	130.5	48.6	138.5	49.1	146.4	50.0	154.0	51.1	161.0	52.2
	18	124.2	46.6	131.8	47.1	139.3	47.9	146.6	48.9	453.2	50.0
	20	118.0	44.4	125.1	45.0	132.2	45.7	139.1	46.7	145.4	47.8
	22	111.7	42.2	118.4	42.8	125.2	43.6	131.6	44.5	137.6	45.5
	24	105.4	40.1	11.7	40.8	181.1	41.4	124.2	42.2	129.8	43.2

注：加热管公称外径为20mm，填充层厚度为50mm，聚苯乙烯塑料绝热层厚度20mm，供回水温差10℃

当地幔层为铺厚地毯、热阻 $R = 0.15 m^2 \cdot k/W$ 时，单位地面面积的散热量和向下传热损失可按照表 A – 18 取值。

表 A-18 单位地面面积的散热量和向下传热损失

平均水温/℃	室内空气温度/℃	加热管间距/mm									
		300		250		200		150		100	
		散热量/(W·m⁻²)	热损失/(W·m⁻²)	散热量/(W·m⁻²)	热损失/(W·m⁻²)	散热量/(W·m⁻²)	热损失/(W·m⁻²)	散热量/(W·m⁻²)	热损失/(W·m⁻²)	散热量/(W·m⁻²)	热损失/(W·m⁻²)
35	16	53.8	25.0	56.2	25.4	58.6	25.7	60.9	26.2	62.9	26.8
	18	48.6	22.8	50.8	23.2	52.9	23.5	57.9	23.9	56.8	24.3
	20	43.4	20.6	45.3	20.9	47.2	21.2	49.0	21.7	50.7	22.1
	22	38.2	18.4	39.9	18.7	41.6	19.0	43.2	19.3	44.6	19.8
	24	33.2	16.2	34.6	16.4	36.0	16.7	37.4	17.0	38.6	17.4
40	16	68.0	31.0	71.1	31.6	74.2	32.1	77.1	32.7	79.7	33.3
	18	62.7	28.9	65.6	29.3	68.4	29.8	71.1	30.4	73.5	31.0
	20	57.5	26.7	60.1	27.1	62.7	27.6	65.1	28.1	67.3	28.7
	22	52.3	24.6	54.6	24.9	57.0	25.3	59.2	25.9	61.2	26.4
	24	47.1	22.3	49.2	22.7	51.3	23.1	53.2	23.5	55.0	23.9
45	16	82.4	37.3	86.2	37.9	90.0	38.5	93.5	39.2	96.8	40.0
	18	77.1	35.1	80.7	35.7	84.2	36.3	87.5	37.0	90.5	37.6
	20	71.8	33.0	75.1	33.5	78.4	34.0	81.5	34.7	84.3	35.5
	22	66.5	30.7	69.6	31.2	72.6	31.8	75.4	32.4	78.0	32.9
	24	61.3	28.6	64.1	29.1	66.8	29.5	69.4	30.1	71.8	30.8
50	16	97.0	43.4	101.5	44.2	106	44.9	110.2	45.7	114.1	46.7
	18	91.6	41.4	95.9	42.0	100.1	42.7	104.1	43.5	107.8	44.5
	20	86.3	39.2	90.3	39.8	94.3	40.5	98.0	41.3	101.5	42.1
	22	81.0	37.0	84.7	37.7	88.5	38.3	92.0	39.0	95.2	39.8
	24	75.7	34.9	79.2	35.5	82.6	36.0	85.9	36.7	88.9	37.4
55	16	111.7	49.7	117.0	50.6	122.2	51.4	127.1	52.4	131.6	53.4
	18	106.3	47.7	111.4	48.4	116.3	49.2	120.9	50.1	125.2	51.2
	20	101.0	45.5	105.7	46.2	110.4	47.0	114.8	47.9	118.9	49.0
	22	95.6	43.3	100.1	42.9	104.5	44.8	108.7	45.6	112.5	46.7
	24	90.3	41.2	94.5	41.8	98.6	42.5	102.6	43.3	106.2	44.2

注：计算条件，加热管公称外径为20mm，填充层厚度为50mm，聚苯乙烯塑料绝热层厚度为20mm，供回水温差10℃。

A.13　板换系数

常用换热器传热系数的大致范围见表 A – 19。

表 A – 19　常用换热器传热系数的大致范围

热交换器形式	热交换流体		传热系数 /(W·m⁻²·℃⁻¹)	备注
	内侧	外侧		
管壳式（光管）	气	气	10 ~ 35	常压
	气	高压气	170 ~ 160	200 ~ 300bar
	高压气	气	170 ~ 450	200 ~ 300bar
	气	清水	20 ~ 70	常压
	高压气	清水	200 ~ 700	200 ~ 300bar
	清水	清水	1 000 ~ 2 000	
	清水	水蒸气凝结	2 000 ~ 4 000	
	高黏度液体	清水	100 ~ 300	液体层流
	高温液体	气体	30	
	低黏度液体	清水	200 ~ 450	液体层流
水喷淋式水平 管冷却器	蒸汽凝结	清水	350 ~ 1000	
	气	清水	20 ~ 60	常压
	高压气	清水	170 ~ 350	100bar
	高压气	清水	300 ~ 900	200 ~ 300bar
盘形管 （外侧沉浸在液体中）	水蒸气凝结	搅动液	700 ~ 2000	
	水蒸气凝结	沸腾液	1 000 ~ 3 500	
	冷水	搅动液	900 ~ 1 400	
	水蒸气凝结	液	280 ~ 1 400	
	清水	清水	600 ~ 900	
	高压气	搅动液	100 ~ 350	铜管 200 ~ 300bar
套管式	气	气	10 ~ 35	
	高压气	气	20 ~ 60	200 ~ 300bar
	高压气	高压气	170 ~ 450	200 ~ 300bar
	高压气	清水	200 ~ 600	200 ~ 300bar
	水	水	1 700 ~ 3 000	

热交换器形式	热交换流体		传热系数 /(W·m⁻²·℃⁻¹)	备注
	内侧	外侧		
螺旋板式	清水	清水	1 700 ~ 3 200	
	变压器油	清水	350 ~ 450	
	油	油	90 ~ 140	
	气	气	30 ~ 45	
	气	水	35 ~ 60	
板式换热器	清水	清水	4 500 ~ 6 500	介质流速
	油	清水	500 ~ 700	在 0.5m/m 左右
蜂螺型伞板换热器	清水	清水	2 000 ~ 3 500	材料为 1Cr18Ni9Ti
	油	清水	300 ~ 370	
板翅式	清水	清水	3 000 ~ 4 500	
	冷水	油	400 ~ 600	以油侧面积为准
	油	油	170 ~ 350	
	气	气	70 ~ 200	
	空气	清水	80 ~ 200	空气侧质量流速 12 ~ 40kg/(m²·s)

其中传热系数单位为 $/(W \cdot m^{-2} \cdot ℃^{-1})$

A.14 管道敷设支架最大间距与管径关系

管道敷设支架最大间距与管径关系见表 A-20。

表 A-20 管道敷设支架最大间距与管径关系

管道公称 直径（DN）/mm	方形补偿器				套筒补偿器	
	热介质					
	热水		蒸汽		热水	蒸汽
	敷设方式					
	架空	地沟	架空	地沟	架空	地沟
≤32	50	50	50	40	—	—
≤50	60	50	60	60	—	—
≤100	80	60	80	70	90	50
125	90	65	90	80	90	50

管道公称直径（DN）/mm	方形补偿器				套筒补偿器	
	热介质					
	热水		蒸汽		热水	蒸汽
	敷设方式					
	架空	地沟	架空	地沟	架空	地沟
150	100	75	100	90	90	50
200	120	80	120	100	100	60
250	120	85	120	100	100	60
≤350	140	95	120	100	120	70
≤450	160	100	130	110	140	80
500	180	100	140	120	140	80
≥600	200	120	140	120	140	80

A.15 英制、公称直径、外径×壁厚关系表

钢铁管材分为有缝管（焊管）和无缝管，有缝管用公称直径表示规格，用 DN 表示，它指的是管内径大小，但不一定等于内径；用英制尺寸表示，如 1″管为 DN25 的有缝管（阀门的口径大小与有缝管表示方法相同），焊管可套丝扣用来连接，焊管最大一般不超过 DN150；无缝管用外径乘壁厚来表示大小，用 $\Phi \times \delta$ 符号表示，如 $\Phi 159 \times 4.5$，即外径为 159mm、壁厚为 4.5mm，无缝管外径大于 $\Phi 219$ 的多用钢板圈制成螺旋管。英制、公称直径，外径×壁厚的相应关系及系列见表 A-21。

表 A-21 英制、公称直径，外径×壁厚的相应关系及系列

有缝管		无缝管
英制	公称直径（DN）	外径×壁厚（$\Phi \times \delta$）
4′（英分）	DN15	
6′（英分）	DN20	
1″（英寸）	DN25	$\Phi 32 \times 2.5$
$1\frac{1}{4}$″（英寸）	DN32	$\Phi 38 \times 2.5$

有缝管		无缝管
英制	公称直径（DN）	外径×壁厚（$\Phi \times \delta$）
$1\frac{1}{2}''$（英寸）	DN40	$\Phi 45 \times 2.5$
$2''$（英寸）	DN50	$\Phi 57 \times 3.5$
$2\frac{1}{2}''$（英寸）	DN65	$\Phi 73 \times 3.5$
$3''$（英寸）	DN80	$\Phi 89 \times 3.5$
$4''$（英寸）	DN100	$\Phi 108 \times 4$
$5''$（英寸）	DN125	$\Phi 133 \times 4$
$6''$（英寸）	DN150	$\Phi 159 \times 4.5$
$8''$（英寸）	DN200	$\Phi 219 \times 6$
$10''$（英寸）	DN250	$\Phi 273 \times 6$
$12''$（英寸）	DN300	$\Phi 325 \times 7$
$14''$（英寸）	DN350	$\Phi 377 \times 7$
$16''$（英寸）	DN400	$\Phi 426 \times 7$
$20''$（英寸）	DN500	$\Phi 529 \times 7$

参考文献

［1］石兆玉，供热系统运行调节与控制［M］. 北京：清华大学出版社，1994.

［2］简安刚，锅炉运行 300 问［M］. 北京，中国电力出版社，2014.

［3］陆耀庆，实用供热空调设计手册［M］. 北京：中国建筑工业出版，2008.

［4］贺平，孙刚，供热工程［M］. 5 版. 北京：中国建筑工业出版社，2020.

［5］贺平，孙刚，供热工程［M］. 4 版. 北京：中国建筑工业出版社，2009.

［6］中国城镇供热协会，中国供热蓝皮书 2019——城镇智慧供热［M］. 北京：中国建筑工业出版社，2019.